高等教育"十三五"规划教材

海洋地理信息系统

（下册）

李万武　柳　林　董景利　许传新　满苗苗　**编著**

U0338185

中国矿业大学出版社

·徐州·

内 容 提 要

本书是作者在多年教学和科研实践中总结海洋地理信息系统的理论、方法、技术与应用的基础上编著完成的。全书共 10 章内容，分上下两册。上册为 1~5 章，主要介绍了海洋地理信息数据基础、海洋地理数据从获取到处理集成，从管理到发布共享等内容。本书为海洋地理信息系统的下册，为 6~10 章，主要介绍了海洋地理信息系统的空间分析与建模方法，海洋信息可视化的理论与方法，并结合案例介绍了海洋地理信息的软件工程，最后给出作者研发的海洋地理信息教学资源平台。第 6 章为海洋 GIS 时空分析，详细介绍了海洋地理信息系统的空间分析方法、时空统计分析方法、时序分析方法和时空分析方法；第 7 章为海洋 GIS 空间建模，主要介绍了海洋地理信息系统的建模方法，详细介绍了几种海洋现象表达模型，并展示了 2 项基于 GIS 软件的空间建模分析案例；第 8 章为海洋信息可视化，着重介绍了二维信息可视化、三维信息可视化、高维信息可视化方法，海洋动态可视化技术与虚拟海洋环境，最后介绍了海图的特征和制图过程、海图制图综合及稀疏海岛制图案例等；第 9 章为海洋 GIS 软件工程，主要介绍了海洋地理信息系统软件工程的设计过程与研发方法，并展示了 4 项海洋 GIS 应用系统案例；第 10 章为海洋 GIS 教学资源平台，主要介绍了海洋地理信息系统教学资源平台的设计过程和各项功能，展示了系统实现效果和使用方法。

本书全面介绍了海洋地理信息系统所涉及的理论、方法、技术与应用，知识体系完整、逻辑严谨、内容丰富、实用性强。本书可供海洋测绘、地理信息科学、资源环境、遥感等相关学科和专业的教师、本科生、研究生及科研人员等阅读参考。

图书在版编目(CIP)数据

海洋地理信息系统. 下册 / 李万武等编著. 一徐州：
中国矿业大学出版社，2021.6
　ISBN 978 - 7 - 5646 - 3913 - 6

　Ⅰ. ①海… Ⅱ. ①李… Ⅲ. ①海洋地理学－地理信息
系统 Ⅳ. ①P72

　中国版本图书馆 CIP 数据核字(2018)第 037511 号

书　　　名	海洋地理信息系统(下册)
编　　　著	李万武　柳　林　董景利　许传新　满苗苗
责任编辑	潘俊成
出版发行	中国矿业大学出版社有限责任公司
	（江苏省徐州市解放南路　邮编 221008）
营销热线	(0516)83885105　83884995
出版服务	(0516)83995789　83884920
网　　　址	http://www.cumtp.com　E-mail：cumtpvip@cumtp.com
印　　　刷	江苏凤凰数码印务有限公司
开　　　本	787 mm×1092 mm　1/16　印张 15.5　字数 387 千字
版次印次	2021 年 6 月第 1 版　2021 年 6 月第 1 次印刷
定　　　价	32.00 元

（图书出现印装质量问题，本社负责调换）

前　言

近年来,由于海洋资源开发、海洋环境保护、海洋信息管理等的需要,促使海洋地理信息系统迅速兴起;国家蓝色经济的发展策略更是加速了海洋地理信息系统的发展。海洋地理信息系统是融合了计算机技术、测绘技术、海洋地理、信息技术、数据库、图形图像处理、海图制图等技术,以海洋空间数据及其属性为基础,记录、模拟、预测海洋现象的演变过程和相互关系,集管理、分析、可视化功能于一体的面向海洋领域的地理信息系统。海洋地理信息系统是 GIS 在海洋领域的拓展和应用,是海洋科学的有机组成部分,是"数字地球"之"数字海洋"建设必不可少的组成部分。其将 GIS 的理论、方法和技术应用于海洋数据的管理、处理和分析中,采用空间思维来处理海洋学的相关问题,符合技术发展趋势,具有重要意义。

笔者从事海洋地理信息系统教学、科研、软件研发与工程应用多年,积累了较为丰富的海洋地理信息系统相关知识储备。2011 年起主讲海洋测绘专业本科生的"海洋地理信息系统"课程,但苦于没有一本合适的教材。目前,海洋地理信息系统方面的书都属于专著,强调科研成果展现,缺乏整体海洋地理信息系统知识体系的全面介绍,不够通俗易懂,作为课程讲授的教材不甚适合。因此,编写一本海洋地理信息系统教材的想法由来已久。这次终于可以对海洋地理信息系统的理论体系和知识结构进行梳理,整理出完整的知识体系和清晰的逻辑结构,加上之前所研发的海洋地理信息系统应用案例,编撰成教材。此教材既包括 GIS 方面的基础理论知识,又包括海洋 GIS 的专业知识,可以作为没有 GIS 基础知识背景的学生学习"海洋地理信息系统"课程使用。对于海洋测绘、海洋信息管理、资源环境、海洋遥感等相关专业老师、学生与科研人员,无疑可以起到很好的参考及引导作用。

全书知识结构完整,包括了从海洋数据获取、处理到管理与共享,从海洋数据模型到数据结构,从海洋地理信息的空间分析到专业建模,从海图制图到海洋信息可视化等全部内容,不仅如此,还结合笔者研发的海洋软件系统案例介绍了海洋地理信息软件工程的相关内容,最后展示了海洋地理信息系统教学资源平台,作为海洋地理信息系统的教学资源网站,以辅助海洋地理信息系统教学工作。全书共 10 章,分为上下册。上册为 1～5 章,主要介绍了海洋地理信息数据基础、海洋地理数据从获取到处理集成,从管理到发布共享等内容。下册为 6～10 章,主要介绍了海洋地理信息系统的空间分析与建模方法,海洋信息可视化的理论与方法,并结合案例介绍了海洋地理信息的软件工程,最后给出作者研发的海洋地理信息教学资源平台。第 6 章为海洋 GIS 时空分析,详细介绍了海洋地理信息系统的空间分析方法、时空统计分析方法、时序分析方法和时空分析方法;第 7 章为海洋 GIS 空间建模,主要介绍了海洋地理信息系统的建模方法,详细介绍了几种海洋现象表达模型,并展示了两项基于 GIS 软件的空间建模分析案例;第 8 章为海洋信息可视化,着重介绍了二维信息可视化、三维信息可视化、高维信息可视化方法,海洋动态可视化技术与虚拟海洋环境,最后介绍了海图的特征和制图过程、海图制图综合方法及稀疏海岛制图案例等;第 9 章为海洋 GIS 软件工程,主要介绍了海洋地理信息系统软件工程的设计过程与研发方法,并展示了4项海洋GIS应用系统案例;第10章为海洋GIS教学资源平台,主要介绍了海洋地理信息系统教学资源平台的设计过程和各项功能,展示了系统实现效果和使用方法。

本书可谓是作者多年海洋地理信息系统领域教学经验与科研工作成果的结晶。本书的编写得到了山东省研究生导师指导能力提升项目、青岛经济技术开发区重点科技计划项目(2013—1—27)的资助,特此鸣谢!本书编写过程中参阅了部分文章和著作,以参考文献的形式列于文后,除此之外,还参阅了网络上的部分资源,一并致谢!

本书由山东科技大学李万武和柳林负责总体设计、定稿,并撰写第6、8、9、10章内容;山东省地质测绘院董景利、许传新和山东科技大学满苗苗参与第7、10章的设计和编写。参与本书编写的人员还有山东科技大学李承坤、石蒙、王明龙、叶华鑫、李航、李炎朦、孔令轩、张弛、徐志超、林佳伟、滕云鹏、许方正、王芳、王泽亚、李梦源、刘玉囡、王铭军、桑婧、任静、孙舒悦、李彦萍、张国军、孙静、宗西怡、张燕、胡光辉、李杰、宋凯丽、陶淑春。

尽管本书在编写的过程中反复斟酌,数易其稿,但由于知识更新速度及编者水平所限,书中难免有错误和不妥之处,敬请广大读者批评指正。批评和建议请致信 liulin2009@126.com。也欢迎同行和高校学子致信,共同探讨海洋地理信息系统的相关问题。

柳林

2021年6月

目　　录

第 6 章　海洋 GIS 时空分析

6.1　海洋时空分析概述

6.1.1　空间分析原理与方法

6.1.1.1　空间分析原理

空间分析是 GIS 的本质特征,在整个地理数据的应用中发挥着举足轻重的作用,也是 GIS 区别于其他信息系统的一个显著标志。空间分析已成为 GIS 的核心功能,对地理信息特别是隐含信息的提取、表现和传输功能,是 GIS 区别于一般信息系统的主要功能特征。空间分析能力是评价一个 GIS 的主要指标,其赖以进行的基础是地理空间数据库。空间分析运用的手段包括各种几何逻辑运算、数理统计分析、代数运算等数学手段。

空间分析是基于地理对象的位置和形态特征的空间数据分析技术,它以地学原理为依托,通过分析算法,从空间数据中获取有关地理对象的空间位置、空间分布、空间形态、空间形成和空间演变等信息。空间分析是将空间数据转变为信息的过程,其目的在于提取和传输空间信息。空间分析不是严格意义的分析,而是空间事物的描述和说明、特征提取和参数计算,回答是什么、在哪里、有多少和怎么样,并不回答为什么。

空间分析主要采用空间统计学、图论、拓扑学、计算几何等方法,运用空间图形数据的拓扑运算、非空间属性数据运算、空间和非空间数据的联合运算等技术,最终目的是解决人们所涉及的地理空间的实际问题,提取和传输地理空间信息,特别是隐含信息,以辅助决策。空间分析的主要内容有:

① 空间位置:借助空间坐标系传递空间对象的定位信息,是研究空间对象表述的基础,即投影与转换理论。

② 空间分布:同类空间对象的群体定位信息,包括分布、趋势、对比等内容。

③ 空间形态:空间对象的几何形态。

④ 空间距离:空间对象的接近程度。

⑤ 空间关系:空间对象的相关关系,包括拓扑、方位、相似、相关等。

⑥ 空间相关性:空间对象是否在空间上相关,其相关程度如何。

实际上,自有地图以来人们就始终在自觉或不自觉地进行着各种类型的空间分析,如在地图上量测地理要素之间的距离、方位、面积乃至利用地图进行战术研究和战略决策等,都是人们利用地图进行空间分析的实例,而后者实质上属于较高层次上的空间分析。

GIS 最典型的空间分析案例是英国医生斯诺利用地图发现霍乱病病源。1854 年秋,英国伦敦霍乱病流行,政府始终找不到发病的原因,后来医生约翰·斯诺(John Snow)在绘有霍乱流行地区所有道路、房屋、饮用水机井等内容的 1∶6 500 比例尺的城区地图上，标出了每个霍乱病死者的居住位置，从而得到了霍乱病死者居住位置分布图，如图 6-1 所示。斯诺医生分析了这张分布图，马上明白了霍乱病源之所在——死者家都集中于饮用"布洛多斯托"井水的地区。根据斯诺医生的分析和请求，政府于 9 月 8 日禁止使用该水井，从此以后新的霍乱病患者就没有再出现。这是空间分析功能的简单应用。

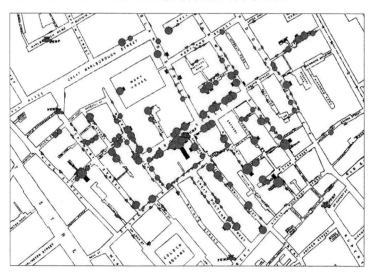

图 6-1　经典空间分析案例

6.1.1.2　空间分析的方法

（1）空间分析采用的原理不同，其分析方法也不同。空间分析主要有以下几种类型：

① 对地图的空间分析技术，如 GIS 中的缓冲区、叠加分析以及陈述彭院士提出的地学图谱方法。

② 空间动力学分析，有水文模型、空间价格竞争模型、空间择位模型等。

③ 基于地理信息的空间分析或称空间信息分析。

（2）按用户交互方式将空间分析分为两大类：

① 产生式分析，通过这种分析可以获取新的信息，尤其是综合信息。常见的产生式分析包括缓冲区分析、空间叠合分析、空间网络分析、数字地面模型分析、空间统计分析。

② 咨询式分析，旨在回答用户的一些问题，不产生新的信息，如空间数据查询和集合分析等。

（3）从 GIS 应用角度看，空间分析大致分为以下两类：

① 基于点、线、面基本地理要素的空间分析。通过空间信息查询与量测、缓冲区分析、叠置分析、网络分析、地统计分析等空间分析方法挖掘出新的信息。

② 地理问题模拟，解决应用领域对空间数据处理与输出的特殊要求。地理实体和空间关系通过专业模型得到简化和抽象，而系统则通过模型进行深入分析操作。

（4）根据分析的程度不同，可将空间分析分为以下三类：

① 简单的空间分析，包括空间查询和空间量算。

② 复杂的空间分析，包括缓冲区分析、叠加分析、网络分析、空间统计分析、空间插值、

数字高程模型(数字地形模型)。

③ 面向应用的分析,主要是空间建模与空间决策支持系统。

(5) 根据被分析数据的性质不同,可将空间分析分为以下三类:

① 基于空间图形数据的分析运算。

② 基于非空间属性的数据运算。

③ 空间和非空间数据的联合运算。

(6) 常用的空间分析方法包括:

① 空间查询与量算。

② 空间变换。

③ 空间插值。

④ 空间缓冲区分析。

⑤ 空间叠加分析。

⑥ 网络分析。

⑦ 空间统计分析。

⑧ 数字地面模型分析。

6.1.1.3　空间分析的步骤

空间分析实际上是一个地理建模过程,它涉及问题的确定、使用哪些空间分析操作、评价数据、以合适的次序执行一系列的空间分析操作、显示及评价分析结果。具体空间分析的步骤包括:

① 确定分析的问题及要满足的条件。

② 建立分析的目的和评价标准。

③ 针对空间问题选择合适的分析工具。

④ 准备、收集、处理所需要的空间数据和属性数据。

⑤ 定制分析流程,执行分析操作。

⑥ 获得并显示分析结果,包括地图和表格。

⑦ 评价和解释分析结果。

⑧ 以专题地图、文字报表等形式提交正式结果,以辅助相关决策。

要完成空间分析的第一步,就要明确地定义需要解决的是什么问题。正确定义问题需要综合考虑各种因素,以便进一步确定解决问题的条件。例如,在公园选址的问题中,公园的位置必须要符合一定的条件;在高速公路的线路规划问题中,要符合的条件及使用的分析工具又有所不同。在空间分析中,选择合适的工具是关键。解决问题要"大处入眼,小处着手",认真全面地分析整个问题,然后将一个大问题逐级分解成一个个的子问题,直到这些子问题可以使用单独的 GIS 分析工具来解决。

下面以道路拓宽为例说明空间分析的步骤。为了缓解交通拥挤的问题,某市要把一条道路由两车道增加为四车道,同时增加新的转弯车道。这个例子实际上是一个缓冲区分析的问题,只需要知道哪些地块处在距街道中心线一定距离的范围内。可以使用 ArcMap 的"通过位置选择"的分析工具来解答这些问题。如果还想进一步知道被影响的地块上的建筑及设施因路面扩宽而遭受的损失有多少,还需要其他的分析工具才能求解。

首先要明确问题及解决的方法。上面道路拓宽的例子可以分解为以下 3 个问题:

① 哪条街道要扩宽? ② 路面宽度要扩到多少米(还包括必要的缩进部分)? ③ 每个地块受到影响的部分有多少?

确定空间分析的范畴(问题及条件)后,下一步将要考虑分析需要什么样的数据。定义问题时,需要满足的条件通常已经给出了需要什么样的数据及数据应该有哪些属性。在道路拓宽问题中,需要街道中心线(隔离栏)数据、地籍数据等。街道图层的属性要包括每条街道的名称,地籍图层的属性要包括面积、权属,当然最好还有土地所有人的联系信息。还要考虑是否需要对数据进行必要的预处理,例如坐标变换、数据格式转换等,以适应空间分析的需要。

制定空间分析流程的最好方法是采用图示的方式,创建工作流程图以确定解决空间问题的必需步骤。图示方式可以方便地检查逻辑、工具、数据以及预期的结果。

最终结果的显示方式在很大程度上会影响使用者对信息的理解。如果不能将最终结果以可理解的方式展示给需要它的人,那么结果就是不合要求的。例如,在进行地震灾害损失预测时,分析结果会生成详细报告及一系列的地图,以显示分析过程中涉及的地质因子、建筑物因子以及灾害等级等。这种报告及地图对科学家和政府官员来说是适用的,以辅助他们制定突发事件的应对措施;对普通公众而言,只需要制作简单的报告和一幅地图,标明如果地震发生后存在潜在危险的区域及其危险的等级。

6.1.1.4 空间分析案例

(1)确定需要分析的问题

① 确定地震的分级影响范围;② 计算汶川地震所涉及的人口数量;③ 估算汶川地震中道路的损失情况。

(2)针对空间问题选择合适的分析工具

这个例子实际是一个缓冲区分析和叠加分析的问题,需要知道哪些区域在震源点以及震源线的范围内。可以使用 ArcMap 的"通过位置选择"分析工具,然后利用"缓冲区向导"工具,最后利用"图层相交"分析工具得到最终结果。

(3)准备空间数据

① 地震等级、分布等相关数据,如图 6-2 所示。

② 四川省的行政边界图、道路分布图,如图 6-3、图 6-4 所示。

(4)空间分析流程

① 首先制定空间分析流程,如图 6-5 所示,根据分析流程进行空间分析操作。

② 建立地震源点对象缓冲区。在 ArcMap 中,使用"通过属性选择"工具选择点对象"汶川";使用"缓冲区向导"工具,根据地震实际影响范围设定距离,生成以"汶川"为中心的缓冲区,如图 6-6 所示。

图 6-6 将受影响区域共分为三个级别,分别是重度影响区、中度影响区和轻度影响区。根据此缓冲区图就可以大致确定地震影响区所涉及的范围,例如重度影响区涉及三个县。

③ 建立地震源线对象缓冲区。在 ArcMap 中,使用"通过属性选择"工具选择"汶川到北川到青川"的线对象;使用"缓冲区向导"工具,根据地震实际影响范围设定距离,生成以"汶川到北川到青川"的线为中心的缓冲区。共做了五级缓冲带,从内到外表示地震影响程度由高到低,得到线地震源分级缓冲区图,如图 6-7 所示。

④ 地震影响分级缓冲区和行政边界叠加。将上步得到的线缓冲区与四川省行政边界

图 6-2　四川省地震等级

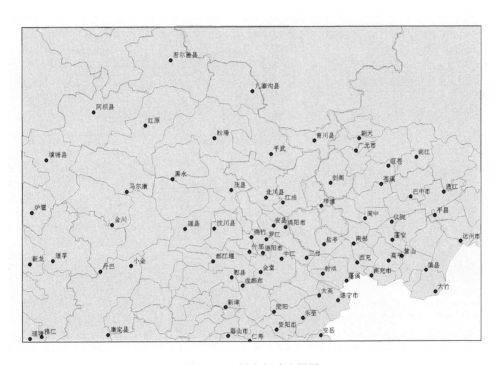

图 6-3　四川省行政边界图

数据执行空间叠加操作中的"图层相交"操作,得到叠加图,如图 6-8 所示。利用叠加图可以具体分析汶川大地震所涉及的县和乡镇,再结合人口数据,就可以大约统计出每个缓冲带所涉及的人口数量。

　　⑤ 地震影响分级缓冲区和道路叠加。将线缓冲区图层与四川省内道路数据执行叠加分析的"图层相交"操作,得到叠加图层,如图 6-9 所示,据此可以估算出地震所破坏的道路

图 6-4　四川省道路分布图

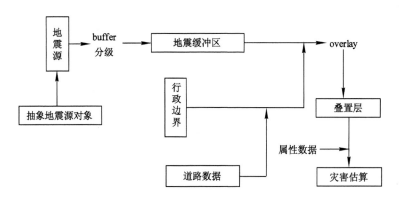

图 6-5　空间分析流程图

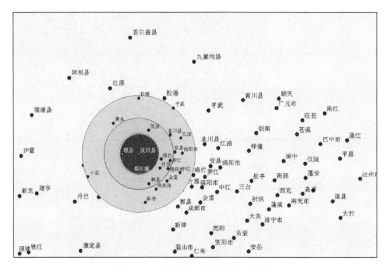

图 6-6　地震源点对象缓冲区图层

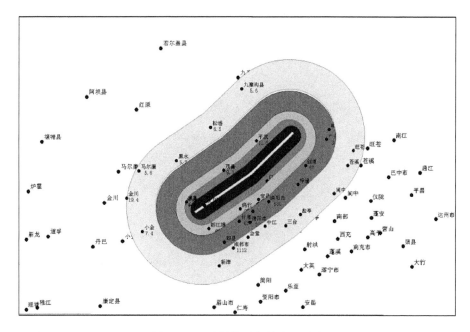

图 6-7　地震源线对象缓冲区图层

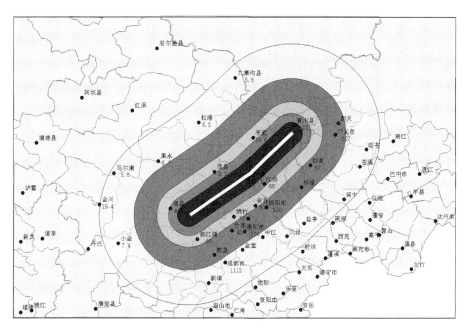

图 6-8　缓冲区图层和行政边界图层的叠加图层

的数量和程度。

6.1.2　海洋时空分析方法

6.1.2.1　海洋时空特点

　　传统 GIS 是建立在二维或 2.5 维的基础上,主要集中于对空间数据的分析、处理。传

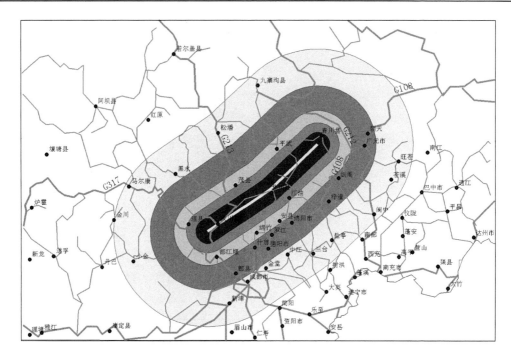

图 6-9　缓冲区图层和道路图层的叠加图层

统 GIS 通常把时间作为一种属性,进行时空分析时是在若干个动态界面下分析静态地理现象之间的动态关系。因此,传统 GIS 中时态和空间往往是分离的,这种"分离"不能反映时空统一的地理现象,更难以承担对海洋现象的时空分析、动态监测、动态仿真与模拟的需要。

海洋现象和环境永远处于不断变化中,需要处理的是海洋动态现象,要完整地表达和分析海洋动态现象的特征与变化规律,必须使 GIS 具备对海洋现象时空过程的管理、处理和分析的能力,即海洋 GIS 需要将"时间"纳入其研究范围,而不是仅仅把时间作为一个属性。这仅仅利用传统 GIS 和 TGIS(时态地理信息系统)的理论和技术是不够的,有必要对海洋 GIS 中若干概念、理论和方法进行分析和改进,作为海洋 GIS 理论和技术的构建基础。

6.1.2.2　海洋时空分析方法

时空分析方法的研究可以从以下几方面着手:

(1) 应用数理统计方法进行时空分析

① 时空分布分析:如用平均值、方差、标准差、变异系数、峰度、偏度等统计量描述海洋环境要素的分布特征;运用概率函数研究海洋环境要素的分布规律等。

② 分类与聚类分析:如运用模式识别方法、判别分析方法、聚类分析方法等定量地研究海洋环境的类型和各种水质区域的定量划分问题,在此基础上进行更高层次的时空分析。

③ 趋势面分析:运用适当的数学方法计算出时空曲面,并以这个时空曲面去拟合各要素分布的时空形态,展示其时空分布规律。趋势面分析通常采用回归分析方法。

④ 时空扩散分析:可以定量地揭示各种环境现象在地理空间上随时间推移的扩散规律。经常采用的方法有微分建模方法、数学物理方法、蒙卡罗模拟方法等。

⑤ 过程模拟与预测:通过对发生、发展过程的模拟与时空拟合,定量地揭示海洋各要素及现象随时间变化的规律,从而对其未来发展趋势做出预测。过程模拟与预测,经常采用的

数学方法有回归分析法、马尔可夫方法、灰色建模方法、系统动力学方法等。

（2）应用 GIS 技术进行时空分析

GIS 可用于海洋环境时空分析的技术主要包括：

① 时空缓冲区分析：是将 GIS 中空间缓冲区分析方法进行扩展，以实现海洋数据在时空维度扩展的分析方法。例如，研究海洋溢油的时空影响范围，可以采用时空缓冲区的方法进行分析，即考虑不同时间周期中其空间缓冲区。相对于空间缓冲区是一个平面带状区或圆，时空缓冲区是立体管状区或球。

② 时空叠加分析：将同一地区、同一比例尺、不同时期的两组或两组以上的海洋数据进行叠加，以分析时空变化规律。例如，对黄海特定区域相同比例尺的不同时间标签的浒苔分布图进行叠加分析，可以发现浒苔分布随时间的变化规律，借此可以进一步预测浒苔的分布。

③ 时空数据插值：在传统海洋空间数据插值方法的基础上，研究对数据的时间插值方法，构建海洋数据的时空插值方法。时间插值对于数据采集时间粒度大、时间分辨率低的海洋数据是重要的时空分析方法，可以弥补时间稀疏数据的缺陷。时空插值方法对于空间尺度跨度大、时间粒度差异大、时空分辨率高低不同的海洋数据具有重要的作用和意义。

（3）数理统计与 GIS 的结合进行时空分析

数理统计分析可以从大量的数据集中挖掘信息，遗憾的是，数理统计分析往往不考虑空间位置，使空间信息难以定量定位表达。GIS 以其强大的管理空间数据的能力而著名，然而它对属性数据分析功能的局限，在很大程度上限制了其应用。数理统计分析与 GIS 的有机结合，会成为管理、处理、分析和可视化表达时空数据和信息的强大手段。

由以上论述可知，海洋时空分析是将传统空间分析和时序分析有机结合起来，是对海洋现象的时空定位、空间分布和格局、数量的比例和变化、时间上的联系以及随时间的发展变化、时空模式等进行分析、预测和模拟。因此，海洋 GIS 时空分析的研究包括传统 GIS 的空间分析方法、传统时序分析方法、新的动态分析方法和时空分析方法。GIS 的空间分析方法是 GIS 区别于其他信息系统的本质特征，它是海洋 GIS 的核心功能，也是研究和提出新的时空分析方法的基础。因此，本章首先介绍 GIS 空间分析方法。

6.2　空间量算

6.2.1　几何量算

6.2.1.1　线几何量算

（1）线的长度量算

① 在矢量数据结构下，线表示为点对坐标 (X,Y) 或 (X,Y,Z) 的序列，在不考虑比例尺的情况下，线长度的计算公式为：

$$L = \sum_{i=0}^{n-1} \left[(X_{i+1} - X_i)^2 + (Y_{i+1} - Y_i)^2 + (Z_{i+1} - Z_i)^2 \right]^{\frac{1}{2}} = \sum_{i=1}^{n} l_i \qquad (6\text{-}1)$$

对于复合线状地物对象，则需要在对诸分支曲线按照上述公式求长度后，再求其长度总和。

② 在栅格数据结构里,线状地物的长度就是累加地物骨架线通过的格网数目。骨架线通常采用 8 方向连接,当连接方向为对角线方向时,还要乘上 $\sqrt{2}$。

(2) 线的曲率量算

线的另一个几何指标是曲率(Curvature)。线的曲率表明曲线偏离直线的程度,就是针对曲线上某个点的切线方向角对弧长的转动率,即单位弧长的转角。曲率值在数学上表示曲线在某一点的弯曲程度,直线的曲率为 0。设曲线 C 是光滑的,如图 6-10 所示,曲线 C 上从点 M 到 M' 的弧为 l,切线的转角为 $\Delta\theta$,则曲线的平均曲率和在 M 点的曲率分别为:

$$\overline{k} = \left[\frac{\Delta\theta}{l}\right] \tag{6-2}$$

$$k = \lim_{l \to 0}\left[\frac{\Delta\theta}{l}\right] \tag{6-3}$$

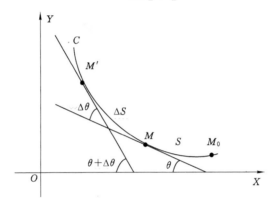

图 6-10　曲率计算

6.2.1.2　面几何量算

(1) 面积量算

面积是面状地物最基本的参数。

① 在矢量结构下,面状地物是以其轮廓边界弧段构成的多边形表示的。对于没有空洞的简单多边形,假设有 N 个顶点,其面积计算公式为:

$$S = \left|\frac{1}{2}\left[\sum_{i=1}^{N-2}(x_i y_{i+1} - x_{i+1} y_i) + (x_N y_1 - x_1 y_N)\right]\right| \tag{6-4}$$

所采用的是几何交叉处理方法,即沿多边形的每个顶点作垂直于 X 轴的垂线,然后计算每条边和它的两条垂线及这两条垂线所截得 X 轴部分包围的面积,所求出的面积的代数和即为多边形面积。对于有孔或内岛的多边形,可分别计算外多边形与内岛的面积,其差值为原多边形面积。此方法亦适合于体积的计算。

② 对于栅格结构,多边形面积计算就是统计具有相同属性值的格网数目。计算栅格数据结构破碎多边形的面积有些特殊,可能需要计算某一个特定多边形的面积,必须进行再分类,将每个多边形进行分割赋给单独的属性值,之后对栅格进行计数,再乘以栅格的单位面积即可。

海洋场数据多以格网形式进行表达,是指用透明、细密、均匀的方格网"覆盖"在地图上,其实质是栅格数据的一种表达方式。每个网格有具体的尺寸,每一网格在地图上覆盖的部位具有某一属性,如网格格式表达海水温度,则各个网格就被赋予特定的温度值编码。有一些网格可能处于两个或三个不同温度区域的交界处,此种网格的属性就以分割出最大区域的属性为准。海洋场数据网格图斑的面积 A 即为属于该图斑的栅格数目 n 乘以一个网格的面积 a,即:

$$A = n \times a \tag{6-5}$$

此方法使用简单,但应用时需要考虑网格精度,因为受制于空间数据库存储量的限制,不能将网格设置过小,这种情况下所量测的海洋网格图斑面积的精度就不是很高。所以,要考虑研究目的和原始网格数据的精度,以满足实际需要为准。

（2）形状量算

面状地物形状量测需要考虑两个方面:空间一致性问题和边界特征描述。

① 面状地物空间一致性:就是区分有孔多边形和破碎多边形。度量空间一致性最常用的指标是欧拉函数,它是由瑞士数学家欧拉(Leonhard Euler)提出来的,用来计算多边形的破碎程度和孔的数目,其结果是一个整数,称为欧拉数。欧拉函数的计算公式为:

$$欧拉数 = 孔数 - (碎片数 - 1) \tag{6-6}$$

如图 6-11 所示,左图的欧拉数＝3－(2－1)＝2;中间图的欧拉数＝3－(1－1)＝3;右图的欧拉数＝6－(3－1)＝4。

图 6-11　面状地物空间一致性表达——欧拉数

② 多边形边界特征描述:由于面状地物的外观是复杂多变的,很难找到一个准确的指标进行描述;最常用的指标包括多边形长、短轴之比,周长面积比,面积长度比等,其中绝大多数指标是基于面积和周长的。通常认为圆形地物既非紧凑型也非膨胀型,则可定义其形状系数 r 为:

$$r = \frac{P}{2\sqrt{\pi} \cdot \sqrt{A}} \tag{6-7}$$

其中,P 为地物周长;A 为面积。如果 $r<1$,为紧凑型;如果 $r=1$,为标准圆;如果 $r>1$,为膨胀型(图 6-12)。

（3）质心量算

质心通常定义为一个多边形或面的几何中心,是描述地理对象空间分布的一个重要指标。例如,要得到一个全国的人口分布等值线图,而人口数据只能到县级,所以必须在每个县域里定义一个点作为质心,代表该县的数值,然后进行插值计算全国人口等值线。当多边形比较简单(比如矩形),质心计算很容易;但当多边形形状复杂时,质心计算就会比较复杂。

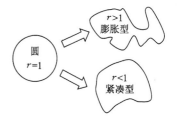

图 6-12　多边形边界特征描述

在某些情况下,质心描述的是分布中心,而不是绝对几何中心。同样以全国人口为例,当某个县绝大部分人口明显集中于一侧时,可以把质心放在分布中心上,这种质心称为平均中心或重心。

一般地,可以将质量视为加权,由于各个格网的加权值不同,使得计算的加权几何中心的位置变化很大,有：

$$
\begin{cases}
X_\mathrm{G} = \dfrac{\sum\limits_i w_i x_i}{\sum\limits_i w_i} \\[4mm]
Y_\mathrm{G} = \dfrac{\sum\limits_i w_i y_i}{\sum\limits_i w_i}
\end{cases}
\tag{6-8}
$$

式中,i 为离散对象;W_i 为该对象的权重;x 和 y 分别为离散对象的坐标。

质心量算经常用于宏观经济分析和市场区位选择,还可以跟踪某些地理分布的变化,如人口变迁、土地类型变化等。

6.2.2 距离量算

6.2.2.1 基于地图的量算

基于地图进行距离量算,就是在特定 GIS 软件中,采用鼠标点击画线的方式,得到两点之间的距离。基于地图进行距离量算的原理是采用 GIS 软件中的工具计算出图上两点之间线段的长度,再除以比例尺,得到两点之间的实际距离。此方法简单易行,基于 GIS 软件即可计算,不需要采用复杂的公式;但精度依赖于比例尺,所量算出的是两点之间的平面直线距离,不能根据研究目的计算不同意义的距离。

距离的量算是 GIS 开发、数据库建立、GIS 几何分析、网络分析、地形分析等空间分析中最基本的计算。但受传统的地图数学基础建立思想和模拟地图分析量算方法的影响,目前 GIS 及数字地图中的距离量算都是在具体的投影平面上进行的。如在高斯-克吕格投影、等角圆锥投影面上,在平面直角坐标空间即欧氏线性空间中,应用距离公式计算两点距离或线状要素的长度。这种沿用地图投影参考系作为空间分析的数学基础,在特定用途、局部范围内是可行的。

随着 GIS 应用的不断深入,传统在局部投影平面上的各种分析、量算方法难以在全域内准确实施。因此,在大型 GIS 及大区域数字地图空间分析中,距离的量算应基于(B,L)二维场所决定的地球椭球面几何参考系进行。

6.2.2.2 基于栅格的量算

基于栅格数据进行距离量算有其独特之处,多将之从基于地图的距离量算中抽取出来,单独介绍。栅格数据距离量算的一般步骤是：首先根据每个栅格的图上距离除以比例尺,得到每个栅格的实际跨度距离,再计算栅格的个数,最后将栅格个数乘以实际距离跨度得到距离量算结果。但基于栅格数据量算距离时,距离有不同的意义,所以算法不同,最后距离结果也不同。

四方向距离是通过水平或垂直的相邻像元来定义路径的;八方向距离是根据每个像元的八个相邻像元来定义的。如图 6-13 所示,量算地物目标 1 沿灰色栅格路径到地物目标 2 的距离,采用四方向距离定义,量算的距离结果为 6;采用八方向距离定义,量算的距离结果

为 $2+2\sqrt{2}$。另外,在计算欧几里得距离时,需将连续的栅格线离散化,再用欧几里得距离公式计算。

6.2.2.3　基于坐标的量算

基于空间坐标来量算距离,需要根据不同距离度量的意义采用不同公式进行计算。距离度量中,不同意义的距离定义有近 20 种之多,这里介绍常用的几种。

（1）大地测量距离

大地测量距离,又称为球面距离,定义为地球上两点所在的大圆弧的长度,是球面上两点之间的最短距离。如图 6-14 所示,AB 代表两点间所对应的大圆的夹角,R 是地球半径,角以弧度为单位,则两点间的距离为:

$$d = \arccos(AB) \times R \tag{6-9}$$

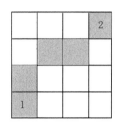

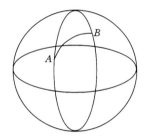

图 6-13　基于栅格的距离量算　　　　　　图 6-14　大地测量距离

大地测量距离是测绘中常用的距离,不仅考虑了两点之间的平面距离,还考虑了地形起伏对距离的影响,是接近实际应用的一种距离表达方法。

（2）欧氏距离

欧氏距离(Euclidean Distance)是最易于理解的一种距离计算方法,也是最常用的一种距离定义,其源自欧氏空间中两点间的距离公式。

① 二维平面上两点 $a(x_1,y_1)$ 与 $b(x_2,y_2)$ 间的欧氏距离:

$$d_{12} = \sqrt{(x_1 - x_2)^2 + (y_1 - y_2)^2} \tag{6-10}$$

② 三维空间两点 $a(x_1,y_1,z_1)$ 与 $b(x_2,y_2,z_2)$ 间的欧氏距离:

$$d_{12} = \sqrt{(x_1 - x_2)^2 + (y_1 - y_2)^2 + (z_1 - z_2)^2} \tag{6-11}$$

③ 两个 n 维向量 $a(x_1,x_2,\cdots,x_n)$ 与 $b(y_1,y_2,\cdots,y_n)$ 间的欧氏距离:

$$d_{12} = \sqrt{\sum_{i=1}^{n}(x_i - y_i)^2} \tag{6-12}$$

也可以表示成向量运算的形式:

$$d_{12} = \sqrt{(a-b) + (a-b)^{\mathrm{T}}} \tag{6-13}$$

相当于高维空间内向量所表示的点到点之间的距离。由于特征向量的各分量的量纲不一致,通常需要先对各分量进行标准化,使其与单位无关,比如对身高(cm)和体重(kg)两个单位不同的指标使用欧氏距离可能会使结果失效。

欧氏距离的优点是简单、易于理解、应用广泛;其缺点是没有考虑分量之间的相关性,体现单一特征的多个分量会对结果有干扰。

（3）曼哈顿距离

曼哈顿距离（Manhattan Distance）是在街区从一个十字路口到另外一个十字路口驾车所经过的距离。曼哈顿距离不是两点间的直线距离，因为在街区中不能穿越大楼，只能沿道路行驶。曼哈顿代表规划为方形建筑区块的城市（City Block），曼哈顿距离为城市街区距离，如图 6-15 所示，即 the Distance of City Block，这正是曼哈顿距离名称的来源。

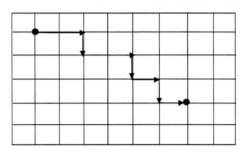

图 6-15　曼哈顿距离

① 二维平面两点 $a(x_1,y_1)$ 与 $b(x_2,y_2)$ 间的曼哈顿距离：

$$d_{12} = |x_1 - x_2| + |y_1 - y_2| \tag{6-14}$$

② 两个 n 维向量 $a(x_1,x_2,\cdots,x_n)$ 与 $b(y_1,y_2,\cdots,y_n)$ 间的曼哈顿距离：

$$d_{12} = \sum_{i=1}^{n} |x_i - y_i| \tag{6-15}$$

（4）闵氏距离

闵可夫斯基距离（Minkowski Distance），即闵氏距离，它不是一种距离定义，而是一类距离的定义。两个 n 维变量 $a(x_1,x_2,\cdots,x_n)$ 与 $b(y_1,y_2,\cdots,y_n)$ 间的闵氏距离定义为：

$$d_{12} = \sqrt[k]{\sum_{i=1}^{n} |x_i - y_i|^k} \tag{6-16}$$

其中，k 是一个变参数。根据变参数的不同，闵氏距离可以表示一类距离。

闵氏距离可看成是欧氏距离的指数推广，当 $k=1$，称为曼哈顿距离，也称绝对距离；当 $k=2$ 时，就是欧氏距离；当 $k=\infty$ 时，称为切比雪夫距离。

闵氏距离的缺点主要有两个：① 将各个分量的量纲（Scale），也就是"单位"当作相同看待了；② 没有考虑各个分量的分布（期望、方差等）可能是不同的。闵氏距离的缺陷也是欧氏距离、曼哈顿距离和切比雪夫距离的缺点。例如，二维样本（身高、体重），其中身高范围是 150～190，体重范围是 50～60，有三个样本 $a(180,50)$、$b(190,50)$、$c(180,60)$。那么 a 与 b 之间的闵氏距离（无论是欧氏距离、曼哈顿距离还是切比雪夫距离）等于 a 与 c 之间的闵氏距离，但是身高的 10 cm 真的等价于体重的 10 kg 吗？因此，用闵氏距离来衡量这些样本间的相似度存在一定问题。

（5）切比雪夫距离

切比雪夫距离（Chebyshev Distance Measure），又称为棋盘距离，来源于国际象棋。按照国际象棋的规则，国王走一步能够移动到相邻的 8 个方格中的任意一个，则国王从格子 $a(x_1,y_1)$ 走到格子 $b(x_2,y_2)$，最少需要 $\max(|x_1-x_2|,|y_1-y_2|)$ 步，如图 6-16 所示。这就是切比雪夫距离，是当 k 趋向于无穷大时的闵氏距离。

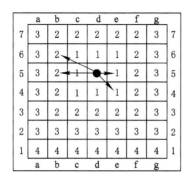

图 6-16　切比雪夫距离

① 二维平面两点 $a(x_1, y_1)$ 与 $b(x_2, y_2)$ 间的切比雪夫距离：

$$d_{12} = \max(|x_1 - x_2|, |y_1 - y_2|) \tag{6-17}$$

② 两个 n 维向量 $a(x_1, x_2, \cdots, x_n)$ 与 $b(y_1, y_2, \cdots, y_n)$ 间的切比雪夫距离：

$$d_{12} = \max_i(|x_i - y_i|) \tag{6-18}$$

此公式的另一种等价形式是：

$$d_{12} = \lim_{k \to \infty} \left(\sum_{i=1}^{n} |x_i - y_i|^k \right)^{1/k} \tag{6-19}$$

6.2.3　方位量算

　　GIS 中空间关系主要包括空间方位关系、空间拓扑关系和空间度量关系等,所以空间方位量算是 GIS 空间量算的一项重要内容。如图 6-17 所示,将球面上 B 点相对于 A 点的方位角定义为:过 A、B 两点的大圆平面与过 A 点的子午圈平面(亦为大圆平面)间的夹角。对于 B 点来说,其要素可以是任意的,既可以是海面以上的对象,也可以是海面以下的对象。

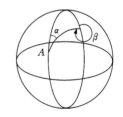

图 6-17　球面上的方位角

同理,球面上 A 点相对于 B 点的方位角定义为过 A、B 两点的大圆平面与过 B 点的子午圈平面间的夹角。给定点 $A(x_1, y_1)$、$B(x_2, y_2)$ 在球面上的位置,可以推导出点 B 相对于点 A 的方位角计算公式为:

$$\cot \alpha = \frac{\sin x_2 \cos x_1 - \cos x_2 \sin x_1 \cos(y_2 - y_1)}{\cos x_2 \sin(y_2 - y_1)} \tag{6-20}$$

6.2.4　拓扑量算

　　拓扑关系是空间对象之间关系的定性描述,是最基本也是最重要的空间关系,在 GIS 空间推理与应用中占有重要的地位。目前,关于空间对象拓扑关系的研究主要集中在两个方面:

　　① 确定性空间对象(包括简单和复杂空间对象)拓扑关系研究。这方面的研究成果主要是在相关拓扑学基础上提出或扩展拓扑关系描述模型,来描述确定性拓扑关系,如 GIS 软件中常用的 9 元组模型。

　　② 不确定性空间对象间拓扑关系研究。这方面的研究成果主要是利用相关数学方法,如模糊数学、粗集理论和概率统计等,提出或扩展了确定性空间对象拓扑关系模型,来描述

不确定性拓扑关系。

6.3 空间缓冲区分析

6.3.1 缓冲区分析概述

6.3.1.1 缓冲区分析的概念

缓冲区就是空间地理实体对邻近对象的影响范围或服务范围，如图 6-18 所示。通常根据实体的类别来确定这个范围，以便为某项分析或决策提供依据。缓冲区分析是指以点、线、面实体为基础，自动建立其周围一定范围内的缓冲区多边形图层，然后进行该图层与目标图层的叠加，并分析得到所需结果的空间分析方法，如图 6-19 所示。缓冲区分析是用来解决邻近度问题（邻近度描述了地理空间中两个地物距离相近的程度）的空间分析工具之一，其作用是限定所需处理的专题数据的空间范围。一般认为缓冲区以内的信息均是与构成缓冲区的核心实体相关的，而缓冲区以外的数据与分析无关。

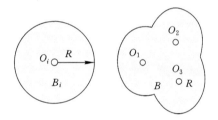

图 6-18　点及点集合的缓冲区

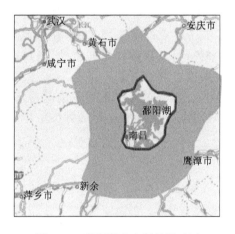

图 6-19　鄱阳湖生态保护缓冲区

从数学的角度看，缓冲区分析的基本思想是邻域问题。对象 O_i 的缓冲区表示到对象的距离 d 小于或等于 R 的全部点的集合，其公式如下：

$$B_i = \{x : d(x, O_i) \leqslant R\} \tag{6-21}$$

d 一般是欧氏距离，也可以是其他定义的距离。

对于对象集合：

$$O = \{O_i : i = 1, 2, \cdots, n\} \qquad (6\text{-}22)$$

其缓冲区为各对象缓冲区的并集,公式如下:

$$B = \bigcup_{i=1}^{n} B_i \qquad (6\text{-}23)$$

6.3.1.2　缓冲区的分类

缓冲区的组成要素包括主体、邻近对象和作用条件。主体表示分析的主要目标,一般分为点源、线源和面源三种类型。邻近对象表示受主体影响的客体。作用条件表示主体对邻近对象施加作用的条件或强度,例如行政界限变更时所涉及的居民、森林遭砍伐时所影响的水土流失等。

根据主体的类型,把缓冲区分析划分为三种,分别为点缓冲区分析、线缓冲区分析和面缓冲区分析。

（1）点要素缓冲区

点缓冲区分析一般是围绕点对象建立半径为缓冲距的圆形区域,特殊需要还可以建立点源的三角形和矩形缓冲区。点缓冲区的应用实例很多,例如,山东黄岛开发区有一个炼油厂,距山东科技大学大约 8 km,炼油厂是一个污染源,要用点缓冲区分析方法确定它的影响范围,在这个范围内不应该有饮用水源通过,否则生活用水就会受到污染,如图 6-20 所示。如果要调查黄岛开发区的现有小学能否满足社区需求,也需要运用点缓冲区分析方法确定各小学的服务半径,分析它们的重叠离散程度,若重叠太大则说明小学分布不合理,若离散太大则需在服务空白区新建小学,如图 6-21 所示。如某港口的油库,要分析油库一旦爆炸所涉及的范围,这也需要用点缓冲区分析方法,如图 6-22 所示。

图 6-20　黄岛炼油厂影响范围缓冲区

（2）线要素缓冲区

线要素缓冲区通常是以线为中心轴线,沿线的两侧建立距离为缓冲距的带状区。不规则的线缓冲区分析还包括双侧不对称和单侧缓冲。线缓冲区分析方法主要应用于线状地物,如为了防止水土流失,河流两侧一定范围内的森林禁止砍伐,这个范围的确定需要进行线缓冲区分析,如图 6-23 所示。道路拓宽改建前需进行沿线建筑物的拆迁,拆迁范围的确定要利用线缓冲区分析方法,建立道路的缓冲区图层,再和建筑物图层相叠加便可确定出拆迁范围,如图 6-24 所示。道路周围噪声影响范围也需要采用线缓冲区分析方法确定,如图

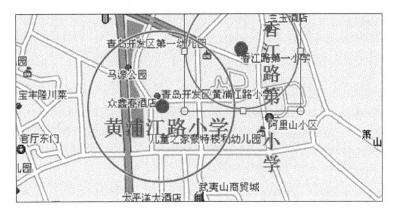

图 6-21　黄岛开发区小学服务范围缓冲区

图 6-22　油库安全范围缓冲区

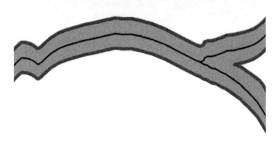

图 6-23　河流水土保持缓冲区

6-25 所示为宁夏路对周围环境的噪声影响缓冲区,其缓冲区半径也就是噪声影响范围的大小,是由其车流量决定的。

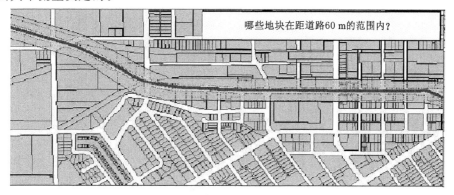

图 6-24　道路拓宽缓冲区

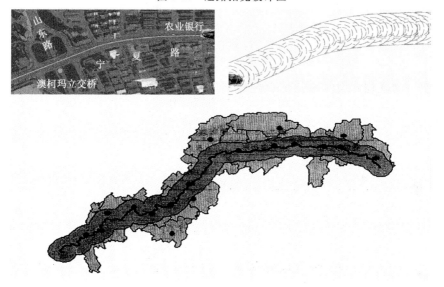

图 6-25　道路噪声缓冲区

（3）面要素缓冲区

面缓冲区的建立首先抽象出面的边界线,再沿边界线建立距离为缓冲距的多边形区域。面要素缓冲区分析还分内侧缓冲区分析和外侧缓冲区分析。面要素缓冲区在实际中有多方面的应用,例如,为确定机场的噪声影响范围,需要采用面要素缓冲区分析方法建立其外侧缓冲区,如图 6-26 所示。

6.3.1.3　缓冲区的作用

根据空间实体对周围作用性质的不同,一般分为静态缓冲区分析和动态缓冲区分析。静态缓冲区是指空间实体与邻近对象只呈单一的距离关系,缓冲区内各点的地位相等,其所受影响并不随距离空间实体的远近有所改变。例如,工业区选址时,为减少水质污染必须远离某一湖泊 2 km,则为此湖泊建立一个宽度为 2 km 的缓冲区,在此缓冲区内的各点都不能作为工业区地址。

动态缓冲区是指空间实体对邻近对象的影响随距离变化而呈现不同强度的扩散或衰

图 6-26　青岛流亭机场噪声缓冲区

减。例如，要分析某一湖泊周围农田的灌溉便捷度，就需要对此湖泊建立动态缓冲区，缓冲区内与空间物体距离不同的地方，灌溉便捷度不同，离湖泊越远便捷度越差。

不管是静态缓冲区还是动态缓冲区，都具有以下作用：

① 缓冲区通常作为保护区并被应用于规划或管理目的。

② 缓冲区可以作为中立地带以及解决矛盾冲突的一种工具。

③ 有时 GIS 应用中的缓冲区表示包含区。

④ 缓冲区不仅仅是作为筛选设备，本身也可以成为分析对象。

⑤ 建立缓冲区产生了缓冲区数据集，但其操作却与空间数据查询中的邻近测量不同。

⑥ 建立多环缓冲区作为一种采样方法有时很有用。例如，对河网按规则间距建立缓冲区，可以根据河网距离的函数对木本植被成分和模式进行分析。

6.3.2　空间缓冲区的建立

6.3.2.1　矢量数据缓冲区的建立

下面以矢量线要素为例，介绍其缓冲区的建立原理和步骤。

（1）线的重采样

对矢量线要素进行化简，以加快缓冲区建立的速度。

（2）建立线缓冲区（有两种方法）

① 角分线法，又称为简单平行线法，分三步：在轴线首尾点处作轴线的垂线，并按缓冲区半径 R 截出左右边线的起止点。在轴线的其他转折点上作该点前后两邻边距轴线的距离为 R 的平行线，两平行线的交点就是所要生成的缓冲区的对应顶点。依次连接各点生成缓冲区，如图 6-27 所示。其缺点是难以保证双线的等宽性，特别在尖角附近。

② 凸角圆弧法：在轴线首尾点处作轴线的垂线，并按缓冲区半径 R 截出左右边线的起止点。在轴线其他转折点处，首先判断该点的凸凹性，在凹侧仍用该点前后两邻边平行线的交点生成对应顶点；在凸侧用圆弧弥合，这样外角以圆弧连接，线段端点以半圆封闭，如图 6-28 所示。

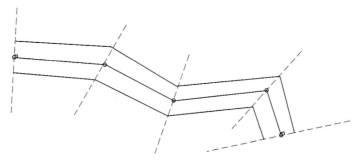

图 6-27　角分线法建立缓冲区

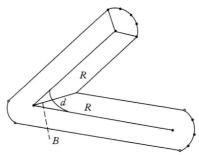

图 6-28　凸角圆弧法建立缓冲区

（3）重叠处理

按以上方法建立的缓冲区,会出现重叠现象,即形成自交多边形,需对缓冲区边界求交,并判断每个交点是出点还是入点,以决定交点之间的线段保留或删除。

（4）多要素的缓冲区

多要素的缓冲区为各要素缓冲区的合并,其半径可以不同。图 6-29 为线要素经过以上步骤建立的线缓冲区。

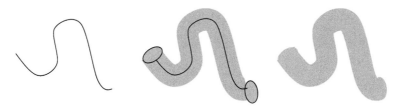

图 6-29　矢量线要素缓冲区的建立

（5）特殊形态的缓冲区

根据实际需要建立单侧或特殊形状的缓冲区,如图 6-30 所示。

6.3.2.2　栅格数据缓冲区的建立

栅格数据缓冲区的建立,称为点阵法,其核心问题是距离变换。栅格数据表示为一个二值$(0,1)$矩阵$(M×N)$,其中"0"像元为空白位置,"1"像元为空间物体所占据的位置。经过距离变换,计算出每个"0"像元与最近的"1"像元的距离,即背景像元与空间物体的最小距离。假设缓冲区的宽度为 d,则缓冲区边界就是距离为 d 的各个背景像元的集合。

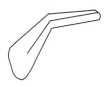

三角形缓冲区　　　单侧缓冲区　　　半径可变缓冲区

图 6-30　特殊形态缓冲区

基于栅格结构的缓冲区分析,通常称为推移或扩散(Spread)。推移或扩散实际上是模拟主体对邻近对象的作用过程,物体在主体的作用下在阻力表面移动,离主体越远作用力越弱。例如,可以将地形、障碍物和空气作为阻力表面,噪声源为主体,用推移或扩散的方法计算噪声离开主体后在阻力表面上的移动,得到一定范围内每个栅格单元的噪声强度。

建立栅格数据缓冲区(图 6-31)的步骤如下:

① 求"0"像元 P_{ij} 与"1"像元 Q_m 的欧氏距离:

$$d_m = \sqrt{(\Delta a_{ij}^2 + \Delta b_{ij}^2)} \qquad (6-24)$$

其中,Δa_{ij}、Δb_{ij} 分别为行差和列差。

② 求像元 P_{ij} 与目标像元的最小距离:

$$d_{ij} = \min\{d_m\} \qquad (6-25)$$

其中,m 为目标像元的个数。

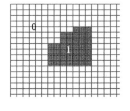

图 6-31　栅格数据
缓冲区的建立

③ 求出每个"0"像元到最近的目标像元的距离,并用此最小距离对所有"0"像元进行标定。

④ 对于给定缓冲区的半径 R,求出所有距离等于 R 的像元集合,即:

$$\{d_{ij} \mid d_{ij} = R\} \qquad (6-26)$$

建立栅格数据缓冲区方法原理简单,但精度受栅格尺寸的影响,可以通过减小栅格的尺寸而获得较高的精度。栅格数据缓冲区分析一般精度较低,而且内存开销较大,难以实现大数据量的缓冲区分析。

建立矢量数据和栅格数据缓冲区的比较:

(1) 相似之处

基于矢量数据建立缓冲区与基于栅格的自然距离量测运算的相似之处,在于二者都对选择的要素进行距离量测。

(2) 区别之处

① 基于矢量建立缓冲区的运算比基于栅格建立缓冲区的运算有更多的选择。

② 基于矢量建立缓冲区的运算使用 x 和 y 坐标计算距离,而基于栅格的运算使用行和列进行自然距离量测。

③ 基于矢量数据建立缓冲的运算是基于指定的缓冲距离来生成缓冲区,而基于栅格数据建立缓冲区的运算则生成连续的距离量测值,需要另外的数据处理过程,根据连续距离量测数据来定义缓冲区。

④ 基于栅格建立缓冲区的方法原理上较简单,但受精度的限制,并且内存开销大;而基于矢量建立缓冲区的方法原理复杂,不易实现,但能够保持较好的精度。

6.3.2.3　重叠缓冲区合并算法

不管是矢量数据缓冲区还是栅格数据缓冲区,都存在多个空间实体的缓冲区相互重叠问题。一方面,具有同一影响度等级的缓冲区可能存在重叠;另一方面,动态缓冲区中不同影响度等级的缓冲区也可能存在重叠。这就要求对两个或多个具有同一影响度等级或不同影响度等级的重叠缓冲区进行合并。对于栅格数据缓冲区,把缓冲区内的栅格赋予一个与其影响度唯一对应的值。若两重叠缓冲区具有相同的影响度,则取任意值;若影响度等级不同,则影响度小的服从影响度大的。对于矢量数据缓冲区,有数学运算法、失栅转换法和混合法等多种算法进行缓冲区合并。

（1）数学运算法

矢量数据格式的缓冲区多边形均由边界弧段组成,由于缓冲区重叠,缓冲多边形的边界线段必然相交,运用数学运算法对所有多边形的全部边界线段进行两两求交运算,生成所有可能多边形,再根据多边形之间的拓扑关系和属性关系,去除某些多余的多边形。这种数学运算法计算量大且效率低,并且由于存在不同影响度等级,如果分开合并,则合并后不同影响度之间还存在重叠;若统一合并,则不同影响度等级的缓冲区可能被合并在一起,所以这种方法很难解决问题。

（2）矢栅转换法

考虑到矢量数据格式的缓冲区合并比较困难,栅格数据格式的缓冲区合并比较容易,而矢量和栅格两种数据之间转换的理论基础比较完善,于是先把矢量数据格式转换成栅格数据格式,合并缓冲区后,再把栅格的合并结果转换成矢量数据格式。在进行缓冲区生成之前,开辟一块存放栅格矩阵的内存,将其所有成员赋值为零,生成缓冲区后,给缓冲区内的每个栅格赋予与缓冲区影响度唯一对应的值,若有不同影响度的缓冲区重叠,则影响度小的服从影响度大的,然后应用栅格数据转矢量数据的算法分别提取各影响等级和缓冲区边界。这种矢栅转换法原理比较简单,但是经过两次数据转换,精度低,造成缓冲区变形大。

（3）混合法

对矢量数据进行数学运算结果比较精确,但运算量大,采用栅格法精度又太低,如果把这两种算法结合起来,各取所长,可以得到一种比较合理的算法。把各等级缓冲区分开合并,把缓冲区的矢量数据转换成栅格数据,形成合并后的含有多个等级的动态缓冲区,再对各个等级缓冲区的栅格边界分别进行扫描,在扫描过程中,提取扫描线上缓冲区边界的矢量数据,也就是提取所有构成最后缓冲多边形的必要手段,然后再对它们进行求交运算,这样所有数学运算都是必要和有效的,并且是基于矢量的算法,结果比较精确。

6.3.3　空间缓冲区分析实例

6.3.3.1　拆迁指标计算

以道路拓宽中的拆迁指标计算为例,其步骤如下。

（1）需解决的问题

计算由于道路拓宽而需拆迁的建筑面积和房产价值。

（2）约束条件（道路拓宽改建的标准）

① 道路从原有的 20 m 拓宽到 60 m。

② 拓宽道路应尽量保持直线。

③ 部分位于拆迁区内的 10 层以上的建筑不拆除。

（3）道路拓宽改建过程中的拆迁指标计算

① 明确分析的目的和标准：目的——计算由于道路拓宽而需拆迁的建筑物的面积和房产价值；标准——道路拓宽改建的标准。

② 准备进行分析的数据，涉及两类信息：一类是道路信息；另一类是分析区域内建筑物分布图及相关信息，包括现状道路图、区域内建筑物分布图及相关属性信息。

③ 进行空间操作：选择拟拓宽的道路，根据拓宽半径，建立道路缓冲区；将此缓冲区与建筑物层数据进行叠合，产生一幅新图，此图包括所有部分或全部位于缓冲区内的建筑物信息，如图 6-32 所示。

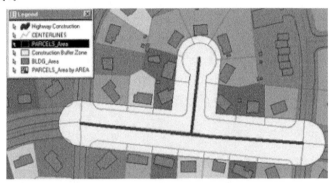

图 6-32　道路拓宽缓冲区的建立

④ 进行统计分析：对全部或部分位于拆迁区内的建筑物进行选择，只要部分落入拆迁区且楼层高于 10 层以上的建筑物，将其从选择组中去除，并对道路的拓宽边界进行局部调整。对所有需拆迁的建筑物进行拆迁指标计算，包括建筑物面积、房产价值。

⑤ 将分析结果以地图或表格的形式打印输出。

6.3.3.2　建筑辅助选址

（1）需解决的问题

确定一些具体的地块，作为一个轻度污染工厂的可能建设位置。

（2）约束条件

① 地块建设用地面积不小于 10 000 m²。

② 地块的地价不超过 1 万元/m²。

③ 地块周围不能有幼儿园、学校等公共设施。

（3）辅助建筑项目选址过程

① 建立分析的目的和标准：目的——轻度污染工厂选址；标准——约束条件。

② 准备数据：全市所有地块信息的数据层、全市公共设施（包括幼儿园、学校）的分布图。

③ 空间分析操作：从地块图中选取所有满足前两个约束条件的地块；将结果图与公共设施层数据进行拓扑叠合；对叠合的结果进行邻域分析和特征提取，去掉周围有幼儿园、学校等公共设施的地块，选择满足要求的地块。

④ 将满足条件的地块及相关信息以地图或表格的形式打印输出。

6.4　空间叠加分析

6.4.1　叠加分析基本概念

GIS 空间叠加分析是指在统一空间参照系统下,将同一地区、同一比例尺的两组及以上的地理图层进行叠置,建立具有多重地理属性的空间分布区域或建立地理对象之间的空间对应关系的空间操作。叠加分析是将有关主题层组成的数据层面,进行叠加产生一个新数据层面的操作,其结果综合了原来两层或多层要素所具有的属性。叠加分析不仅包含空间关系的比较,还包含属性关系的比较。它不同于通常所说的视觉信息复合,这主要是因为叠加分析的结果不仅产生视觉效果,更主要的是形成新的目标,对空间数据的区域进行了重新划分,属性数据中包含了参加叠加的多种数据项。

空间叠加分析是 GIS 中一项非常重要的分析功能,是在统一空间参考系统下,通过对两组数据进行一系列集合运算,产生新数据的过程。这里的数据可以是图层对应的数据集,也可以是地物对象。在叠加分析中至少涉及三种数据:输入数据(软件操作中称作被操作图层/地物);叠加数据(软件操作中称作操作图层/地物);输出的叠加结果数据,包含叠加后的几何信息和属性信息。

叠加分析是 GIS 最常用的提取空间隐含信息的手段之一,它的目标是分析在空间位置上有一定关联的空间对象的空间特征和专题属性之间的相互关系;叠加分析的基础是 GIS 数据按主题分层组织;叠加分析的条件是同一空间参照系统;叠加分析的操作对象是两个或两个以上图层;叠加分析的结果不仅包含空间关系的比较,还包含属性关系的比较。

ArcGIS 中关于叠加分析的主要命令有:

① Union:保留了来自输入图层中的所有要素。

② Intersect:仅保留两个图层共同区域范围的要素。

③ Symmetrical Difference:仅保留输入图层各自独有的区域范围的要素。

④ Identity:仅保留落在输入图层定义的区域范围内的要素。

叠加分析的应用主要有:① 地图叠置操作,将输入图层的要素和属性结合在一起。地图叠置的输出结果在查询和建模方面很有用处。② 叠置更有效的应用是帮助解决面的插值问题。面的插值法包括将一个已知多边形数据集(源多边形)转移到另一个目标多边形。

叠加分析操作中会出现一些问题:第一,碎屑多边形,即沿着两个输入图层的相关或共同边界线生成碎屑多边形;第二,地图叠置中的误差传递,是指由于输入图层的不准确而产生的误差。地图叠置中的误差传递通常有位置误差和标识误差两种类型。

6.4.2　叠加分析的分类

根据分析目的的不同,空间叠加分析分为空间合成叠加和空间统计叠加两类。

6.4.2.1　空间合成叠加

空间合成叠加是将同一地区、同一比例尺的两组或更多的多边形要素的数据进行叠置,根据两组多边形边界的交点来建立具有多重属性的多边形。合成叠加得到一张新的叠置图,产生了许多新的多边形,每个多边形内都具有两种以上的属性,通过区域多重属性的模拟,寻找和确定同时具有几种地理属性的分布区域,例如城市居住用地中所占耕地面积的确定。

6.4.2.2 空间统计叠加

空间统计叠加是将多边形数据层叠加,进行多边形范围的属性特征的统计分析,以确定同时具有几种属性的分布区域。统计叠加的目的是统计计算一种要素在另一种要素中的分布特征,例如统计某种城市功能区内所包含的土地类型数、各类土地的面积等。空间统计叠加分析的结果是统计报表。

例如,城市功能分区图(1,2)与土壤类型图(A,B)叠加,可得出分区与土壤合成图,也可得出新属性统计表(属性、面积),如图 6-33 所示。

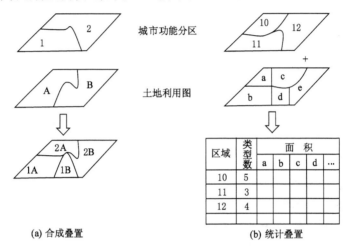

图 6-33　合成叠加和统计叠加

6.4.3　叠加分析的方法

6.4.3.1 矢量数据叠加分析

基于矢量数据的叠加分析,参与分析的两个图层均为矢量数据,数据量小,但运算过程复杂。首先要进行空间特征的叠加运算,产生新的图层特征;再将新的特征与对应属性进行连接,得到分析结果。

从数据结构看,矢量数据不适合叠加分析,进行叠加分析存在如下缺陷:

① 由于叠加的多边形往往是不同类型或不同比例尺的地图,叠加后会产生大量与研究无关的多边形,在提取前仍需建立拓扑,工作量大。

② 叠加结果图层产生的多边形数目不仅与原多边形数目有关,还与其复杂程度有关,越复杂,多边形数目越多。

③ 由于叠加时会产生一系列无意义的多边形,随之产生多边形叠置的位置误差,需要进行处理。

④ 叠加操作后进行多边形与新属性的连接时工作量很大。

根据叠加对象图形特征的不同,矢量数据的叠加分析方法分为点与多边形叠加、线与多边形叠加和多边形与多边形叠加三类。

(1)点与多边形的叠加分析

点与多边形叠加,实际上是计算多边形对点的包含关系,判断各个点的归属;在完成点与多边形的几何关系计算后,还要进行属性信息处理。核心算法为判断点是否在多边形内。

应用实例:给定自动取款机位置图和同地的居民小区分布图,把两图层进行叠加得到叠加图层,如图 6-34 所示。通过这个叠加图层可以进行两种分析:一是区分每一个取款机在哪个居民小区内;二是统计某个居民小区中有多少个取款机,为银行取款机的设置提供依据。

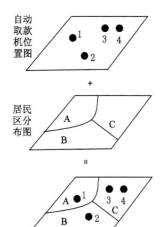

point	name	poly
1	农行取款机	A
2	建行取款机	B
3	农行取款机	C
4	商行取款机	C

poly	name	point
A	进德小区	1
B	阳光小区	2
C	花园小区	3,4

图 6-34　点与多边形的叠加分析

(2) 线与多边形的叠加分析

线与多边形的叠加分析,是比较线上坐标与多边形坐标的关系,判断线是否落在多边形内。叠加后每条线被它穿过的多边形打断成新弧段,要将原线和多边形的属性信息一起赋给新弧段。线与多边形叠加分析的核心算法是线的多边形裁剪。

应用实例:给定河流分布图和同地区的行政区划图,把两图层进行叠加,区域多边形将穿过它的河流打断成弧段,产生新图层,如图 6-35 所示。1 弧段还是 1 弧段,2 弧段被打断成 2、3 两个弧段,3 弧段被分成 4、5、6 三个弧段,每个弧段具有它所在多边形的属性。基于叠加后的图层可以查询任意区域多边形内的河流长度,进而计算它的河流密度等。

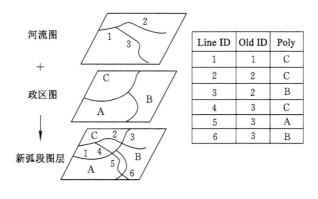

Line ID	Old ID	Poly
1	1	C
2	2	C
3	2	B
4	3	C
5	3	A
6	3	B

图 6-35　线与多边形的叠加分析

点与多边形叠加不产生新数据层,但线与多边形叠加产生新数据层,就是每条线被它穿过的多边形分成新弧段的图层。

(3) 多边形与多边形的叠加分析

多边形与多边形的叠加分析是两个或多个多边形进行叠加产生一个新多边形图层的操作。将不同图层的多边形要素相叠加,产生新多边形要素,用以解决地理变量的多准则分析、区域多重图幅要素更新、相邻图幅拼接和区域信息提取等。若需进行多层叠置,也是两两叠置后再与第三层叠置,依次类推。其中被叠置的多边形为本底多边形,用来叠置的多边形为上覆多边形。

应用实例:给定居民区图和环境污染分级图,把两图层进行叠加,生成新多边形要素图层,原来多边形要素分割成新要素,新要素综合了原来两层或多层的属性。据此可以分析每个居民区所处的污染等级或者每一污染等级涵盖了哪些居民区,如图 6-36 所示。

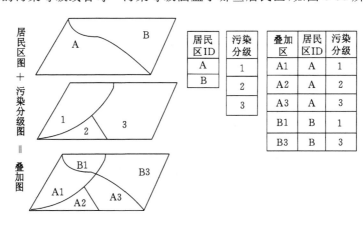

图 6-36 多边形与多边形的叠加分析

根据叠加结果最后欲保留空间特征的不同要求,一般的 GIS 软件(如 ArcGIS)都提供了多种类型的多边形叠加操作,下面主要讲解以下四种操作。

(1) 并操作(A∪B)

保留两个图层的所有图形要素和属性数据,如图 6-37 所示。

图 6-37 并操作

(2) 交操作(A∩B)

保留两个图层共同的部分,其余部分将被消除,如图 6-38 所示。

(3) 擦除操作(A−A∩B)

输出层保留以第二个图层为控制边界之外的所有多边形,如图 6-39 所示。

(4) 裁剪操作($\overline{A-A \cap B}$)

输出层保留以第二个图层为边界,对输入图层的内容要素进行截取的结果,和擦除操作

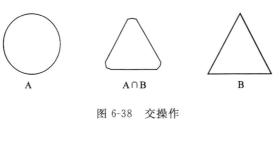

图 6-38　交操作

图 6-39　擦除操作

相反,如图 6-40 所示。

图 6-40　裁剪操作

下面以图 6-41 为例,详细介绍矢量数据叠加分析的步骤。

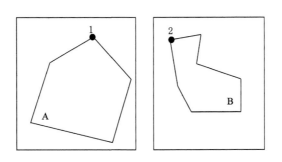

图 6-41　叠加前的图形

① 对原始数据(多边形)构建拓扑关系,如表 6-1 所示。

表 6-1　叠加前两图层的拓扑关系

弧 ID	起点	终点	左多边形	右多边形
1	1	1	0	A
2	2	2	0	B

② 几何求交：多层多边形数据的空间叠加，形成新图层。具体操作时首先找出弧段之间的所有交点；再在交点处产生一个新的节点，将原来的弧打断，形成新弧段，如图 6-42 所示。

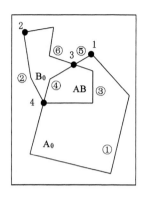

图 6-42　叠加后的图形

③ 拓扑重构：对新层中的多边形重建拓扑，如表 6-2 所示。

表 6-2　叠加后新图层拓扑重建

弧 ID	起点	终点	左多边形	右多边形
①	1	4	00	A_0
②	4	2	00	B_0
③	3	4	A_0	AB
④	3	4	AB	B_0
⑤	3	1	00	A_0
⑥	2	3	00	B_0

④ 删除多余多边形，处理碎屑多边形，提取感兴趣的部分。
⑤ 属性传递：对于合成叠加分析，根据两组多边形边界交点来建立具有多重属性的多边形；对于统计叠加分析，进行新多边形范围内的属性特征统计分析，如表 6-3 所示。

表 6-3　叠加后新图层的属性传递

Polygon ID	A_0	AB	B_0	00
Arcs	①③⑤	③④	④②⑥	①②⑥⑤

6.4.3.2　栅格数据叠加分析

栅格数据叠加分析，参与分析的两个图层均为栅格数据，栅格数据结构从性质上就适合叠加分析，因此基于栅格数据的叠加分析运算过程比较简单，但数据量很大。栅格是规则格网，因此叠置操作简单，关键在于栅格属性的计算。

（1）单层栅格数据叠加分析

单层栅格数据的叠加分析属于空间变换之一，即对原始图层及其属性进行一系列的逻辑或代数运算,以产生新的具有特殊意义的地理图层及其属性的过程。

单层栅格数据叠加分析步骤:

① 布尔逻辑运算:可以用布尔逻辑运算组合成算子,以进行更复杂的逻辑运算。

② 重分类:将属性数据的类别合并或转换成新类,即对原来数据中的多种属性类型,按照一定的原则进行重新分类,以利于分析。在多数情况下,重分类都是将复杂的类型合并成简单的类型。例如,可以将各种土壤类型重分类为水面和陆地两种类型。在重分类策略下,进行属性代换,并去掉公共边。

③ 滤波运算:可将破碎的地物合并和光滑化,以显示总的状态和趋势。

④ 特征参数计算:可对栅格数据区域的周长、面积、重心以及线的长度、点的坐标等进行计算。

⑤ 相似运算:即匹配识别,是指按某种相似性度量来搜索与给定物体相似的其他物体的运算。

空间变换对新栅格属性赋值的方法有三种:

① 点变换方式:对单个栅格单元进行属性值运算。

② 邻域变换方式:考虑相邻栅格的影响。

③ 区域变换方式:与栅格所在区域的特性以及等值(同名)栅格的个数有关。

(2) 多层栅格数据叠加分析

栅格数据图层间的叠加可通过像元之间的各种运算来实现,包括算术运算、逻辑判断运算、函数运算、算术平均或加权平均运算、最大值或最小值运算等。

① 算术运算:将两层以上的对应网格值经过加、减等运算,得到新的栅格数据的方法,如图 6-43 所示。

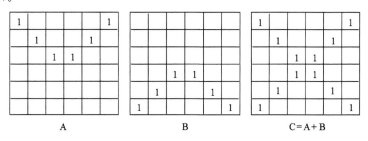

图 6-43　栅格算术运算

② 逻辑判断运算:采用逻辑运算符"and""or""not"等对栅格值进行运算,得到新的栅格数据的方法,如图 6-44 所示。

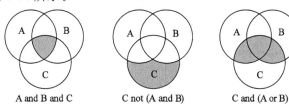

图 6-44　逻辑判断运算

③ 函数运算法:将两个以上层面的栅格数据值以某种函数关系作为复合分析的依据进

行逐网格运算，从而得到新的栅格数据值的方法，如图 6-45 所示。此方法在地学综合分析、环境质量评价、遥感数字图像处理等领域得到广泛的应用。

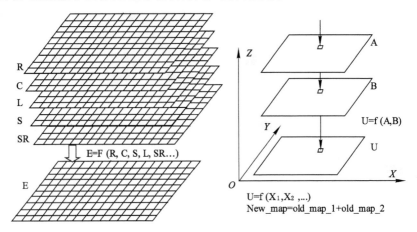

图 6-45　函数运算

④ 最大值和最小值运算：将两个以上层面的栅格数据值以求最大值或最小值的方法进行逐网格运算，从而得到新的栅格数据值的方法，如图 6-46 所示。

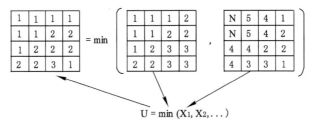

图 6-46　最大值和最小值运算

从图形学的角度，多边形与多边形叠加算法的核心是多边形对多边形的裁剪。在图形系统中，二维裁剪是最基础和常用的操作之一，其典型的应用是在图形的消隐等各种三维图形的处理以及各种排料算法的求交操作中。对裁剪算法的研究主要集中在裁剪直线和裁剪多边形两方面。多边形裁剪与线裁剪相比具有更高的使用率，因此它是目前裁剪研究的主要课题。多边形裁剪用于裁剪掉被裁剪多边形位于窗口之外的部分。多边形越复杂，其裁剪算法就越难以实现，常用的算法包括 Sutherland-Hodgeman、梁-Barsky、Foley、Maillot、Andereev 等，要求裁剪多边形是矩形。在实际应用中，一般多边形的裁剪更具普遍意义，Montani 和 Re、Reppaport 以及 Sechrest 和 Greengberg 等人曾提出过对于一般多边形的裁剪算法，近年来也出现了一些改进剪裁算法。这类算法中最具有代表性的有 Weiler 算法、Vatti 算法以及 Greiner-Hormann 算法，可以在合理的时间内处理一般剪裁问题。其中，Weiler 算法使用的是树形数据结构，而 Vatti 算法和 Greiner-Hormann 算法使用的是链表数据结构，所以后两者在复杂性及运行速度方面都优于前者。Sutherland-Hodgeman 算法和 Weiler 算法是叠加分析中的两种典型方法。

6.5　空间网络分析

6.5.1　网络分析的概念

6.5.1.1　网络分析的概念

空间网络分析是 GIS 空间分析的重要组成部分。网络是一个由点、线的二元关系构成的结构,用来描述某种资源或物质在空间上的运动。GIS 中的空间网络分析是依据网络的拓扑关系(线性实体之间、线性实体与节点之间、节点与节点之间的连结关系),通过考察网络元素的空间及属性数据,以数学理论为基础,对网络的性能特征进行多方面的一种分析计算。

网络分析的数据是由点和线组成的网状数据,其理论基础是图论和运筹学,它通过研究网络的状态以及模拟和分析资源在网络上的流动和分配情况,对网络结构及其资源等的优化问题进行研究。网络分析的主要用途有最优路径选择、最佳布局、资源中心选址、资源分配等,主要应用于城市交通规划与管理、地下管网(如给排水、煤气)的管理和维护,物流运输的管理以及电力、通信、有线电视等部门。

与 GIS 的其他分析功能相比,空间网络分析的研究一直比较少,但是近年来由于普遍使用 GIS 管理大型网状设施(如城市中的各类地下管线、交通线、通信线路等),使得对网络分析功能的需求迅速增长,GIS 平台软件纷纷推出自己的网络分析子系统。相对于国际上网络分析的研究不断升温的状况,国内的应用和需求也是相当广泛和迫切,这必将对网络分析的研究产生巨大的推动作用。

6.5.1.2　网络的属性

空间网络有以下属性:

(1)阻碍

空间网络具有一定阻碍,即指资源在网络中运行的阻力。

(2)资源需求量

空间网络具有一定的资源需求量,即网络中与弧段和停靠点相联系的资源的数量,如某条街所住的学生数。

(3)资源容量

空间网络的资源容量是以网络中心为弧段的需求能容纳或提供的资源总数量,如接收的学生总数。

6.5.1.3　网络的类型

空间网络包括以下类型:

(1)平面网络

平面网络包括道路型、树型、环网型、细胞型。

(2)非平面网络

非平面网络主要指交错型。

6.5.2 网络构成及表达

6.5.2.1 网络构成

网络数据模型是真实世界中网络系统（如交信网、通信网、自来水管网、煤气管网等）的抽象表示，如图 6-47 所示。由于通用性的不同以及网络分析功能的侧重点不同，各个地理信息系统的网络模型也不尽相同，差异主要体现在对网络附属元素的分类和设定上。通用网络模型基本组成要素如下：

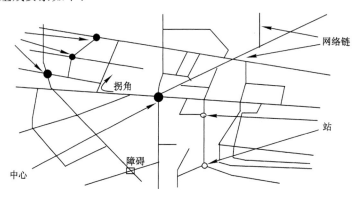

图 6-47 空间网络的构成

（1）链（Link）

链是连通的路线，即连结两点的弧段或路径，它是供资源运移的通道，如街道、河流、水管等，其属性包括长度、资源流动的时间、速度等。

（2）节/结点（Node）

节/结点是网络中链的端点或任意两条链的交点，其属性包括资源数量、容量等。

（3）站点/停靠点（Stop）

站点/停靠点是资源中转站，是网络中装卸资源的节点，如库房、汽车站等，其属性有要被运输的资源需求（如产品数等）。

（4）障碍（Barrier）

障碍是资源不能通过的节点，是禁止网络中链上流动的点，如禁止通行的关口等。

（5）中心（Center）

中心是接受或发送资源的节点位置，有源、汇之分，如河流网络中的水库、电力网络中的电站等，其属性包括资源容量、服务半径、服务延迟数等。

（6）拐角（Turn）

拐角是资源流向发生改变的地方，在连通路线相连的节点处资源运移方向可能转变，即从一条链上经节点转向另一条链上，其属性主要是转弯的阻力，如拐弯的时间和限制。

6.5.2.2 网络表达

空间网络要素的表示如下：

（1）链弧

如图 6-48 所示的链弧，其记录字段如表 6-4 所示。

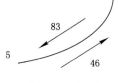

图 6-48 链弧

表 6-4　链弧属性表

链弧号	起节点	终节点	长度/km	正方向阻强/(km/h)	反方向阻强/(km/h)	资源需求量
13	5	8	124.5	83	46(−1表示不通,单行道)	...

（2）转弯

如图 6-49 所示为一个转弯,其记录字段如表 6-5 所示。M 条弧相连共有转弯个数为 M^2 个。

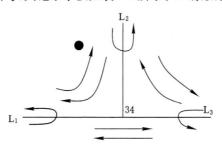

图 6-49　转弯

表 6-5　转弯属性表

节点号	从弧段	至弧段	角度	时间阻强/s
34	L_2	L_1	90	60
34	L_1	L_1	180	30
34	L_2	L_3	−90	−1(不允许拐弯)
34	L_1	L_3	0	0(无阻强)

（3）停靠点

停靠点可以直接在相应的节点上附上需求量属性,负值为下卸,正值为装载,如表 6-6 所示。

表 6-6　停靠点属性表

节点号	45	46
需求量	35	−20

（4）中心

中心的属性包括资源最大容量、服务范围和服务延迟数(在其他中心达到某个数量时才提供服务),如表 6-7 所示。

表 6-7　中心属性表

节点号	资源最大容量	服务范围	服务延迟数
24	1 000	200	0
...	...	...	...

6.5.2.3　网络的建立

建立网络包括三个步骤：

① 聚集线要素。

② 创建拓扑。创建拓扑时，要注意对伪节点的处理，根据实际情况确定保留或者不保留。

③ 对网络要素赋予属性。

6.5.3　网络分析算法

6.5.3.1　网络图论基础

空间网络分析是以图论为基础的，图论是数学的一个分支，它以图为研究对象。图论中的图是由若干给定的点及连接两点的线所构成的图形，这种图形通常用来描述某些事物之间的某种特定关系，用点代表事物，用连接两点的线表示相应两个事物间具有的这种关系。

（1）图和有向图

图的定义：一个以抽象的形式来表达确定的事物，以及事物之间是否具备某种特定关系的数学系统，其表达式为 $G:[V(G),E(G)]$，其中 V_i 为顶点，E_k 为边或弧。

如图 6-50 所示，设 $G_d=(V,E)$ 是一个有向图，若 $e_k=V_iV_j\in E$，则称顶点 V_i 和 V_j 是边 e_i 的节点，且称 V_i 是边 e_k 的起始节点，V_j 是边 e_k 的终止节点，并称 V_i 邻接于 V_i 或 V_j 邻接；反之，若移去 G_d 中各边的箭头，则构成无向图。图中两个端点重合的边称为环。两条边以端点相并连接，叫作并行边或重边。若不含并行边和环的图，称为简单图。若 $V(G)$ 和 $E(G)$ 是有限集合，则 G 称为有限图；否则称为无限图。在无向图中，首尾相接的一串边的集合称为路，如图 6-51 中的 $\{e_1,e_2,e_3\}$ 构成一条路。能构成自行闭合的路，称为回路。如果任意两个节点之间都存在一条路，称为连通图。若一个连通图中不存在任何回路，则称为树，树中的边叫作树枝。

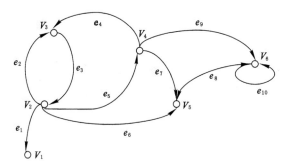

图 6-50　有向图 G_d

（2）赋权有向图

图中任一边或弧赋予一个实数 $w(e)$，称为弧 e 的权数，赋权的有向图 G_d 称为赋权有向图，用 $G_d=(V,E,W)$ 表示。图的矩阵包括邻接矩阵 $\boldsymbol{D}(G)$ 和关联矩阵 $\boldsymbol{A}(G)$。

（3）无向图

一个具有 V 个顶点、e 条边的无向图 G，如图 6-52 所示，可由图 G 的顶点集 V 中每两点

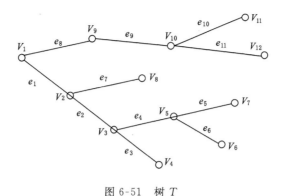

图 6-51　树 T

间邻接关系唯一决定,其对应的矩阵 $\boldsymbol{D}(G)=[d_{ij}]$ 是一个 $V \times V$ 阶方阵,叫作邻接矩阵。其中,$d_{ij}=1,V_i$ 和 V_j 邻接;$d_{ij}=0,V_i$ 和 V_j 不邻接或 $i=j$ 且无环。

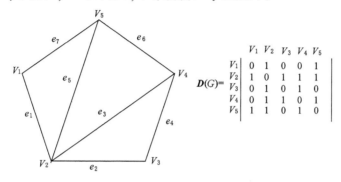

图 6-52　无向图 G 及其邻接矩阵

　　关联矩阵是图的一个重要矩阵形式,如图 6-53 所示。一个具有 v 个顶点和 e 条边的无向图 G 的关联矩阵 $\boldsymbol{A}(G)$ 是 $v \times e$ 阶矩阵,每个顶点对应矩阵的一行,每条边对应矩阵的一列,即:

$$\boldsymbol{A}(G) = [a_{ij}]_{v \times e} \tag{6-27}$$

式中,$a_{ij}=1,e_i$ 和 v_i 关联;$a_{ij}=0,e_i$ 和 v_i 不关联。

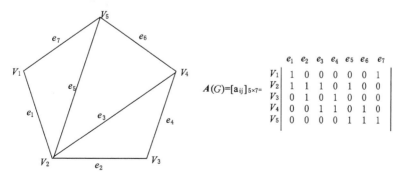

图 6-53　无向图 G 及其关联矩阵

6.5.3.2 网络分析算法

从数学的观点可以把 GIS 中的网络看作图(Graph),因而可以利用图论的研究成果来解决网络分析中的众多问题。图论中的术语"网络",指的就是加权有向图,但 GIS 中涉及的网络与数学上探讨的图或网相比较,存在以下特殊性:

① 网线和节点的空间位置是有意义的。

② 除了网线可以具有权值外,节点也可以具有权值,并且权值可能是多重的,例如网线可以有正向及逆向阻碍强度、需求、容量、耗费等多种权值。

③ 节点有时具有转角数据。

④ GIS 中的网络并不总是有向图。对于水系、煤气管道系统等网络,由于内容物在网线中的流向是固定的,并且作相关分析时流向也是重要依据,所以它们应该作为有向图来考察;但像城市道路网这样的网络就应被看作无向图,对其中的若干单行道,可以通过对网线阻碍强度的设置来限定方向。

尽管存在上述差异,图论中的许多算法仍然可以很好地应用于网络分析,当然,某些算法是要根据情况具体加以修正或扩展。

最佳路径问题求解算法有几十种,其中 Dijkstra 算法被 GIS 广泛采用,其基本思路是由近及远寻找起点到其他所有节点的最优路径,直至到达目标节点。在资源分配方案的求解中,Dijkstra 算法也发挥着重要作用,因为其搜索过程正与资源从中心出发由近及远的分配方式相吻合。对于两两节点间最佳距离的求解,则常使用 Floyd 算法或 Dantzig 算法,它们都从图的邻接矩阵开始反复迭代,最终得到距离矩阵。二重扫除算法(double-sweep algorithm)可以求得一个节点和其他各节点之间的第 K 条最短路径。网线最佳游历方案的求解在图论中称为中国邮路问题,它是一个既与 Euler 图有关,又与最佳路径有关的问题,使用"奇偶点图上作业法"可以求得最佳闭合路径。

节点游历问题类似于图论中著名的推销员问题(TSP,即寻找经过每个节点一次的最佳闭合路径)。TSP 的求解算法经适当修正一般可以用于节点最佳游历方案的求解。TSP 是一个 NP 完全问题,一般只能采用近似解法找近似最优解。较好的近似解法有基于贪心策略的最近点连结法、最优插入法、基于启发式搜索策略的分枝限界法、基于局部搜索策略的对边交换调整法等,后两种方法常能得到相当满意的结果。

连通分析问题对应于图的生成树求解。求连通分量往往采用深度优先遍历或广度优先遍历,形成深度或广度优先生成树。最小费用连通方案问题就是求解图的最优生成树,一般使用 Prim 算法或 Kruskal 算法。

6.5.4 网络分析功能

6.5.4.1 路径分析

(1) 路径分析的概念

路径分析是 GIS 最基本的空间分析功能,其核心是对最优路径和最短路径的求解。从网络模型的角度看,最优路径求解就是在指定网络中的两节点间找一条阻碍强度最小的路径。最优路径的产生基于网线和节点转角(如果模型中节点具有转角数据)的阻碍强度,如图 6-54 所示。例如,如果要找最快的路径,阻碍强度要预先设定为通过网线或在节点处转弯所花费的时间;如果要找费用最小的路径,阻碍强度就应该是费用。当网线在顺、逆两个方向上的阻碍强度都是该网线的长度,而节点无转角数据或转角数据都是 0 时,最优路径就成为最短路径。在某些情况下,用户可能要求系统能一次求出所有节点间的最优路径,或者要了解两节点间的第二、第三乃至第 K 条最优路径。

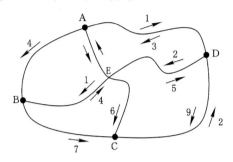

图 6-54　路径分析原理图

另一种路径分析功能是最优遍历方案的求解。网络最优遍历方案求解,是给定一个弧段集合和一个节点,求解最优路径,使之由指定节点出发至少经过每条弧段一次而回到起始节点。节点最优遍历方案求解,则是给定一个起始节点、一个终止节点和若干中间节点,求解最优路径,使之由起点出发遍历全部中间节点而达到终点。

（2）路径分析类型

① 静态最优路径分析:在给定每条链上的属性后,求最优路径。一般分析从 p_1 到 p_2 共有 n 条路径,计算各路径上的权数之和,取最小者为最佳路径。

② 动态最优路径分析:实际网络中权值是随权值关系式变化的,可能还会临时出现一些障碍点,需要动态地计算最佳路径。

③ 最短路径分析:确定起点、终点和要经过的中间点、链,采用特定算法求出最短路径。

④ 最低花费路径分析:确定起点、终点和要经过的中间点、链,采用特定算法求出耗费最小的路径。耗费包括时间耗费、金钱耗费等,本质是一样的,只是权重不同。当权重以距离赋值时,则为最短路径。

⑤ N 条最优路径分析:确定起点或终点,求代价最小的 N 条路径。因为在实践中最佳路径的选择只是理想情况,由于种种因素而要选择 N 条近似最优路径。

（3）最优路径经典算法

最优路径最经典的算法为 Dijkstra 算法,属于全向搜索算法,搜索的依据是若从点 s 到点 t 有一条最短路径,则在从 s 点到该路径上任何点的距离都是最短的。距离表示相应链的权重,可以换作时间或费用。

为计算最优路径,对网络图中每个节点 i 设定一对标号 (D_i, P_i),其中 D_i 是从起点 s 到点 i 的最短路径的长度,P_i 则是从 s 到 i 的最短路径中 i 点的前一点,如图 6-55 所示。

Dijkstra 算法的基本过程如下:

① 初始化:起点 s 设置为 $D_s=0$,P_s 为空,其他所有点设置为未标记点。

② 检验所有已标记点 K 到其直接连接的未标记点 j 的距离,并设置:

$$D_j = \min[D_j, D_k + L_{kj}]$$ (6-28)

其中,L_{kj} 为 k 到 j 的直接距离。

图 6-55 Dijkstra 算法的弧段搜索

③ 选取下一个点：从所有未标记的节点中，选取 D_j 中最小的一个 i：

$$D_i = \min[D_j, \text{所有未标记的点 } j]\qquad(6-29)$$

点 i 就是被选为最短路径中的一点，并设为已标记的点。

④ 检查是否所有点已标记，如果都标记，则算法退出，否则重复步骤②、③。

（4）Dijkstra 算法示例

为了求出最短路径，需先计算两点间的距离，并形成距离矩阵。若两点间没有直接相连的路径，则距离为 ∞。对于从顶点到其本身的最短路径，认为是零路（没有弧的路），其长度等于零，如图 6-56 所示。

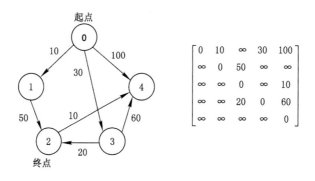

图 6-56 Dijkstra 算法最短路径及距离矩阵

具体计算步骤如下：

① 初始化：令 $D(0)=0$，$P(0)$ 为空，对 0 点作标记，从距离矩阵中读取 0 点到其他各点 i 的距离，计算 $D(1)$、$D(2)$、$D(3)$、$D(4)$。

$D(1)=10 \quad P(1)=0$

$D(2)=\infty \quad P(2)=?$

$D(3)=30 \quad P(3)=0$

$D(4)=100 \quad P(4)=0$

最小值为 $D(1)=10$。

② 对 1 点作标记，按公式计算 $D(2)$、$D(3)$、$D(4)$。

$D(2)=\min\{D(2),L(1,2)+D(1)\}=\min\{\infty,50+10\}=60 \quad P(2)=1$

$D(3)=\min\{D(3),L(1,3)+D(1)\}=\min\{30,\infty+10\}=30 \quad P(3)=0$

$D(4)=\min\{D(4),L(1,4)+D(1)\}=\min\{100,\infty+10\}=100 \quad P(4)=0$

最小值为 $D(3)=30$。

③ 对 3 点作标记，计算 $D(2)$、$D(4)$。

$$D(2)=\min\{D(2),L(3,2)+D(3)\}=\min\{60,20+30\}=50 \quad P(2)=3$$
$$D(4)=\min\{D(4),L(3,4)+D(3)\}=\min\{100,60+30\}=90 \quad P(4)=3$$

最小值为 $D(2)=50$。

④ 对 2 点作标记,因为 2 点是终点,故搜索停止。根据顺序记录的标记点以及最小值的取值情况,可得到最短路径为 0 点→3 点→2 点,最短距离为 50。

6.5.4.2　连通分析

人们常常需要知道从某一节点或网线出发能够到达的全部节点或网线,这一类问题称为连通分量求解。例如,当地震发生时,救灾指挥部需要知道,把所有被破坏的公路和桥梁考虑在内,救灾物资能否从集散地出发送到每个居民点,如果有若干居民点与物资集散地不在一个连通分量之内,指挥部就不得不采用特殊的救援方式,如派遣直升机。另一连通分析问题是最少费用连通方案的求解,即在耗费最小的情况下使得全部节点相互连通。

（1）n 个城市间的通信线路

图 6-57 中,顶点表示城市,边表示两城市间的线路,边上所赋的权值表示代价。对 n 个顶点的图可以建立许多生成树,每一棵树可以是一个通信网。若要使通信网的造价最低,就需要构造图的最小生成树。

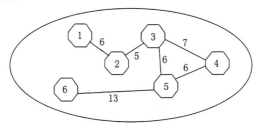

图 6-57　城市间的通信线路网络图

（2）定位—配置分析

定位—配置分析用来研究网络设施布局最优化的问题,包括:定位问题,即根据需求点的空间分布,在一些候选点中选择给定数量的供应点;配置问题,根据供应点的空间分布,安排需求分配点;同时涉及供应点和需求点的定位—配置问题。定位与分配模型是根据需求点的空间分布,在一些候选点中选择给定数量的供应点以使预定的目标方程达到最佳结果,即最佳分配中心、最优配置。定位—配置分析应用于救援区划分、学校选址以及消防站、垃圾站等的分布等。

定位—配置分析算法:在运筹学的理论中,定位与分配模型常可用线性规划求得全局性的最佳结果。由于其计算量以及内存需求巨大,所以在实际应用中常用一些启发式算法来逼近或求得最佳结果。

P—中心的定位分配问题:在 m 个候选点中选择 P 个供应点为 n 个需求点服务,使得总距离（或时间或费用）为最少。

中心服务范围的确定问题:确定一个服务设施在给定的时间或距离内能够提供服务的区域。

中心资源的分配问题:将空间网络的链或节点,按中心的供应量及各节点的需求量分配给一个中心的过程,通常用来模拟空间网络上资源的供需关系。

6.5.4.3 流分析

所谓流,就是将资源由一个地点运送到另一个地点。流分析主要是按照某种最优化标准(如时间最少、费用最低、路程最短或运送量最大等)设计运送方案,其目标是最小费用最大流量,即不仅要考虑使网络上的流量最大,而且要使运送流的费用或代价最小。为了实施流分析,就要根据最优化标准的不同扩充网络模型,把中心分为收货中心和发货中心,分别代表资源运送的起始点和目标点。这时发货中心的容量就代表待运送的资源量,收货中心的容量代表它所需要的资源量。网线的相关数据也要扩充,如果最优化标准是运送量最大,就要设定网线的传输能力;如果目标是使费用最低,则要为网线设定传输费用,即在该网线上运送一个单位的资源所需的费用。

流分析的计算基础是网络流理论,其原理为:设有一个网络图 $G(V,E)$,$V=\{s, a, b, c, \cdots, s'\}$,$E$ 中的每条边 (i,j) 对应一个容量 $c(i,j)$ 与输送单位流量所需费用 $a(i,j)$。如有一个运输方案(可行流),其流量为 $f(i,j)$,则最小费用最大流问题如下式所示的求极值问题:

$$\min_{f \in F} a(f) = \min_{f \in F} \sum_{(i,j) \in E} a(i,j) f(i,j) \qquad (6\text{-}30)$$

其中,F 为 G 的最大流的集合,即在最大流中寻找一个费用最小的最大流。

6.5.4.4 资源分配

资源分配就是为网络中的网线和节点寻找最近的中心,即资源发散或汇集地,这里的远近是按阻碍强度的大小来确定的。例如,资源分配能为城市中的每一条街道上的学生确定最近的学校,为水库提供其供水区等,资源分配是模拟资源如何在中心(学校、消防站、水库等)和它周围的网线(街道、水路等)、节点(交叉路口、汽车中转站等)间流动的。资源分配根据中心容量以及网线和节点的需求将网线和节点分配给中心,分配是沿最佳路径进行的。当网络元素被分配给某个中心时,该中心拥有的资源量就依据网络元素的需求而缩减,当中心的资源耗尽,分配就停止。用户可以通过赋给中心的阻碍限度来控制分配的范围。

6.5.4.5 选址

选址功能涉及在某一指定区域内选择服务性设施的位置,例如市郊商店区、消防站、工厂、飞机场、仓库等的最佳位置的确定。网络分析中的选址问题一般限定设施必须位于某个节点或位于某条网线上,或者限定在若干候选地点中选择位置。选址问题种类繁多,实现方法和技巧也多种多样,不同的 GIS 在这方面各有特色。造成这种多样性的原因主要在于对"最佳位置"的解释,即用什么标准来衡量一个位置的优劣,以及要定位的是一个设施还是多个设施。

6.6 数字地面模型分析

6.6.1 数字地面模型基本概念

数字地面模型即 DTM(Digital Terrain Models),它是地形起伏的数字表达,它由对地形表面取样所得到的一组点的 x、y、z 坐标数据和一套对地面提供连续描述的算法组成。简单地说,数字地面模型是按一定结构组织在一起的数据组,它代表着地形特征的空间分布。DTM 是建立地形数据库的基本数据,可以用来制作等高线图、坡度图、专题图等多种图解产品。

DTM 中地形属性为高程时,称为数字高程模型(Digital Elevation Model,DEM)。DEM 是用一组有序数值阵列形式表示地面高程的一种实体地面模型,是数字地面模型的一个分支,其他各种地形特征值均可由此派生。

DEM 数据的采集方法主要包括地面测量、现有地图数字化、空间传感器和数字摄影测量方法。

(1)地面测量法

以地面实测记录为数据源,利用 GPS、全站仪和电子手簿或测距经纬仪等设备,在已知点位的测站上观测目标点的方向、距离和高差 3 个要素,计算出目标点的(x,y,z)三维坐标,得到建立 DEM 的原始数据。这种方法一般用于建立小范围大比例尺区域的 DEM,对高程的精度要求较高。

(2)现有地图数字化法

以比例尺大于 1∶1 万的国家近期地形图为数据源,从中量取中等密度地面点集的高程数据,建立 DEM。现在主要采用扫描采集法。

(3)空间传感器法

利用 GPS,结合雷达和激光测高仪进行数据采集。

(4)数字摄影测量法

摄影测量法以航空或航天遥感图像为数据源,利用遥感立体像对,采用摄影测量的方法建立空间地形立体模型,量取密集数字高程数据,建立 DEM。采集数据的摄影测量仪器包括附有自动记录装置的立体测图仪或立体坐标仪、解析测图仪及数字摄影测量系统。

6.6.2　数字高程模型表示方法

DEM 的表示方法如图 6-58 所示,本节主要介绍几种常用的方法。

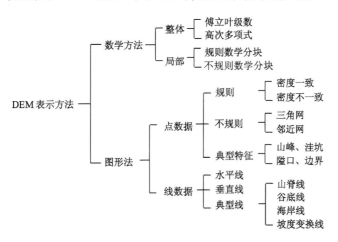

图 6-58　DEM 表示方法

6.6.2.1　规则格网法

规则格网结构(Grid)是将离散的原始数据点,依据插值算法归算出规则形状格网的节点坐标,每个节点的坐标有规律地存放在 DEM 中。最常用的是正方形或矩形格网,如图6-59所示。

32	28	55	45	56	48	57	15
15	48	56	25	89	47	56	78
45	12	53	59	25	65	75	26
95	65	35	78	25	69	65	78
75	45	65	48	74	22	25	78
25	58	87	68	48	75	47	77
45	78	45	59	98	11	45	59
95	65	85	87	81	12	88	25
75	58	25	24	65	78	77	78

图 6-59　规则格网法

规则格网结构简单,计算方便,有利于各种应用。但规则格网也存在一些缺点:① 地形简单的地区存在大量冗余数据;② 不改变格网大小则无法适用于起伏程度不同的地区;③ 对于某些特殊计算如视线计算时,格网的轴线方向被夸大;④ 由于栅格过于粗略,不能精确表示地形的关键特征,如山峰、洼坑、山脊等。

格网 DEM 应用主要包括地形曲面拟合、立体透视图、通视分析、流域特征地貌提取与地形自动分割和 DEM 计算地形属性等。

6.6.2.2　不规则三角网法

不规则三角网(Triangulated Irregular Network,TIN)表示的 DEM 是由连续的相互连接的三角形组成,三角形的形状和大小取决于不规则分布的高程点的位置和密度。TIN 能充分表示地形特征点和线,从而减少了地形较平坦地区的数据冗余,而且能更加有效地用于各类以 DTM 为基础的计算,但其结构复杂。TIN 的重点在其生成算法,下面介绍两种主要的生成算法。

（1）不规则点集生成 TIN

不规则点集生成 TIN 的最经典算法是 Delaunay 三角剖分算法。1908 年,G. Voronoi 首先定义了二维平面上的 Voronoi 图(又叫泰森多边形)。Voronoi 图由一组连续多边形组成,多边形的边界由连接两邻点直线的垂直平分线组成。平面上的不同点,按最近邻原则划分平面,每个点与它的最近邻区域相关联。1934 年,Delaunay 提出了三角形最小内角最大的三角化准则,并证明了在没有四点或四点以上共圆条件下的平面散乱点存在的一种三角化方式,使连成的三角形网中的三角形满足这一条件,最接近等边三角形,通常称这类三角形为 Delaunay 三角形。Delaunay 三角形是 Voronoi 图的偶图,Delaunay 三角形是由与相邻 Voronoi 多边形共享一条边的相关点连接而成的三角形,其三角形的外接圆圆心是与三角形相关的 Voronoi 多边形的一个顶点,如图 6-60 所示。

Delaunay 三角剖分图具有如下性质:

① 空外接圆性质,任何一个三角形的外接圆均不包含其他数据点。

② 最小内角最大性质,在所有可能形成的三角剖分中,Delaunay 三角剖分中三角形的最小内角之和最大。

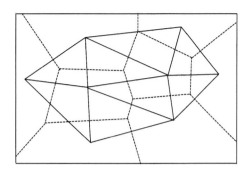

图 6-60　Delaunay 三角网与 Voronoi 图

　　这两个特性保证了 Delaunay 三角剖分能够尽可能地避免生成小内角的长薄单元,使三角形能够最接近等角或等边,这也是 Delaunay 三角剖分的算法依据。

　　运用 Delaunay 三角网的空外接圆性质,对由两个有公共边的三角形组成的四边形进行判断,如果其中一个三角形的外接圆中含有第 4 个顶点,则交换由两个三角形所构成的四边形的对角线,这一调整过程称为局部优化过程(Local Optimization Process,LOP)。LOP 主要应用于不规则三角网 TIN 建立过程中,生成 Delaunay 三角形时判断其是否符合 Delaunay 的空圆特性,如不符合,则通过 LOP 进行优化。其基本思想是:运用 Delaunay-TIN 三角网的空外接圆性质对两个公共边的三角形组成的四边形进行判断,如果其中一个三角形的外接圆中含有第四点,则交换四边形的对角线,如图 6-61 所示。

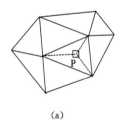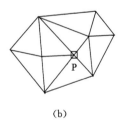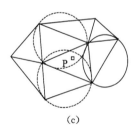

(a)　　　　　　　　　(b)　　　　　　　　　(c)

图 6-61　局部优化过程

(a) 插入新点 P;(b) 修改后的 Delaunay 三角形;(c) 应用最大化最小角原则

（2）格网 DEM 转成 TIN

　　格网 DEM 转成 TIN 最常用的方法有保留重要点法(Very Important Point,VIP)和启发丢弃法(Drop Heuristic,DH)。

　　① 保留重要点法是一种保留规则格网 DEM 中的重要点来构造 TIN 的方法,它是通过比较计算格网点的重要性,保留重要的格网点。重要点是通过 3×3 的模板来确定的,根据 8 邻点的高程值决定模板中心是否为重要点。格网点的重要性是通过它的高程值与 8 邻点高程的内插值进行比较,当差分超过某个阈值的格网点被保留下来。被保留的点作为三角网顶点生成 Delaunay 三角网。如图 6-62 所示,由 3×3 的模板得到中心点 P 和 8 邻点的高程值,计算中心点 P 到直线 AE、CG、BF、DH 的距离,再计算 4 个距离的平均值。如果平均值超过阈值,P 点为重要点,则保留;否则,去除 P 点。

　　② 启发丢弃法是将重要点的选择作为一个优化问题进行处理。该算法是给定一个格

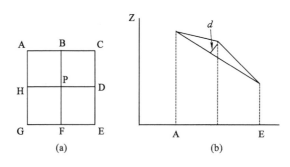

图 6-62　保留重要点法

网 DEM 和转换后 TIN 中节点的数量限制,寻求一个 TIN 与规则格网 DEM 的最佳拟合。首先输入整个格网 DEM,迭代进行计算,逐渐将那些不太重要的点删除,处理过程直到满足数量限制条件或满足一定精度为止。

具体过程如下:

(a) 算法的输入是 TIN,每次去掉一个节点进行迭代,得到节点越来越少的 TIN。很显然,可以将格网 DEM 作为输入,此时所有格网点视为 TIN 的节点,其方法是将格网中 4 个节点的其中两个相对节点连接起来,这样将每个格网剖分成两个三角形。

(b) 取 TIN 的一个节点 O 及与其相邻的其他节点,如图 6-63 所示,O 的邻点(称Delaunay 邻接点)为 A、B、C、D,使用 Delaunay 三角构造算法,将 O 的邻点进行 Delaunay三角形重构,如图中实线所示。

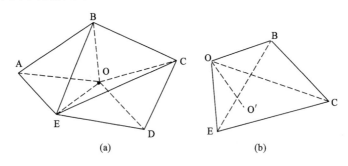

图 6-63　启发丢弃法

(c) 判断该节点 O 位于哪个新生成的 Delaunay 三角形中,如图 6-63(b)为三角形 BCE。计算 O 点的高程和过 O 点与三角形 BCE 交点 O′的高程差 d。若高程差 d 大于阈值 d_e,则O 点为重要点,保留;否则,可删除。

(d) 对 TIN 中所有的节点重复进行上述判断过程,直到 TIN 中所有的节点满足条件$d>d_e$,结束。

6.6.2.3　等高线法

(1) 等高线模型

等高线通常被存成一个有序的坐标点对序列,可以看成一条带有高程值属性的简单多边形或多边形弧段。等高线模型中,高程值的集合是已知的,每条等高线对应一个已知的高程值,一系列等高线集合和它们的高程值一起构成了一种地面高程模型,如图 6-64 所示。

等高线通常可以用二维的链表来存储。另外的一种方法是用图来表示等高线的拓扑关系,将等高线之间的区域表示成图的节点,用边表示等高线本身,如图 6-65 所示。

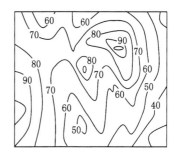

图 6-64　等高线

（2）等高线转成格网 DEM

一般采用局部插值算法将等高线转换成 DEM,但会出现阶梯地形等问题。解决方法是使用针对等高线插值的专用方法,或者将等高线数据点减至最少,增加标志山峰、山脊、山谷和坡度突变的数据点,并使用较大的搜索窗口。

（3）等高线追踪

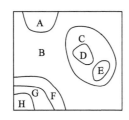
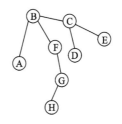

图 6-65　等高线和相应的自由树

基于 TIN 可以绘制等高线,直接利用原始观测数据,避免了 DTM 内插的精度损失,因而等高线精度较高。绘制的等高线分布在采样区域内,并不要求采样区域有规则的四边形边界,而同一高程的等高线只穿过一个三角形最多一次,因而程序设计也较简单。但是,由于 TIN 的存储结构不同,等高线的具体跟踪算法也有所不同。算法步骤如下:

① 对给定的等高线高程 h,与所有网点高程 Z_i 进行比较,若 $Z_i = h$,则将 Z_i 加上（或减去）一个微小正数 $\varepsilon(\varepsilon > 0)$。

② 设立三角形标志数组,其初始值为零,每一元素与一个三角形对应,凡处理过的三角形将标志设置为 1,以后不再处理,直至等高线高程改变。

③ 按顺序判断每一个三角形的三边中的两条边是否有等高线穿过。若三角形一边的两端点为 $P_1(x_1, y_1, z_1)$,$P_2(x_2, y_2, z_2)$,则 $(z_1 - h)(z_2 - h) < 0$,表明该边有等高线点,$(z_1 - h)(z_2 - h) > 0$,表明该边无等高线点。

④ 直至搜索到等高线与网边的第一个交点,称该点为搜索起点,也是当前三角形的等高线进入边、线性内插该点的平面坐标 (x, y)。

⑤ 搜索等高线在该三角形的离去边,也就是相邻三角形的进入边。

⑥ 当一条等高线全部跟踪完后,将其光滑输出。然后继续三角形搜索,直至全部三角形处理完,再改变等高线高程,重复以上过程,直到完成全部等高线的绘制为止,如图 6-66 所示。

$$\begin{cases} x = x_1 + \dfrac{x_2 - x_1}{z_2 - z_1}(z - z_1) \\ y = y_1 + \dfrac{y_2 - y_1}{z_2 - z_1}(z - z_1) \end{cases} \tag{6-31}$$

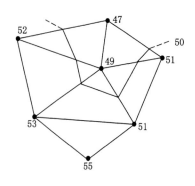

图 6-66 利用 TIN 生成等高线

6.6.3　数字地面模型相关分析

6.6.3.1　地形制图

基于 DEM 进行地形制图的方法主要有以下几种。

（1）等高线法

等高线法是通过格网点高程数据信息或者是将分散的高程数据信息依靠栅格追踪方法转变为地面矢量等值线。

（2）垂直剖面法

垂直剖面法用来表示高度沿一条线（道路、河流等）的变化，常用在工程领域（如在公路、铁路、管线等的设计过程中）制作垂直剖面图。

（3）地貌晕渲法

地面晕渲法用来模拟太阳关于地表要素相互作用下的地形容貌概况，如图 6-67 所示。

（4）分层设色法

分层设色法以一定的颜色变化次序或色调深浅来表示地貌的方法。首先将地貌按高度划分若干带，对各带规定具体的色相和色调，称为"色层"；为划分的高度带选择相应的色系，称为"色层表"；按色层表给不同高度带以相应颜色。

图 6-67 地貌晕渲图

（5）立体透视法

立体透视图是指地形的三维视图，与采用等高线表示地形形态相比，立体透视图能更好地反映地形的立体形态，更接近人们的直观视觉。立体透视图可以改变高程值的放大倍率以夸大立体形态，可以改变视点的位置以便从不同的角度进行观察，可以使立体图形转动，使人们更好地研究地形的空间形态，其制作流程如图 6-68 所示。

6.6.3.2　视域分析

视域指的是从一个或多个观察点可以看见的地表范围，如图 6-69 所示。提取视域的过程称为可视性分析。视域分析的类型可以分为：

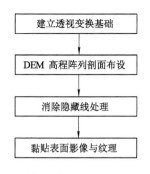

图 6-68　制作立体透视图的基本流程

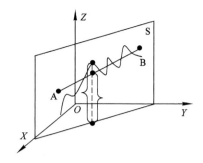

图 6-69　通视性

① 点的通视:指计算视点与待判定点之间的可见性问题。

② 线的通视:指已知视点,计算视点的视野问题。

③ 面的通视:指已知视点,计算视点能可视的地形表面区域集合的问题。

判断视域分析的通视特性的步骤如下:

① 确定目标点和观察点所在线段与 XOY 平面垂直的平面 S。

② 求出 DEM 中与 S 相交的所有边。

③ 判断相交边是否位于观察点和目标点线段之上,即相交边上的点的高程与 AB 上同位置点高程比较,若有一边位于其上,则两点不可通视。

6.6.3.3　水文分析

基于 DEM 地表水文分析的主要内容是利用水文分析工具提取地表水流、径流模型的水流方向、汇流累积量、水流长度、河流网络(包括河流网络的分级等)以及对研究区的流域进行分割等。通过对这些基本水文因子的提取和分析,可再现水流的流动过程,最终完成水文分析过程。基于 DEM 的地表水文分析主要包括:

(1)无洼地 DEM 的生成

DEM 一般被认为是比较光滑的地形表面的模拟,但是由于内插的原因以及一些真实地形(如喀斯特地貌)的存在,使得 DEM 表面存在着一些凹陷的区域。这些区域在进行地表水流模拟时,由于低高程栅格的存在,使得在进行水流流向计算时在该区域得到不合理的或错误的水流方向。因此,在进行水流方向计算之前,应该首先对原始 DEM 数据进行洼地填充,得到无洼地的 DEM。

(2)汇流累积量的计算

在地表径流模拟过程中,汇流累积量是基于水流方向数据计算而来的。对每一个栅格来说,其汇流累积量大小代表着其上游有多少个栅格的水流方向最终汇流经过该栅格,汇流累积量的数值越大,该区域越易形成地表径流。汇流累积量计算方法:设规则格网表示的 DEM 每个 Cell 处有一个单位的水量,按照自然水流从高处流往低处的自然规律,根据区域地形的水流方向数据计算每个 Cell 处所流过的水量数值便得到了该区域的汇流累积量。

(3)水流长度的计算

水流长度通常是指在地面上一点沿水流方向到其流向起点(终点)间的最大地面距离在水平面上的投影长度。水流长度直接影响地面径流的速度,进而影响地面土壤的侵蚀力。

水流长度的提取与分析在水土保持工作中有很重要的意义。

(4) 河流网络的提取

河网的生成包括阈值的设定、栅格河网的生成、栅格河网矢量化。目前常用的河网提取方法是地表径流漫流模型。

(5) 河网分级以及流域分割

河网分级是对一个线性的河流网络进行分级别的数字标识。流域(Watershed)又称集水区域,是指流经其中的水流和其他物质从一个公共的出水口排出,从而形成的一个集中的排水区域,也可以用流域盆地(Basin)、集水盆地(Catchment)等来描述。流域显示了每个流域汇水区域的大小,流域间的分界线即为分水岭,分水线包围的区域称为一条河流或水系的流域。

6.6.3.4 地形分析

地形分析就是基于 DEM 进行各种地形因子的自动提取。

(1) 坡度分析

坡度(Slop)定义为地表单元的法向量与 Z 轴的夹角,即切平面与水平面的夹角。切面方程为:

$$Z(x,y) = ax + by + z \tag{6-32}$$

坡度为:

$$\alpha = \mathrm{arcsec}\left(\sqrt{a^2 + b^2 + 1}\right) \tag{6-33}$$

在计算出各地表单元的坡度后,可对不同的坡度设定不同的灰度级,就得到坡度图。

(2) 坡向分析

坡向(Directions)定义为上述拟合平面的法线在水平面上投影的方位角:

$$\alpha = \arctan\left(\frac{b}{a}\right) \tag{6-34}$$

在计算出每个地表单元的坡向后,可制作坡向图。通常把坡向分为东、南、西、北、东北、西北、东南、西南 8 类,再加上平地,共 9 类,用不同的色彩显示,即可得到坡向图,如图 6-70 所示。

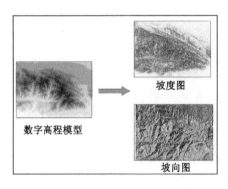

图 6-70 坡度、坡向图

(3) 地表曲率的提取

地面剖面曲率是坡度的变化率,即坡度的坡度;地面平面曲率是坡向的变化率,即坡向的坡度。图 6-71 表示基于 DEM 提取地表曲率的方法和过程。

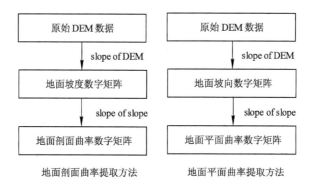

图 6-71　地面剖面、平面曲率提取方法

（4）地表粗糙度的计算

地表粗糙度是反映地表的起伏变化和侵蚀程度的指标,用对顶点连线的中点高差表示,一般定义为地表单元的曲面面积与投影面积之比:

$$R_{i,j} = D = \left| (Z_{i+1,j+1} + Z_{i,j}) \div 2 - (Z_{i,j+1} + Z_{i+1,j}) \div 2 \right|$$
$$= \frac{1}{2} \left| Z_{i+1,j+1} + Z_{i,j} - Z_{i,j+1} - Z_{i+1,j} \right| \tag{6-35}$$

（5）高程变异分析

高程变异是反映地表单元格网顶点高程变化的指标,为格网顶点的高程标准差与平均高程的比值,包括平均高程、相对高程、高程标准差和高程变异。

① 高程分级。等间距或不等间距划分为若干高程等级,如用来区分丘陵、低山、中山、高山等。

② 平均高程。其公式如下:

$$h = \frac{1}{n} \sum_{k=1}^{n} h(p_k) \tag{6-36}$$

式中,n 为计算单元内栅格个数;$h(p_k)$ 为第 k 点的高程。

③ 相对高程。设参考高程为 h_m,则各栅格点上相对高程为:

$$h'(p_k) = h(p_k) - h_m \quad (k = 1, \cdots, N) \tag{6-37}$$

④ 极值高程和高差。其公式为:

$$\begin{cases} h_{\max} = \mathrm{MAX}[h(p_k)] \\ h_{\min} = \mathrm{MIN}[h(p_k)] \\ \Delta h = h_{\max} - h_{\min} \end{cases} \tag{6-38}$$

（6）谷脊特征分析

谷脊特征主要包括谷点、脊点、沟谷密度、沟谷深度值等。沟谷深度值为地表单元内几个谷点切割深度的均值,用地表单元的谷点与最近脊点的平均高差确定。沟谷密度由单位面积上沟谷线总长度决定,公式为:

$$D = \frac{\sum L}{\sum A} \tag{6-39}$$

（7）日照强度的分析

辐照度计算需考虑日照条件（太阳赤纬、高度角、时角及大气状况）与坡面几何条件的相互关系，公式如下：

$$E = \beta \times S_c \times \sin(S_a) \times [a \times \cos t + b \times \sin t + \cos \theta \times \sin(S_a)] \qquad (6-40)$$

式中，β 为大气透过率，与太阳高度和大气状况有关；S_c 为太阳常数；S_a 为太阳高度角，可由球面三角公式求出；t 为时角；a、b 为坡面方程系数；θ 为坡度。

（8）淹没边界的计算

淹没边界计算步骤包括：将数字地形的数据和土地利用数据进行匹配；根据高程确定淹没边界；统计淹没对象的类别和面积，计算淹没损失。

（9）地表形态的自动分类

根据地形特征拟定地形分类决策表，如表6-8所示，在此基础上进行自动分类。

表6-8　地形分类决策表

	平地	岗丘	丘陵	低山	高山
绝对高度 H/m			<400	400～800	>800
相对 ΔH/m		<100	100～200	>200	>200
坡度/(°)	<3				

（10）地学剖面的绘制和分析

地学剖面是以线代面，研究区域的地貌形态、轮廓形状、地势变化、地质构造、斜坡特征、地表切割强度等。在地形剖面上叠加其他地理变量，例如坡度、土壤、植被、土地利用现状等，可以提供土地利用规划、工程选线和选址等的决策依据。

（11）曲面面积的计算

基于DEM可以进行曲面的面积、表面积的计算，可以进行工程中不规则挖方的体积计算。曲面面积计算公式如下：

$$S = \sum_{i=1}^{n} \sum_{j=i}^{n} S_{i,j} \qquad (6-41)$$

（12）流域特征地貌提取与地形自动分割

基于DEM数据自动提取流域地貌特征和进行流域地形自动分割是进行流域空间模拟的基础技术。流域地貌形态结构能反映流域结构的特征地貌，建立格网DEM对应的微地貌特征。格网DEM数据是一些离散的高程点数据，每个数据本身不能反映实际地表的复杂性。为了从格网DEM数据中得到流域地貌形态结构，必须采用一个清晰的流域地貌结构模型，然后针对该结构模型设计自动提取算法。

6.6.4　数字地面模型应用领域

数字地面模型的应用非常广泛，其应用领域涉及以下几个方面：

① 土木工程、景观建筑与矿山工程规划与设计。

② 各种线路选线（铁路、公路、输电线）的设计。

③ 为军事目的而进行的三维显示。

④ 景观设计与城市规划。

⑤ 交通路线的规划与大坝选址。

⑥ 开发建设中土方量的计算,各种工程的面积、体积、坡度计算。

⑦ 任意两点间的通视判断及任意断面图绘制。

⑧ 汇水区分析、淹没分析。

⑨ 生成坡度图、坡向图、剖面图、辅助地貌分析、估计侵蚀和径流等;还能派生以下主要产品:平面等高线图、立体等高线图、等坡度图、晕渲图、通视图、纵横断面图、三维立体透视图、三维立体彩色图等。

6.7　海洋时空统计分析

6.7.1　空间统计分析

6.7.1.1　空间统计分析概述

空间统计分析是将空间信息(面积、长度、方位、邻近关系、空间关系等)整合到经典统计分析中,以研究与空间位置相关的事物和现象的空间关联和空间关系,从而揭示要素的空间分布规律。空间统计分析使我们更深入、定量化地了解空间分布、空间集聚或分散、空间关系,通过空间统计,能够完成以下任务:

① 汇总某分布模式的关键特征,如表 6-9 所示。

② 标识具有统计显著性的空间聚类(热点/冷点)和空间异常值,如表 6-10 所示。

③ 评估聚类或分散的总体模式,如表 6-11 所示。

④ 对空间关系建模,如表 6-12 所示。

表 6-9　汇总关键特征

问题	解决方式	示例
中心在哪里?	平均中心或中位数中心	鱼群中心在哪以及它如何随时间变化?
哪个要素的地理位置最便利?	中心要素	应将新建的支持中心定址在哪里?
主导方向或方位是什么?	线性方向平均值	冬季的主要风向?
要素的分散程度、密集程度或融合程度如何?	标准距离或方向分布(标准差椭圆)	哪种疾病菌株的分布范围最广?
是否存在定向趋势?	方向分布(标准差椭圆)	灾害现场方位在哪里?

表 6-10　标识具有显著统计性的聚焦点

问题	解决方式	示例
热点在哪里? 冷点在哪里? 聚集点的集中程度如何?	热点分析或聚类和异常值分析	哪里是生物多样性最高且栖息地条件最好的地方?
异常值在哪里?	聚类和异常值分析	海洋中的水温异常值在哪里?
如何实现最有效的资源调配?	热点分析	某种疾病哪里的发病率非常高?
哪些位置与问题发生位置相距最远?	热点分析	哪些位置与问题发生位置相距最远?

表 6-11　评估聚类或分散的总体模式

问题	解决方式	示例
各类空间特征之间是否存在差异？	空间自相关或平均最近邻	哪些植物物种的分布在整个研究区域中最为离散？
空间模式是否随着时间推移发生变化？	聚类和异常值分析	抑制措施是否有效？
空间过程彼此之间是否类似？	热点分析	该疾病的空间模式是否反映出高危鱼群的空间模式？
数据是否在空间上相关？	热点分析	回归残差是否表现出具有统计显著性的空间相关？

表 6-12　关系建模

问题	解决方式	示例
是否存在相关性？关系的稳固程度如何？这种关系在整个研究区域是否一致？	普通最小二乘法和地理加权回归	普通最小二乘法和地理加权回归
哪些因素可能导致特定结果的发生？还有什么地方可能类似的反应？	普通最小二乘法和地理加权回归	模式可能会发生什么样的变化？我们可以做哪些准备工作？
缓解措施会在哪里最有效？	普通最小二乘法和地理加权回归	哪些因素与高于预期的事故发生的比例相关？在每个事故高发点，哪些因素是最强的预测因子？
模式可能会发生什么样的变化？我们可以做哪些准备工作？	普通最小二乘法和地理加权回归	

空间统计分析的主要类型有单变量统计分析和多变量统计分析。

（1）单变量统计分析

单变量统计分析包括基本统计量、探索性数据分析、分级统计分析和空间插值。

（2）多变量统计分析

多变量统计分析包括：

① 判别分析，包括距离判别、贝叶斯判别、费歇判别、逐步判别、序贯判别。

② 回归分析，包括逐步回归、双重筛选逐步回归。

③ 相关分析，包括主成分分析、主因子分析、关键变量分析。

④ 聚类分析，包括系统聚类、模糊聚类等。

空间统计分析方法很多，根据不同的分析目的选择适合的统计分析方法：

评价因子的选择与简化——主成分分析；

多因子重要性指标（权重）的确定——层次分析；

因子内各类别对评价目标的隶属度确定——模糊数学；

选用某种方法进行多因子综合——聚类分析；

空间物体的集群性分析和类别划分——分类分析；

多变量之间存在关联关系分析及独立的变量的选择——变量筛选分析。

下面具体介绍几种常用的空间统计分析方法。

6.7.1.2　统计图表分析

数据的统计特征大致分为以下几种。

（1）数据的集中特征

属性数据的集中特征可以用以下特征数表示：

① 频数和频率：表示事件出现的次数和频率以及事件的分布状况。频数表示变量在各组出现或发生的次数；频率表示各组频数与总频数之比。

② 平均数：反映了数据取值的集中位置，通常有简单算术平均数和加权算术平均数。

③ 数学期望：反映数据分布的集中趋势。

④ 中位数：有序数据集中出现在中间部位的数据值。

⑤ 众数：众数是具有最大可能出现的数值。

空间数据的集中特征，是找出数据分布的集中位置。例如，将变量 $x_i(i=1,2,\cdots,n)$ 按大小顺序排列，并按一定的间距分组，如图 6-72 所示。

图 6-72　空间数据的集中性特征

（2）数据的离散特征

数据的离散特征是描述数据集相对于中心位置的离散程度，包括以下特征数：

① 极差：是一组数据中最大值与最小值之差。

② 离差：一组数据中的各数据值与平均数之差。平均离差，将离差取绝对值，然后求和，再取平均数。离差平方和，对离差求平方和。平均离差与离差平方和是表示各数值相对于平均数的离散程度的重要统计量。

③ 方差与标准差：方差是均方差的简称，是以离差平方和除以变量个数求得的。标准差是方差的平方根，又称为均方根。

④ 变差系数：又称差异系数（Coefficient of Variation）、离散系数、变异系数，是一组数据的标准差与其均值的百分比，是测算数据离散程度的相对指标。变差系数越大，代表其数据的离散程度越大，其平均数的代表性就越差。

以上数据统计特征，可以通过计算方法获得，其本身是对空间和非空间数据的分析。为了更直观，通常对以上特征指标采用统计图表的方法进行表达。统计图表还可以直接作为数据统计分析的方法，如图 6-73 所示为常用的统计图。

6.7.1.3　主成分分析

（1）主成分分析原理

主成分分析（Principal Component Analysis，PCA），是利用降维的思想把多指标转化为少数几个综合指标的多元统计分析方法。PCA 是通过数理统计分析，求得各要素间线性关

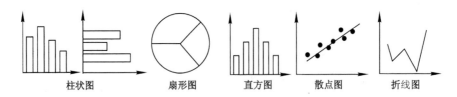

图 6-73　常用统计图

系实质上有意义的表达式,将众多要素的信息压缩表达为若干具有代表性的合成变量,这就克服了变量选择时的冗余和相关,然后选择信息最丰富的少数因子作为主成分构造应用分析模型。

设有 n 个样本,p 个变量,要将原始数据转换成一组新的特征值——主成分,主成分是原变量的线性组合且具有正交特征。即将 $x_1,x_2,\cdots,x_p$ 综合成 $m(m<p)$ 个指标 $z_1,z_2,\cdots,z_m$,即有:

$$\begin{cases} z_1 = L_{11} \times x_1 + L_{12} \times x_2 + \cdots + L_{1p} \times x_p \\ z_2 = L_{21} \times x_1 + L_{22} \times x_2 + \cdots + L_{2p} \times x_p \\ \qquad\qquad \cdots\cdots \\ z_m = L_{m1} \times x_1 + L_{m2} \times x_2 + \cdots + L_{mp} \times x_p \end{cases} \tag{6-42}$$

综合指标 z_1、z_2、$\cdots$、z_m 分别称作原指标的第一、第二、$\cdots$、第 m 主成分,且 z_1、z_2、$\cdots$、z_m 在总方差中占的比例依次递减。实际工作中常挑选前几个方差比例最大的主成分,从而简化指标间的关系,抓住主要矛盾。

(2) 主成分分析几何解析

设 y_1 和 y_2 为空间数据的主成分,如图 6-74 所示。将坐标系进行正交旋转一个角度 θ,使其椭圆长轴方向取坐标 y_1,椭圆短轴方向取坐标 y_2,旋转公式为:

$$\begin{cases} y_1 = x_1 \cos\theta + x_2 \sin\theta \\ y_2 = -x_1 \sin\theta + x_2 \cos\theta \end{cases} \tag{6-43}$$

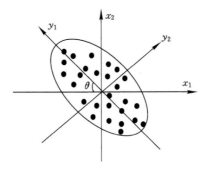

图 6-74　主成分分析原理图

矩阵形式为:

$$\begin{bmatrix} y_1 \\ y_2 \end{bmatrix} = \begin{bmatrix} \cos\theta & \sin\theta \\ -\sin\theta & \cos\theta \end{bmatrix} \begin{bmatrix} x_1 \\ x_2 \end{bmatrix} = \boldsymbol{U}'\boldsymbol{x} \tag{6-44}$$

其中,$\boldsymbol{U}'$ 为旋转变换矩阵,是正交矩阵。$\boldsymbol{U}'=\boldsymbol{U}^{-1}$,$\boldsymbol{U}'\boldsymbol{U}=\boldsymbol{I}$。

　　两主成分满足的条件是:① y_1、y_2 互不相关;② 样本点在 y_1 方向上方差最大。

　　经过旋转变换后得到如图 6-75 所示的新坐标,新坐标 y_1、y_2 有如下性质:

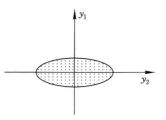

图 6-75　主成分几何解释图

　　① n 个点的坐标 y_1 和 y_2 的相关几乎为零。

　　② 二维平面上的 n 个点的方差大部分都归结在 y_1 轴上,而 y_2 轴上的方差较小。y_1 和 y_2 称为原始变量 x_1 和 x_2 的综合变量。由于 n 个点在 y_1 轴上的方差最大,因而将二维空间的点用在 y_1 轴上的一维综合变量来代替,所损失的信息量最小,由此称 y_1 轴为第一主成分;y_2 轴与 y_1 轴正交,有较小的方差,称它为第二主成分。

　　主成分分析这一数据分析技术是把数据减少到易于管理的程度,也是将复杂数据变成简单类别,便于存储和管理。

6.7.1.4　层次分析

　　层次分析是把相互关联的要素按隶属关系分为若干层次,请有经验的专家对各层次各因素的相对重要性给出定量指标,利用数学方法综合专家意见给出各层次各要素的相对重要性权值,作为综合分析的基础。

　　例如,要比较 n 个因素 $y = \{y_1, y_2, \cdots, y_n\}$ 对目标 Z 的影响,确定它们在 Z 中的比重,每次取两个因素 y_i 和 y_j,用 a_{ij} 表示 y_i 与 y_j 对 Z 的影响之比,全部比较结果可用矩阵 $\boldsymbol{A} = (a_{ij})_{n \times n}$ 表示,$\boldsymbol{A}$ 称为对比矩阵,它应满足:

$$a_{i,j} > 0, a_{ji} = 1/a_{ij} \quad (i, j = 1, 2, \cdots, n)$$

　　使上式成立的矩阵称互反阵,必有 $a_{ii} = l$。

6.7.1.5　判别分析

　　判别分析与聚类分析同属分类问题,所不同的是,判别分析是预先根据理论与实践确定等级序列的因子标准,再将待分析的地理实体安排到序列的合理位置上的方法。对于诸如水土流失评价、土地适宜性评价等有一定理论根据的分类系统定级问题比较适用。

　　判别分析要求根据已知的地理特征值进行线性组合,构成一个线性判别函数 Y,即:

$$Y = c_1 \times x_1 + c_2 \times x_2 + \cdots + c_m \times x_m = \sum_{k=1}^{m} c_k \times x_k \tag{6-45}$$

式中,$c_k (k=1,2,\cdots,m)$ 为判别系数,它可反映各要素或特征值作用方向、分辨能力和贡献率的大小,只要确定了 c_k,判别函数 y 也就确定了;x_k 为已知各要素(变量)的特征值。

6.7.1.6　聚类分析

　　聚类分析是将一组数据点或变量,按照其性质上的亲疏远近程度进行分类。根据数据点或变量之间的距离,将相似的样本归为一类,把差异大的样本区分开来。距离,表示相似程度,可以是欧氏距离、马氏距离、绝对值距离、相似系数距离等。系统聚类的基本思想是:首先是 n 个样本各自成一类,然后计算类与类之间的距离,选择距离最小的两类合并成一个新类,计算新类与其他类的距离,再将距离最小的两类进行合并,这样每次减少一类,直到达到所需的分类数或所有的样本都归为一类为止。

　　在由 m 个变量组成的 m 维空间中可以用多种方法定义样本之间的相似性和差异性统计量。例如,用 x_{ik} 表示第 i 个样本第 k 个指标数据,x_{jk} 表示第 j 个样本第 k 个指标数据;d_{ij}

表示第 i 个样本和第 j 个样本之间的距离,根据不同的需要,距离可以定义为许多类型,最常见、最直观的距离是欧几里得距离。依次求出任何两个点的距离系数 $d_{ij}(i,j=1,2,\cdots,n)$ 以后,则可形成一个距离矩阵:

$$\boldsymbol{D}=(d_{ij})=\begin{bmatrix} d_{11} & d_{12} & \cdots & d_{1n} \\ d_{21} & d_{22} & \cdots & d_{2n} \\ \vdots & \vdots & & \vdots \\ d_{n1} & d_{n2} & \cdots & d_{m} \end{bmatrix} \tag{6-46}$$

距离矩阵反映了单元的差异情况,在此基础上就可以根据最短距离法或最长距离法或中位线法等进行逐步归类,最后形成一张聚类分析谱系图。

6.7.1.7 空间相关分析

空间相关分析一般基于空间权重矩阵进行分析。

(1) 空间权重矩阵

空间数据集中不同实体单元间存在不同程度的空间关系,在实际应用中,一般通过矩阵形式给出空间逐点的空间权重指标,称为空间权重矩阵:

$$\boldsymbol{W}=\begin{bmatrix} w_{11} & w_{12} & \cdots & w_{1n} \\ w_{21} & w_{22} & \cdots & w_{2n} \\ \vdots & \vdots & & \vdots \\ w_{n1} & w_{n2} & \cdots & w_{m} \end{bmatrix} \tag{6-47}$$

$\boldsymbol{W}$ 是一个 $n\times n$ 阶的正定矩阵,矩阵的每一行指定了一个空间单元的"邻居集合"。一般地,面目标观测值采用连通性指标:若面状单元 i 和 j 相邻,则 $w_{ij}=1$;否则 $w_{ij}=0$。点目标观测值采用距离指标:若点 i 和 j 之间的距离在阈值 d 以内,则 $w_{ij}=1$;否则 $w_{ij}=0$。通常约定,一个空间单元与其自身不属于邻居关系,即矩阵中主对角线上元素的值为 0。

目前对空间权重指标的构建主要基于两类特征:连通性(Continuity)和距离(Distance)。此外,还可以通过面积、可达度等方式对空间权重指标进行构建。

基于连通性特征的空间权重指标,又称为空间邻接指标。三种基本的空间邻接定义方式:考虑横纵方向邻接关系的"卒"型、考虑对角线方向邻接关系的"象"型以及综合考虑上述方向的"后"型。空间邻接影响不仅局限于两个单元的相邻,一个空间单元还可通过相邻单元对外围非相邻单元产生影响,对于这类影响可以通过设定空间二阶乃至高阶邻接指标进行表达。

基于距离特征的空间权重指标,又称为空间距离指标。空间距离指标选择空间对象间的距离(如反距离、反距离平方值、距离负指数等)定义权重矩阵。

(2) 全局空间自相关

全局空间自相关主要描述整个研究区域空间对象之间的关联程度,以表明空间对象之间是否存在显著的空间分布模式。它主要采用全局空间自相关统计量(如 Moran's I、Geary's C、General G)进行度量。

① Moran's I是一种应用非常广泛的空间自相关统计量,反映的是空间邻接或空间邻近的区域单元属性值的相似程度。它的具体形式如下:

$$I = \frac{n}{s_0} \times \frac{\sum\limits_{i=1}^{n}\sum\limits_{j=1}^{n} w_{ij}(x_i - \bar{x})(x_j - \bar{x})}{\sum\limits_{i=1}^{n}(x_i - \bar{x})^2} \tag{6-48}$$

其中，x_i 表示第 i 个空间位置上的观测值；$\bar{x} = \frac{1}{n} \times \sum\limits_{i=1}^{n} x_i$；$w_{ij}$ 是空间权重矩阵 $\boldsymbol{W}_{n \times n}$ 的元素，表示空间单元之间的拓扑关系；s_0 是空间权重矩阵 $\boldsymbol{W}$ 的所有元素之和。

② Geary's C 也是一种较常用的空间自相关统计量，其结果解释类似于 Moran's I。其形式为：

$$C = \frac{n-1}{2s_0} \times \frac{\sum\limits_{i=1}^{n}\sum\limits_{j=1}^{n} w_{ij}(x_i - x_j)^2}{\sum\limits_{i=1}^{n}(x_i - \bar{x})^2} \tag{6-49}$$

③ Moran's I 和 Geary's C 统计量均可以用来表明属性值之间的相似程度以及在空间上的分布模式，但它们并不能区分是高值的空间集聚[高值簇或热点(Hot Spots)]还是低值的空间集聚[低值簇或冷点(Cold Spots)]，有可能掩盖不同的空间集聚类型。General G 统计量则可以识别这两种不同情形的空间集聚，其形式为：

$$G(d) = \frac{\sum \sum w_{ij}(d) x_i x_j}{\sum \sum x_i x_j} \tag{6-50}$$

式中，$w_{ij}(d)$ 是根据距离规则定义的空间权重；x_i 和 x_j 含义同上。

（3）局部空间自相关

全局空间自相关统计量建立在空间平稳性这一假设基础之上，即所有位置上的观测值的期望值和方差是常数。然而，空间过程很可能是不平稳的，特别是当数据量非常庞大时，空间平稳性的假设就变得非常不现实。局部空间自相关统计量可以用来识别不同空间位置上可能存在的不同空间关联模式（或空间集聚模式），从而允许我们观察不同空间位置上的局部不平稳性，发现数据之间的空间异质性，为分类或区划提供依据。

Moran's I 等空间自相关指数反映的是空间整体的自相关，一般"侧重于研究区域空间对象某一属性取值的空间分布状态"。实际研究中，空间自相关的分布是不均匀的，个别局域对象的属性取值对全局分析对象的影响非常显著。因此，有必要进行局域空间自相关指数计算，分析某一空间对象取值的邻近空间聚类关系、空间不稳定性及空间结构框架。特别是，当全局自相关分析不能够检测区域内部的空间分布模式时，局域空间自相关分析能够有效检测由于空间自相关引起的空间差异，判断空间对象属性取值的空间热点区域或高发区域等，弥补全局空间自相关分析的不足。

LISA(Local Indicators of Spatial Association)即局部空间关联指标，并不是特指某一个统计量，所有同时满足下面两个条件的统计量都可以认为是局部空间关联指标：① 每一个观测值的 LISA 表示该值周围相似观测值在空间上的集聚程度；② 所有观测值的 LISA 之和与全局空间关联度量指标之间成比例。因此，LISA 可以表达某个位置 i 上的观测值与周围邻居观测值之间的关系：

$$L_i = f(y_i, y_{J_i}) \tag{6-51}$$

其中,L_i 表示位置 i 上的统计量;f 是一个函数形式;y_i 是位置 i 上的观测值;J_i 表示位置 i 周围的所有邻居集合;y_{Ji} 是邻居 J_i 上的观测值。位置 i 上的所有邻居通过空间权重矩阵(W)表示,如 W 中第 i 行上所有非 0 元素对应的列,即构成位置 i 的邻居集合 J_i。

6.7.2 海洋时空统计分析

海洋时空统计是指空间统计量随时间的变化序列,将时空变化看作是空间分布随时间的变化,在每个时间点分别做空间统计,将其按时间先后次序连接起来,反映空间统计指标的变化。已有的许多空间统计指标,如几何重心、最邻近距离、BW 统计、全局和局域的 Moran's I 和 Getis G、Ripley K、半变异系数、空间回归系数等,均可做时间维度分析。

地学分析立足于数据,通过数据分析揭示空间格局和过程,讨论地理事物的规律和机理。统计学立足于变量,由变量推断总体,反演超总体的参数和性质。地学分析和统计分析之间的对应关系为:地学数据(Data)—统计学样本(Sample),地学格局(Pattern)—统计学总体(Population),地学过程(Process)—统计学超总体(Super Population)。地理学获取研究对象的数据,据此推断研究对象的格局、过程和机理。

空间统计学将研究区域(如中国)看作一个总体,而时空统计学将研究区域(如中国)和研究时段(如十三五以来)看作一个总体。在统计学中,总体由样本单元组成;在空间统计学中,样本单元为空间单元,如中国近 3 000 个县或 960 万个公里网格;在时空统计学中,样本单元为时空单元,如中国近 3 000 个县或 960 万个公里网格与 2010～2017 年逐年组合形成的县年或公里年单元。为获取数据,需要从总体中抽取一个样本,由有限个单元组成,如在空间统计中随机抽取 300 个县,抽样率约为 10%;或在时空统计中抽取 300 个县并且从 2010～2017 年中随机抽取 3 年,其空间抽样率约为 10%,时间抽样率为 3/8＝37.5%。

6.7.2.1 时空聚类分析

时空聚类分析旨在从时空数据库中发现具有相似特征的时空实体集合(即时空簇),亦是传统的聚类分析从空间域到时空域的进一步扩展。时空聚类分析有助于更好地发现和分析地理现象发展变化的趋势、规律与本质特征,在全球海洋气候变化、公共卫生安全、海洋灾害监测分析以及犯罪热点分析等领域具有重要的应用价值。

在地理空间中,时间和空间上的相关性是时空实体的基本特征,也是进行时空聚类分析的前提。若实体间没有相关性,则不会产生明显的聚集现象。时空聚类旨在将时空相关性较强的时空实体聚在同一簇,时空聚类过程中必须充分考虑实体间的相关性。因此,时空聚类分析可以归纳为以下 3 个步骤。

(1) 对时空数据进行探索性分析,掌握时空数据的特性,其主要包括:

① 时空相关性分析,判断时空数据是否可以进行时空聚类分析。

② 时空平稳性分析,分析时空数据的时空异质特征。

(2) 根据时空数据的具体特点研究专门性的时空聚类方法。

(3) 对时空聚类分析的结果进行分析和评价。

时空聚类研究的核心问题是如何确定时空邻近域,可以借助 Delaunay 三角网与时空自回归移动平均模型(Space-Time Autoregressive Integrated Moving Average,STARIMA)中时空延迟算子来构建一体化的时空邻近域。由于 STARIMA 模型仅是针对时空平稳数据,而对时空非平稳数据,需要剔除非线性的时空趋势获得平稳的时序序列后,再构建时空邻近域,进而借助基于密度聚类的思想完成时空聚类,并对结果进行可视化分析。整个时空聚类分析的理论方法框架如图 6-76 所示。

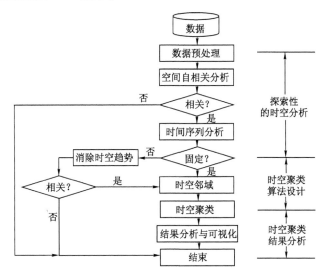

图 6-76　时空聚类分析的理论方法框架

6.7.2.2　经验模态分解法时空统计分析

经验模态分解法(Empirical Mode Decomposition,EMD)分析的目的是提取出基本模式函数,它的原观测数可表示为不同固有模式函数的和,即:

$$Y = \sum_{i=1}^{p} \mathrm{IMF}_i + e \qquad (6\text{-}52)$$

式中,e 往往接近于 0 或是一个常量;IMF 是固有模式函数,它满足两个条件:

① 信号极值点的数量与过零点的数量相等或最多相差一个。

② 在任一时间点上,信号的局部最大值与局部最小值定义的包络的均值是 0 或接近于 0。EMD 分解就是按照这两个标准不断提取 IMF,其计算过程如图 6-77 所示。

6.7.2.3　经验正交函数分解时空统计分析

经验正交函数分解(Experiencal Orthogonal Function,EOF),在提取物理量场时空变化的信息特征方面具有明显的优势,具有降维和获取主成分的作用,其基本原理是把资料场(包含 m 个空间点)随时间变化进行分解。设原资料场为 X_{mn},它可以看成 m 个空间函数 v_{ik} 和时间函数 y_{kj} 的线性组合,表示成:

$$x_{ij} = \sum_{k=i}^{m} v_{ik} y_{kj} = v_{i1} y_{1j} + \cdots + v_{im} y_{mj} \qquad (6\text{-}53)$$

上述分解表示为矩阵形式:

$$\boldsymbol{X} = \boldsymbol{VY}$$

式中,$\boldsymbol{X}$ 是原资料场数据距平后的矩阵;$\boldsymbol{V}$ 是空间函数矩阵;$\boldsymbol{Y}$ 是时间函数矩阵。$\boldsymbol{Y}$ 的个数 p $\leqslant n$,$\boldsymbol{V}$ 是 $p \times m$ 的矩阵。在海洋大气领域 P 一般小于 10,V 是提取的主要物理场,当 $p < n$ 时,EOF 可达到降维的作用。

6.7.2.4　自回归时空统计

自回归模型主要研究在不同时间间隔之间自身的相关关系,滑动平均模型注重的是连

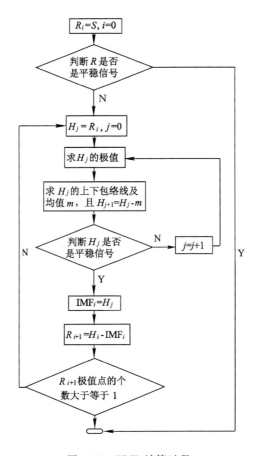

图 6-77　EMD 计算过程

续时间范围内数据间的相互影响。自回归滑动平均模型兼具以上两个模型的思想,所以在多数情况下其模型的准确度更高,拟合及多元回归均属回归分析的范畴,拟合时空分析是分析一个预报因子与预报量之间的关系,而多元回归则常用于分析多个预报因子与预报量之间的关系。回归分析无论在 GIS 中还是在海洋气象方面都有应用,在 GIS 中常辅助统计表得到更直观的信息,在海洋气象方面多用于预报估计。

回归模型可以统一写成:

$$y' = \beta x' + \varepsilon \tag{6-54}$$

但具体到不同的方法,其公式各不相同,具体如表 6-13 所示。

表 6-13　回归函数

名称	原函数	在回归公式中各量的含义
多元回归、线性拟合	$y = \beta x + \varepsilon$	$y' = y, x' = x$
多项式拟合	$y = \beta_1 x + \beta_2 x^2 + \cdots + \beta_n x^n + \varepsilon$	$y' = y, x' = \{ x, x^2, \cdots, x^n \}$
抛物线拟合	$y = \beta_1 x + \beta_2 x^2 + \varepsilon$	$y' = y, x' = \{ x, x^2 \}$
指数拟合	$y = d\, b^x$	$y' = \ln y, x' = x, \beta = \ln b, \varepsilon = \ln d$

表 6-13(续)

名称	原函数	在回归公式中各量的含义
对数拟合	$y = \beta \log x + \varepsilon$	$y' = y, x' = \lg x$
双曲拟合	$\dfrac{1}{y} = \dfrac{\beta}{x} + \varepsilon$	$y' = \dfrac{1}{y}, x' = \dfrac{1}{x}$
球形拟合	$y = \beta_1 x + \beta_2 x^3 + \varepsilon$	$y' = y, x' = \{x, x^3\}$

6.8　海洋时序分析

6.8.1　自适应时序分析

自适应时序模型的基本原理是将自适应滤波理论应用于自回归模型中,该模型在一定程度上可以根据观测数据和估计结果自行调整模型参数,并通过递推自动地对模型参数加以修正,使其接近某种最佳值。自回归模型以及滑动平均模型在使用者掌握时序特性的情况下,往往可以得到很满意的结果,而自适应时序模型在一定程度上更适合未知规律的探索。自适应时序模型的原理如下。

设一个 n 阶自回归时序,它的参数 $\varphi(t)$ 是量测数据在 $1 \leqslant i \leqslant t$ 范围内模型的最小二乘意义下的最优解。i 时刻模型的预报误差为:

$$\varepsilon(i) = x(i) - \boldsymbol{\varphi}^{\mathrm{T}}(t)\boldsymbol{x}_n(i-1)\ (1 \leqslant i \leqslant t) \tag{6-55}$$

经过推导,可以得到 n 阶时序在最小二乘意义下的自适应递推公式为:

$$P(t) = \boldsymbol{\lambda}^{-1}P(t-1) - \boldsymbol{\lambda}^{-1}K(t)\boldsymbol{x}_n^{\mathrm{T}}(t-1)P(t-1) \tag{6-56}$$

模型的最小二乘意义下的最优参数解为:

$$\hat{\varphi}(t) = \hat{\varphi}(t-1) + K(t)\alpha(t) \tag{6-57}$$

式中,$\alpha(t)$ 为新息,定义为:

$$\alpha(t) = x(t) - \hat{\varphi}(t-1)x_n(t-1) \tag{6-58}$$

自适应时序模型的一个重要特点是把 $N(t)$ 的矩阵求逆,化成在每一步中进行简单的标量除法运算,其中误差平方和计算公式如下:

$$\Gamma_{\min}(t) = \lambda\Gamma_{\min}(t-1) + \alpha(t)\varepsilon(t) \tag{6-59}$$

6.8.2　奇异谱分析

谱分析是一个大的分类,是时间序列在频域上进行分析的方法,常用于揭示时间变化时存在的各种尺度的波动现象,但不同的谱分析在功能或细节上不尽相同。

奇异谱分析主要用于识别所研究系统的振荡周期,常常与嫡谱分析一起使用。它是一种变形的 EOF 分析,相当于时间序列 $\{X_t\}(t=1,\cdots,n+m-1)$ 的时滞 m 排列矩阵,经奇异谱分析分解之后,原序列的频谱被分解为具有单一循环周期的时域信号,因而重建各振荡分量序列如下:

$$x_i^k = \frac{1}{m}\sum_{j=i}^{m} a_{ij}^k E_j^k, m \leqslant i \leqslant nm - 1 \tag{6-60}$$

$$x_i^k = \frac{1}{n} \sum_{j=i}^{m} a_{ij}^k E_j^k, 1 \leqslant i \leqslant m-1 \qquad (6-61)$$

$$x_i^k = \frac{1}{n-i+1} \sum_{j=i-n+m}^{m} a_{ij}^k E_j^k, n-m+2 \leqslant i \leqslant n \qquad (6-62)$$

其中，a_{ij} 为时间系数；E_j 为特征向量。

6.8.3 经验模式分析

经验模式分析的作用是对数据进行平稳化处理，其结果是产生不同尺度的本征模态函数交叉谱分析，揭露的是两个时间序列在不同频率上相互关系的一种分析方法。功率谱分析通过不同频率振动的功率大小，确认主要振动及对应的周期滤波过程，实际上是原始序列经过一定的变换转化为另一序列的过程，其实质是根据经验确定数据中有效信号的基本振荡模式(固有模式函数)，并据此分解数据。分解模式函数的过程也被称为筛选过程，思路如下。

找到信号中的所有局部极值点，其中所有的局部最大值被一个三次样条连接成为上包络。同理，局部最小值产生下包络，上下包络应将所有的数据都包含在它们之间。上下包络线的均值定义为 m_1，而原始信号 $x(t)$ 与 m_1 的差值定义为函数 h_1，则 $x(t) - m_1 = h_1$。理想情况下，h_1 应是一个固有模式分量。实际上，对于非线性数据，包络均值可能不同于真实的局部均值，因此，一些非对称波仍可能存在。

筛选过程主要有两个作用：一是去除叠加波，二是使波形更加对称。为了达到这个效果，该过程可以被重复多次。在第二次过滤处理中，分量 h_1 被当作待处理数据，于是 $h_1 - m_{11} = h_{11}$，可以把处理过程重复 k 次，直到 h_{1k} 是一个固有模式分量，于是 $h_{1(k-1)} - m_{1k} = h_{1k} = c_1$，则 c_1 就是从原始数据中得到的第一个固有模式分量，它包含原始信号中最短的周期分量，即频率最高的周期分量。剩余部分 r_1 仍然包含较长周期的固有模式分量，因此把 r_1 当作新数据重复以上步骤，得到各个固有模式分量：

$$r_1 - c_2 = r_2, r_2 - c_3 = r_3, \cdots, r_{n-1} - c_n = r_n \qquad (6-63)$$

6.8.4 小波时序分析

在时序分析过程中，模型的选择依赖于平稳序列的自相关系数及偏相关系数的求解、截尾性，模型参数的求解采用最小二乘法。显然，序列噪声及粗差对相关系数的求解、截尾性及模型参数求解存在着影响。因此，在进行时序分析前，对观测序列进行去噪处理显得极为重要。小波分析能有效地从信号中提取信息，通过伸缩与平移等运算功能对信号进行多尺度分析。对分解成不同尺度的小波信号进行分析，提取反映时序数据变化的趋势项、周期性和季节性信号，在能充分表征以上时序特征的基础上，对原时序信号进行重构。一般情况下，小波分解的低频部分可反映时序数据的趋势变化特征。

将时序分析的多步预报功能与小波对信号精加工的特殊作用相结合，对实际的海洋监测可以起到重要的作用。由于信号中含有多种频率成分，在这些成分的综合影响下，严重干扰了时间序列的分析结果，有时甚至出现预报结果严重偏离实际的情况。而小波对混频信号的分频功能及精准的粗差定位、去噪作用，可以很好地对观测序列进行提纯处理。

6.8.5 调和分析

调和分析是将序列数据里含有较显著的波动提取出来,研究序列呈现的主要周期等信息。

在实际的海洋调查中,尤其是长时间的观测,由于受到仪器故障、恶劣天气、地理位置制约以及观测方式等因素的影响,很难得到从观测初始到结束时间段内完整的高质量数据资料,所以获得的海洋资料是不完整的、不连续的。对于不完整、不连续的海洋现象(例如潮汐)资料,调和分析方法作为一种主要的分析方法,主要是基于观测时间间隔为等距的资料进行调和分析。

潮汐调和分析是建立在分潮的概念上,将潮汐看成是以不同频率传播的各种潮波叠加产生的现象,调和分析的目的就是求出各个分潮的振幅和迟角。迟角是指某时刻、某一地点实际的分潮的相角与理论上该时刻的分潮相角的差值,潮位表示式如下:

$$h_i = A_0 + f_i H_i \cos[\omega_i t + (V_0 + u) - g_i] \tag{6-64}$$

式中,A_0 为平均水位高度;i 为分潮序列号;h_i 表示分潮潮高;ω 为分潮的角速度;f、u 分别表示由于月球轨道的周期变化引进的对平均振幅和相角的订正值,即交点因子和交点订正角;V_0 为格林尼治初相角;H 和 g 为分潮的调和常数。

6.9 海洋时空分析

6.9.1 时空分析的内涵

GIS 中的时空分析是改变传统 GIS 将时间作为一种属性对空间状态进行静态分析的状况,将时间和空间作为动态变量,来分析时空状态下地理现象的分布、格局、模式、发展和变化规律。GIS 时空分析的目的是从时空数据中发现规律和异常、分析关联和探究机理,并进行预警和预测,其必须以时空数据为基础,其输入的是时空数据,分析结果也是时空数据。时空分析可以表示为以下过程:

$$\{X \mid s_i, t_j, a_k\} \xrightarrow{\text{Alm}} X_m(s,t,a) \tag{6-65}$$

其中,X 为地理现象的时空分布、时空格局、时空模式、时空规律等;s_i 为地理对象所对应的特定空间,t_i 为地理对象所对应的特定时间;a_k 为与特定时空相对应的地理对象的特定属性。a_k 从某种意义上讲是时空的函数,可以表示为 $a_k = f(s,t)$,当时空条件发生变化时属性值也发生变化,属性值变化累积到一定程度后,由量变到质变,地理现象的状态、分布、格局等就会发生变化。

时空分析的含义为根据时空和属性有限集合所对应的地理对象的时空分布、时空格局、时空模式等,采用时空分析方法 Alm,溯源、探究、分析出特定时空规律 X,根据此规律可以推断出具体时空条件下的地理对象的时空分布、时空模式、时空格局和时空规律。从以上过程可以看出,传统的空间分析是固定时间 t 时所进行的静态空间分布分析,可以表示为:

$$\{X \mid s_i, t, a_k\} \xrightarrow{\text{Alm}} X_m(s,a) \tag{6-66}$$

同样,传统时序分析可以表示为:

$$\langle X \mid s, t_j, a_k \rangle \xrightarrow{\text{Alm}} X_m(t, a) \tag{6-67}$$

所以，传统空间分析或时间序列分析是时空分析的特例。

时空分析是以时空数据为基础的，是从时空数据中分析、区分出时空规律（包括时空分布、时空格局、时空模式、时空变化等）、时空异常和时空噪声，其关系如图 6-78 所示。其中，时空规律是人类已经认知和掌握的规律，从时空数据中发现已有时空规律，以进行时空现象模拟预测以及指导实际应用；时空异常是指不符合已有规律的部分，但不能忽略，可以通过分析时空异常来发现新的时空规律，很多伟大的发现都是从异常分析开始的；对于时空噪声可以通过平差理论、统计模型进行分析，以便发现时空异常或者直接发现时空规律。

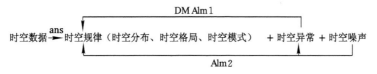

图 6-78　时空规律图

不同的时空分析方法的着重点不同，其应用目的也不相同，实际应用中需根据研究需要和分析目的选择不同的时空分析方法。空间统计指标的时序分析，反映空间格局随时间变化；时空变化指标，体现时空变化的综合统计量；时空格局和异常探测，揭示时空过程的不变和变化部分；时空插值，为获得未抽样点的数值；时空回归，建立因变量和解释变量之间的统计关系；时空过程建模，建立时空过程的机理数学模型；时空演化树，利用空间数据重建时空演化路径；时空数据可视化，通过视觉启发假设和选择分析模型。

6.9.2　时空插值分析

6.9.2.1　一维和二维插值

数据插值是在一定离散数据的基础上按照某种规则，补插生成指定位置的数据。其原理是采用函数和插值模型，根据有限个点处的取值状况，估算出函数在其他点处的近似值。插值分析在海洋领域和 GIS 领域都有广泛的应用，包括一维和二维插值。一维插值主要用于时间序列、剖面等数据的处理，二维插值针对的是空间数据。

（1）一维插值

一维插值有两种方法，拉格朗日插值和三次样条插值。当 $n=2$ 时，即为三点或抛物线拉格朗日插值。三次样条插值的思想是在由两相邻节点所构成的每一个小区间内用低次多项式来逼近，并且在各节点的连接处保证是光滑的。构造三次样条插值函数的方法通常有两种：一种是给定插值节点处的二阶导数作为未知数来求解；另一种是给定插值节点处的一阶导数作为未知数来求解。

（2）二维插值

二维插值常用的方法有两种：反距离权重插值和克里格插值。

反距离权重插值的公式如下：

$$v = \frac{\sum\limits_{i=1}^{p} \dfrac{z_i}{d_i^k}}{\sum\limits_{i=1}^{p} \dfrac{1}{d_i^k}} \tag{6-68}$$

其中,p 是指利用 p 个点(称为点集 D)插值 (x,y);d 是 D 中的每个点到 (x,y) 的距离;z_i 是 D 中第 i 点的观测值;v 是 (x,y) 处的估计值。

克里金插值的关键在于权重系数的确定,而权重系数不仅依赖于邻近点的值,也与克里格模型密切有关,其插值公式可以写成:

$$v = \sum_{i=1}^{p} \lambda_i z_i \tag{6-69}$$

其中,p 依然是指利用 p 个点(称为点集 D)插值 (x,y);v 是 (x,y) 处的估计值;但 z_i 是 D 中第 i 点的观测值;λ_i 是克里格权重系数。

6.9.2.2　贝叶斯最大熵方法

(1)贝叶斯最大熵方法

贝叶斯最大熵方法(Bayesian Maximum Entropy,BME)属于统计学方法,是一种以时空随机场理论为基础的时空分析方法。传统克里格插值方法,假定待插值数据没有误差,即待插值数据为"硬数据"。而贝叶斯最大熵方法考虑了数据的不确定性,即认为"软数据"和"硬数据"都能进行插值。该方法进行空间分布研究时能融合多方面不同精度与质量的数据,并将这些数据分为两部分。一部分是专用知识数据(KS),按照数据的精确与否可分为硬数据(Hard Date)和软数据(Soft Data),这两类数据均定量表示被研究属性的含量,区别在于硬数据为确定性的值,而软数据的值具有模糊性质,形式为值域区间或概率分布;相对于硬数据而言,软数据具有模糊性、获取容易、成本低等特点。另一部分是广义知识数据(KG),用来描述空间随机域整体特征的数据或知识,如一般自然规律、经验知识和基于硬数据任何阶的统计动差(如数学期望、协方差、方差等)。

(2)贝叶斯最大熵应用

基于贝叶斯最大熵原理求解变量分布的概率密度,定义空间随机域(Spatial Random Field,SRF) $F \equiv \{Z(X_\alpha), X_\alpha \in D \subseteq R^d\}$,$d$ 表示空间坐标系统维数,并且 F_z 满足二阶平稳假设,即:

$$\mathrm{E}[Z(x)] = m, x \in D \tag{6-70}$$

$$\mathrm{Cov}[Z(x), Z(x+h)] = C(h), (x, x+h \in D) \tag{6-71}$$

定义空间随机变量 $Z_{\mathrm{map}} = (Z_{\mathrm{hard}}, Z_{\mathrm{soft}}, Z_0)$,其中 Z_{hard}、Z_{soft} 和 Z_0 分别表示硬数据值、软数据值和待预测位置的未知值。KG 和 KS 分别用来表示广义知识数据和专用知识数据,其中 KS 由硬数据和软数据组成。用 $f_\mathrm{G}(Z_{\mathrm{map}})$ 表示基于 KG 的概率密度函数(PDF)。

根据最大熵原理,要求得一个系统的最大信息熵,就意味着要确保所有信息都考虑在内的情况下求得最大信息量。定义信息熵为:

$$\mathrm{H}[f_\mathrm{G}(Z_{\mathrm{map}})] = \mathrm{E}[\mathrm{Info}_\mathrm{G}(Z_{\mathrm{map}})] = -\int_{D_Z} f_\mathrm{G}(Z_{\mathrm{map}}) \log f_\mathrm{G}(Z_{\mathrm{map}}) \mathrm{d}Z_{\mathrm{map}} \tag{6-72}$$

即在约束条件下,式(6-72)需达到最大值。

信息即约束条件,可用下式表达:

$$\mathrm{E}[g_\alpha] = \int g_\alpha(Z_{\mathrm{map}}) f_\mathrm{G}(Z_{\mathrm{map}}) \mathrm{d}Z_{\mathrm{map}} \quad (\alpha = 0, \cdots, N_\mathrm{C}) \tag{6-73}$$

式中,$g_\alpha(Z_{\mathrm{map}})$ 表示来源于 KG 的关于 Z_{map} 的已知函数;N_C 为条件个数。如果 KG 仅包含正规化约束和基于硬数据(即采样数据)的数学期望、方差或协方差约束。正规化约束定义为:

$$g_0(Z_{\mathrm{map}}) = 1 \Rightarrow \mathrm{E}[g_0] = 1 \tag{6-74}$$

代入式(6-73)中,得到 $\int f_G(Z_{map})\mathrm{d}Z_{map}=1$,即确保先验 PDF 有效。数学期望约束表示为:

$$g_\alpha(z_k) = Z_k \Rightarrow \mathrm{E}[g_\alpha] = \mathrm{E}[Z_k] \tag{6-75}$$

式中,$k=0,\cdots,n$;$\alpha=1,\cdots,n+1$;n 表示待预测点 χ_0 周围一定范围(变程)内硬数据的个数。与方差相关的约束表示为:

$$g_\alpha(z_k) = [z_k - m_k]^2 \Rightarrow \mathrm{E}(g_\alpha) = \mathrm{E}[(Z_k - m_k)^2] \tag{6-76}$$

式中,$k=0,\cdots,n$;$\alpha=n+2,\cdots,2(n+1)$。与协方差相关的约束表示为:

$$g_\alpha(z_k,z_l) = [Z_k - m_k][Z_l - m_l] \Rightarrow \mathrm{E}[g_\alpha] = \mathrm{E}[[Z_k - m_k][Z_l - m_l]] \tag{6-77}$$

式中,k、$l=0,\cdots,n$;$\alpha=2(n+1)+1,\cdots,(n+1)(n+4)/2$;$m_k$、$m_l$ 分别表示随机变量 Z_k 和 Z_l 在点 χ_k 和 χ_l 的数学期望。

使用拉格朗日乘数 μ_α,式(6-72)要取最大值就意味着在式(6-74)~式(6-77)的约束条件下,式(6-78)取最大值:

$$\mathrm{L}[f_G(Z_{map})] = -\int f_G(Z_{map})\log f_G(Z_{map})\mathrm{d}Z_{map} - $$
$$\sum_{\alpha=0}^{N_C} \mu_\alpha\left[\int g_\alpha(Z_{map})f_G(Z_{map})\mathrm{d}Z_{map}\right] - \mathrm{E}[g_\alpha(Z_{map})] \tag{6-78}$$

设上式偏导为 0,解方程组,得到先验 PDF:

$$f_G(Z_{map}) = \frac{1}{A}\exp\left[\sum_{\alpha=1}^{N_C} \mu_\alpha g_\alpha(Z_{map})\right] \tag{6-79}$$

式中,A 作用为归一化约束:

$$A = \int \exp\left[\sum_{\alpha=1}^{N_C} \mu_\alpha g_\alpha(Z_{map})\right]\mathrm{d}Z_{map} \tag{6-80}$$

其次是根据贝叶斯条件概率公式,考虑硬数据和软数据,修正先验 PDF,则定义变量 Z 在预测位置 χ_0 处的后验 PDF 为:

$$f_k(z_0) = f_G(z_0 \mid Z_{hard},Z_{soft}) = \frac{f_G(Z_0,Z_{hard},Z_{soft})}{f_G(Z_{hard},Z_{soft})} \tag{6-81}$$

式中,$Z_{hard}=[\chi_l,\cdots,\chi_h]'$,$Z_{soft}=[\chi_{h+1},\cdots,\chi_m]'$,其中 h 为待预测点周围一定范围内硬数据的个数,$m-h$ 为软数据的个数。

若软数据值以区间方式的形式给出,如 $\chi_k \in (\alpha_k,\beta_k)$,则待预测位置后验 PDF 为:

$$f_k(z_0) = \frac{\int_\alpha^\beta f_G(Z_0,Z_{hard},Z_{soft})\mathrm{d}Z_{soft}}{\int_\alpha^\beta f_G(Z_{hard},Z_{soft})\mathrm{d}Z_{soft}} \tag{6-82}$$

若软数据值以 PDF 的方式给出,如 $f_S(Z_{soft})$,则后验 PDF 为:

$$f_k(z_0) = \frac{\int_\alpha^\beta f_G(Z_0,Z_{hard},Z_{soft})f_S(Z_{soft})\mathrm{d}Z_{soft}}{\int_\alpha^\beta f_G(Z_{hard},Z_{soft})f_S(Z_{soft})\mathrm{d}Z_{soft}} \tag{6-83}$$

根据最终得到的后验概率密度函数,可以方便地制作多种数字地图,如预测图、超越某个阈值的概率分布图等。

（3）贝叶斯最大熵优缺点

贝叶斯最大熵方法的主要优点包括：

① 能够有效地利用不同来源和精度的数据，包括采样数据、粗观测数据、历史数据、专家知识等，这些数据的有效利用提高了空间分布研究精度。

② 具有坚实的理论基础，不需要原始数据服从高斯分布。

③ 软数据不需要被硬化，也不只是一个分类或分区依据。

④ 所得结果为预测位置完全概率分布函数（一般为非高斯分布），基于此可得出该位置详细的统计信息，如最大概率处的值、数学期望、大于或小于某阈值的概率等，可制作多种图件，达到空间预测与不确定性分析的目的。

贝叶斯最大熵不足之处在于：

① 与经典地统计学相比，该方法要花费更多的资料收集和计算时间，而且计算复杂性较高。

② 该方法出现较晚，支持它的软件（如 BMELIB，SEKS-GUI）近些年才出现，尚需时间为领域的人所熟悉。

③ 软件使用起来尚没有支持经典地统计方法的软件（如 ArcGIS、GS+）方便，还需要使用者根据研究目的和数据情况进行二次开发。

④ BME 只是一个方法框架，对于不同的应用目的和不同的资料内容，该方法具体的实施步骤和算法不尽相同。

6.9.3 时空数据挖掘

时空数据挖掘（Spatio-Temporal Data Mining，STDM），是从时空数据库中提取隐含的知识、时间和空间关系及其他模式和规律的过程和方法。时空数据挖掘是数据库中数据挖掘和知识发现的子域，是时空数据库、机器学习、统计学、地学可视化和信息理论等几个领域的交叉结果。通过时空数据挖掘方法，研究空间对象随时间的变化规律，可以发现时空演变中隐含的知识，从而为智能交通系统、基于位置的服务等提供有效的决策支持。

时空数据挖掘的过程分三个阶段：时空数据的准备阶段、时空数据的挖掘阶段和时空数据挖掘结果的解释和评估阶段。

（1）时空数据准备

在时空数据的准备阶段，需要对时空数据中包含的空间数据、时间数据和领域数据进行建模，形成时空数据库或时空数据仓库，为下一阶段的挖掘工作做准备。

（2）时空数据挖掘

在时空数据的挖掘阶段，需要在明确任务和目标以后选择适当的挖掘算法，采取适当的挖掘策略，才能满足用户需求的同时兼顾大数据集上的计算复杂度。

（3）挖掘结果的解释和评估

在时空数据挖掘结果的解释和评估阶段，根据时空数据的时间和空间特性，常使用可视化和知识表达技术向用户显示挖掘所得的知识。通常会借助 GIS 软件对所获得的结果进行前端展示，使发现的知识更易于理解和应用，充分体现时空数据的形象、生动和直观等特性。

时空数据挖掘的主要研究方向可概括为 6 个方面，具体包括：

① 时空特征化/概化(Spatio-Temporal Characterization/Generalization)。

② 时空分类和聚类(Spatio-Temporal Classification and Clustering)。

③ 时空元规则挖掘(Spatio-Temporal Meta-rules)。

④ 时空关联规则(Spatio-Temporal Association Rule)。

⑤ 时空演变(Spatio-Temporal Evolution)。

⑥ 时空预测(Spatio-Temporal Forecast)。

其中,时空关联规则挖掘旨在发现时空数据中各数据项之间潜在的、有用的时空关联关系,是时空数据挖掘领域中最为关键的技术难点之一。

6.9.4 时空关联挖掘

时空关联分析属于时空数据挖掘的一种,是在时空数据挖掘理论基础上,研究空间对象随时间的变化规律,分析数据的时空变化趋势或预测未来的时空状态。时空关联分析突破了传统的时空统计、EOF、SVD、典型相关、遥感相关等一维关联分析方法的局限,其算法包括 Apriori 算法、FP-Tree 算法、基于互信息的挖掘算法等。时空关联性分析方法可以用来获得数据项之间相互联系的有关知识,为(交通/物流等)指挥调度、(能源/气象/环境等)灾害预警、(城市/市场等)规划建设及信息服务等众多领域提供辅助决策信息。

时空关联规则挖掘方法为实现时空关联性分析提供了有效途径。采用时空关联规则方法,首先对时空数据进行空间关联性分析和时间段划分,然后对空间关联的项集进行连接,最终产生时空关联规则。时空关联规则挖掘逻辑架构如图 6-79 所示。

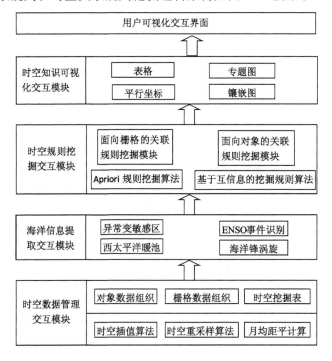

图 6-79　海洋时空关联规则挖掘架构

6.9.4.1 关联规则挖掘

关联规则(Association Rules)的概念是由 R. Agrawal 等人于 1993 年提出的,是反映一个事物与其他事物之间的相互依赖性或相互关联性。关联规则数据挖掘(简称关联规则挖掘)就是从大量的数据中挖掘出有价值的描述数据项之间相互联系的有关知识。关联规则挖掘是最常见的数据挖掘任务之一,数据挖掘是一个从数据中提取知识的过程,主要涉及数据、挖掘算法和模式这三个要素。

① 数据:在数据挖掘中,模式是源于数据的,数据决定了能得到的模式的范畴;另外,挖掘算法的作用对象是数据,数据决定着可用的挖掘算法的范畴,数据是数据挖掘的基础。

② 算法:数据挖掘的对象是数据,结果是模式,由数据到模式的转化主要依靠挖掘算法实现。设计能高效、完整地从数据中提取知识的算法一直是数据挖掘研究的核心问题。

③ 模式:不论是对何种数据进行挖掘、采用何种算法进行挖掘,挖掘的目的总是得到数据中隐藏的有价值的模式(即知识),而挖掘的结果也总是模式的集合。因此,模式是数据挖掘的出发点,又是其归节点。

关联规则挖掘的完整流程可分为数据准备、频繁模式挖掘和后处理三个阶段。其中,第一个阶段的任务是进行数据收集、清理、集成及格式转换,生成可供关联规则挖掘算法使用的数据;第二个阶段的任务是从数据中发现频繁项集和强关联规则等频繁模式;第三个阶段的任务是对挖掘得到的频繁模式进行评价、筛选,为进一步的分析和应用提供高质量的模式。

按不同的标准,关联规则有不同的分类:

① 根据关联规则中处理变量的类型,可以分为布尔型和数值型。布尔型关联规则处理的对象通常都是种类化或离散化的,用以显示规则所涉及的变量之间的关系;而数值型关联规则大多会与多维关联规则或多层关联规则相结合,来处理那些包含数值型的字段,如可将年龄(Age)、收入等字段进行动态的分割,也可以直接对原始数据进行处理,在数值型关联规则挖掘所涉及的变量中也可以是包含种类的变量。

② 根据规则中数据的抽象层次,可将规则分为单层和多层两类关联规则。在单层关联规则中,现实数据所具有的多层性则不予考虑;而在多层的关联规则中,则充分考虑了数据的多层性。

③ 根据规则中所涉及的数据维数,可将规则分为单维的和多维的。只涉及数据的一个维规则被称为单维关联规则,而规则中涉及多维数据的则是多维关联规则。

④ 根据所挖掘的模式类型,可以分为序列模式挖掘、频繁项集挖掘和结构模式挖掘。序列模式挖掘,是将频繁子序列从序列数据集中搜索出来,其中所包含的序列记录了事件发生的次序;频繁项集挖掘,是将频繁项集从关系或者事务数据集中挖掘出来;结构模式挖掘,是在结构化数据集中搜索频繁子结构,结构通常由图、格、树、序列、集合、单个项等一些结构的组合构成。

6.9.4.2 空间关联规则挖掘

(1)基本概念

Koperski 于 1995 年将传统关联规则挖掘扩展到空间数据挖掘领域,提出了一种通过逐步求精的策略在大型空间数据库中提取空间关联规则的算法,并给出了空间关联的相关概念。空间关联规则(Spatial Association Rules)是指空间实体之间同时出现的内在规律,描述在给定的空间数据库中空间实体的特性数据项之间频繁同时出现的条件规则,其基本出发点是地理学第一定律(即空间事物和现象之间的关联普遍存在)。通过空间关联规则挖掘,可以发现空间数据中内在的空间相关和自相关关系。

(2)空间关联规则挖掘过程

与传统的关联规则挖掘过程相比,空间关联规则挖掘是在传统的关联规则挖掘基础上添加了空间分析和空间谓词计算,具体过程如下:

① 数据预处理:包括空缺数据填充、噪声数据处理、数据约减、连续属性数据的离散化和空间概化等。

② GIS 空间分析:借助 GIS 软件执行空间查询和空间分析,抽取空间信息,并将这些空间信息以定性化描述的形式存入数据库中,这样就能像对待属性数据一样执行传统的关联规则挖掘算法。

③ 构造事务数据库:将②中得到的数据构建为事务数据库。

④ 明确空间谓词:对空间谓词关系进行检查,过滤那些与实际不相符合的空间谓词,形成新的拓扑关系。

⑤ 关联规则挖掘:使用空间关联规则挖掘算法,根据设置的最小支持度和最小置信度,进行频繁空间模式挖掘,得到空间关联规则。

(3)空间关联规则挖掘方法

根据空间数据自身的特点,空间关联规则挖掘的方法可归纳为以下三种:

① 使用聚类的图层覆盖法:该方法是将每个空间或非空间属性看作是一个图层,然后对各个图层中包含的数据点进行聚类操作,最后对聚类所产生的空间紧凑区域进行关联规则挖掘。

② 基于空间事务的挖掘方法:该方法是在空间数据库中采用空间叠加、缓冲区分析等方法来发现由空间对象和其他挖掘对象之间组成的空间谓词,然后将这些空间谓词按照挖掘目标组成空间事务数据库,从而进行单层的布尔型关联规则挖掘。

③ 无空间事务挖掘方法:许多学者试图绕开空间关联规则挖掘过程中最耗时的频繁项集计算,直接进行空间关联规则挖掘。通过用户指定的领域,遍历所有可能的领域窗口,进而通过领域窗口代替空间事务,然后进行空间关联规则挖掘。

6.9.4.3 时态关联规则挖掘

(1)时态关联规则挖掘相关概念

现实世界中时间作为数据本身固有的因素而存在,海洋数据由于其动态变化性更是强调其时间因素,所以,在数据挖掘的过程中应该而且必须考虑时间因素。实际上,添加时间约束的关联规则可以更好地描述客观现实情况,这样的规则被称为时态关联规则。与空间数据类似,时态数据也同样具有拓扑关系、距离关系和方位关系。时间拓扑关系包括相邻、相离、包含和相交四种基本类型;时间距离关系表示的是时间的长度,即时间区间与时间区间之间的距离,通常表现为差值的绝对值;时间方位关系主要包括之前、之后和同时,用于反映时间的单向性。

(2)时态关联规则挖掘方法

根据时态数据的特性可知,时态关联规则挖掘算法的关键在于求得含时间约束的频繁项集,该频繁项集的获取通常采用以下两种方式:

① 将时间区间作为前提,求该时间区间内包含某项集的事物数和事物数据库中该时间区间内的事务总数,此方式的关键在于时间粒度划分上。

② 将时间区间的归并和延展考虑在计算项集支持度计数的过程中,每个频繁项集必定是进行过时间区间延展和归并计算的。

6.9.4.4　时空关联规则挖掘

时空关联规则的内涵包含关联规则的内涵,是特殊的关联规则;对应的,关联规则的外延包含时空关联规则的外延,适用于关联规则的筛选与评价方法必然也适用于时空关联规则。

(1) 时空关联规则挖掘流程(图 6-80)

① 数据预处理:对交通流量数据库进行目标数据(研究区域和时间区间)的整理,以便后续挖掘工作顺利展开。

② 创建数据集:将预处理所得的数据整理以后创建数据集,作为事务数据表的原始数据。

③ 创建事务数据表:对数据集进行空间关联性分析和时间段划分,明确空间谓词。

④ 时空关联规则挖掘:利用特定算法(如 STApriori)进行时空关联规则的提取,生成含时间和空间约束的关联规则。

⑤ 规则可视化表达:为了使获得的时空关联规则更好地应用于实际,借助相应的 GIS 软件对时空关联规则进行显示,为用户提供一个交互的平台。

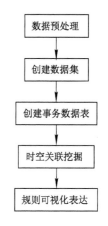

图 6-80　时空关联规则
挖掘流程

(2) 时空关联规则挖掘算法

① Apriori 算法:该方法是关联规则挖掘最常用的算法,由 R. Agrawal 和 R. Srikant 于 1994 年提出,采用了逐层迭代的方法,挖掘布尔型关联规则。该算法是针对事务数据库设计的,其基本思想是利用 Apriori 性质排除非频繁项集以减少支持度计算耗时。Apriori 性质源于概率测度的非负性和可列可加性,而不是事务数据的物理或逻辑结构,对于其他类型的数据同样适用,因此 Apriori 算法的基本思想也具有很强的通用性,可将其抽取为抽象 Apriori 算法。抽象 Apriori 算法首先根据数据生成一组初始候选模式,然后找出其中满足指定条件的模式生成候选模式集,循环此过程直到不能再得到新的符合要求的模式集(或触发其他结束条件)为止。基于 Apriori 算法需要多次扫描数据库,时间开销比较大。

② STApriori 算法:董林等基于 SKDM 算法的思路,在产生频繁项集的过程中,同时考虑时间有效性和空间关联性,提出了一种时空关联规则挖掘算法(Spatio-Temporal Apriori,STApriori)。该算法首先考虑空间约束,按空间位置生成项目地址对,再综合时间因素,假设时间区间相同,然后将两者的相关有效时间进行推广和归并,得到相应的带时空约束的关联规则。该算法先后考虑了空间和时间双重约束,以两阶段分别进行分析,不同时考虑时空约束,较其他时空关联规则挖掘方法更适合用于侧重考虑空间和时间因素的时空关联性分析问题。

③ FP-growth(Frequent-Pattern growth)算法:该方法是一种挖掘频繁项集而不产生

候选模式的增长方法,它使用一种称作 FP 树的紧凑数据结构组织数据,并直接从该结构中提取频繁项集。该 FP 树是一种扩展的前缀树结构,用于存储频繁模式数量的重要信息。FP-growth 方法将发现所有的频繁项集的过程分为以下两步:一是构造频繁模式树 FP-tree;二是调用 FP-growth 挖掘出所有的频繁项集。在 FP-tree 树中,每个节点由两个域组成,项目名称 item_name 和节点计数 count。另外,为了方便树的遍历,创建一个项目头,使得每个项通过一个节点链指向它在树中的出现,它由两个域组成:项目名称 item_name 以及节点链头 head,其中 head 指向 FP-tree 中与之名称相同的第一节点。

(3) 时空关联规则挖掘存在的问题

① 缺乏规范化定义:时空关联规则是由关联规则和空间关联规则发展来的,但不同于普通关联规则和空间关联规则,时空关联规则目前尚无规范化定义。

② 对数据的要求不明确:明确挖掘对象的内在特征对时空关联规则挖掘的理论研究和实际应用都有重要的指导意义,但目前对已有挖掘方法进行分析、归纳它们所采用的数据的共同点的研究尚属空白。

③ 挖掘方法及工具的缺失:已有的时空关联规则挖掘算法主要针对事务数据,事务化处理不仅复杂度较高,还容易造成数据精度的损失。既能够使用事务数据,又可以直接从空间矢量和栅格、时空快照序列数据中挖掘关联规则的通用挖掘方法有很大价值,但目前尚无这类研究。缺乏并行化、增量式和交互式挖掘方法,并行化的方法可以减少数据处理以及谓词计算的耗时;增量式挖掘能够利用已有结果实现规则的快速更新;交互式挖掘可以将领域知识和用户偏好作为约束条件,降低挖掘的工作量。能够直接对空间和时空数据类型进行挖掘的工具和软件很少。

④ 评价机制尚待完善:完整的关联规则挖掘流程应当包含数据准备、规则挖掘以及规则评价与筛选三个步骤,目前相关文献主要关注前两步,针对第三步,尤其是利用领域知识进行规则评价与筛选的研究较少,对时空关联规则进行评价时这一问题尤其突出。

6.9.5 时空可视化

时空数据可视化,是采用静态或动态视觉变量对时空数据进行表达和展示,其目的是通过视觉启发假设和选择分析模型直接发现规律。大数据时代,时空可视化不仅是对数据分析和挖掘结果的展示,可视化本身已经成为空间数据分析和挖掘的主要手段,可视分析即是可视化和数据分析结合产生的新的分析方法。不仅如此,笔者认为,在大数据时代,基于理论模型的数据挖掘和可视分析已经成为数据挖掘领域的两种并行的方法。时空可视化分析相比于基于统计规律和概率模型的时空数据分析,更能发挥人的经验和智能,更能将只可意会不可言传的先验知识和潜在知识应用到推理判断中,因为人脑和电脑相比,电脑擅长处理数值型数据、擅长复杂计算,而人脑擅长基于图形图像进行形象思维和推理判断,就是所谓的一图胜万言。所以,时空可视化分析方法有时可以简单地发现理论模型分析所不能发现的时空规律。

传统时空可视化方法包括以下几种:

(1) 时空立方可视化

时空立方可以采用二维空间加时间维度,也可以分别以两个时间分辨率为两个维度,地理空间为第三维,采用颜色、色调、数据点等表示属性值。例如,可以采用水平横轴表示海洋平面范围,水平纵轴表示海洋深度,垂直轴表示时间维度,采用特点色系表示海洋水温由低到高的变化,这样就可以采用时空立方图表达一定范围、一定深度、一定时间周期内海水的温度,达到时空可视化的目的。该方法适合于一维线性对象。

（2）时空轨迹线可视化

以水平二维坐标表示海洋空间维度,以纵坐标表示时间维度,在三维时空中将海洋现象或海洋目标(如海洋浮标)的时空位置用线连接起来,得到时空运动轨迹线,如图 6-81 所示。

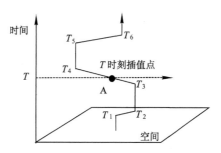

图 6-81　时空轨迹线可视化

（3）时空剖面可视化

时空剖面可视化以距离特定海洋现象或海洋目标的远近(欧式距离或其他度量距离)为水平横轴,以时间维度为水平纵轴,以属性值为垂直轴,来表达随时间的变化特定属性值受特定海洋现象或目标影响的程度,用以发现某种属性与某种现象的动态关联。时空剖面可视化,时间是静态剖面图在时间维度的拓展。

（4）时空快照可视化

时空快照可视化的思想来源于时空快照数据模型,采用水平横轴和水平纵轴分别表示时间和空间维度,采用垂直轴(第三轴)表示特定时空下海洋现象属性值的变化。例如,采用水平横轴(X 轴)表示一天 24 小时时间间隔,采用水平纵轴(Y 轴)表示海浪的水平位置变化,采用垂直轴(Z 轴)表示海浪的高度,可以得到不同时空中海浪起伏的快照图。时空快照可视化实际是空间现象的空间状态在时间轴的延续。

（5）时空动画可视化

时空动画可视化是利用计算机图形技术将海洋现象的空间属性状态依照一定的时间间隔做成一幅幅图片帧,采用多媒体技术对空间序列图形帧进行播放。时空动画适合描述海洋地理对象的运动过程、海洋现象随时间的演变过程等,例如海洋水团的运动、海啸的扩展等;但由于每帧播放时间短暂,对于特定时刻的空间状态不能更详细地展现。时空动画在地图领域的应用即为动态地图,动态地图可以刻画带有精确经纬度的地理空间中的地理现象的演化过程。

（6）虚拟地理环境可视化

虚拟地理环境可视化是采用虚拟现实(Virtual Reality,VR)技术创建虚拟海洋地理环境的一种可视化方法。VR 技术是一种可以创建和体验虚拟世界的计算机仿真系统,它利用计算机技术生成一种和现实场景相对应的模拟环境,是多源信息融合的、交互式的三维动态视景和实体行为的虚拟场景,可以使用户沉浸到该环境中。虚拟现实技术涉及模拟环境、感知、自然技能和传感设备等方面。模拟环境是由计算机生成的、实时动态的三维立体逼真图像;感知是指理想的 VR 应该具有一切人所具有的感知,除计算机图形技术所生成的视觉感知外,还有听觉、触觉、力觉、运动等感知,甚至还包括嗅觉和味觉等;自然技能是指人的头部转动,眼睛、手势或其他人体行为动作,由计算机来处理与参与者的动作相适应的数据,对用户的输入做出实时响应,并分别反馈到用户的五官;传感设备是指三维交互设备。VR 技术在 GIS 中的应用产生虚拟地理环境,基于相似准则,运用计算机虚拟现实技术将地理空间、时间和目标等比例缩小,将地理对象和环境及其相互作用建立在计算机中,各地理要素和参数可操作、加减和调控。采用虚拟地理环境进行海洋场景的可视化,可以构建和现实海洋场景一样的虚拟场景,便于再现、体验特定海洋场景,以进行海洋现象分析和预测。

(7) 增强现实可视化

虚拟地理环境虽然可以再现海洋场景,但不能进行交互,不能将现实世界嵌入到虚拟环境中。为了弥补此缺陷,采用增强现实(Augmented Reality,AR)技术进行海洋场景可视化。AR 是通过计算机技术将真实世界信息和虚拟世界信息"无缝"集成的新技术,是把原本在现实世界的一定时空范围内的实体信息(视觉信息、声音、味道、触觉等)模拟仿真后再叠加到真实世界,方便人的感知,从而达到超越现实的体验。其目标是把真实环境和虚拟物体实时地叠加到同一个画面或空间,把虚拟世界套在现实世界并进行互动。将 AR 技术应用到海洋可视化中,可以实现:① 在三维尺度海洋空间中定位并添加虚拟海洋目标;② 真实海洋世界和虚拟海洋世界的信息集成;③ 主体结合 AR 系统的交互,实现真实世界和虚拟世界的实时交互。

6.9.6　海洋时空分析的前景

真正意义上的时空分析是以时空数据模型为基础,以面向时空数据模型的时空数据库为依托,以时空可视化(动态可视化为其中的一种)为表现方式来实现,所以时空分析的研究要以这三点为主要研究内容,其中时空数据模型为基础,今后时空数据模型领域最有前景的当属时间语义时空数据模型和面向对象的时空数据模型。

(1) 海洋大数据分析

海洋大数据具有大体量(Volume)、多样性(Variety)、快速流转(Velocity)和价值挖掘(Value)"4V"特征,海洋大数据技术是从大量、快速、复杂、多源的海洋信息中提取有用价值的技术处理手段。围绕时空大数据获取、处理、分析、挖掘、管理、应用等环节,可从海洋数据的获取、数据存储与计算、分析与应用、海洋信息可视化和决策支持与发布共享几个方面建设海洋大数据平台。海洋大数据以及相应的海洋大数据平台建设是未来海洋领域的重要研究方向。但是中国海洋大数据发展还面临诸多挑战,包括缺乏海量信息的动态获取、智能分析与处理能力,数据共享和聚合仍存在很大瓶颈和障碍,海洋信息的规模化、分类化难度较大,数据安全面临挑战,数据处理速度受限,在线分析和实时数据处理能力不足等。

(2) 海洋时空可视分析

海洋时空可视分析是具有交互性、可叠加性和可计算性的三维可视化分析技术,综合了现有虚拟三维等直观展示功能和三维模型可视化的分析功能,将成为海洋时空分析的最具前景的研究方向。

(3) 人工智能在海洋领域的研究和应用

人工智能是研究使计算机来模拟人的某些思维过程和智能行为(如学习、推理、思考、规划等)的科学,人工智能作为世界三大尖端技术(空间技术、能源技术、人工智能)之一,是十四五期间国家乃至全球的重点发展方向。人工智能和深度学习等结合,应用于海洋 GIS 的数据分析和处理,必将为海洋科学研究和应用带来巨大的飞跃。

第7章 海洋 GIS 空间建模

7.1 GIS 空间建模概述

7.1.1 GIS 空间建模的概念和意义

GIS 分析应用模型是指根据具体的应用目标和现实问题,借助于 GIS 的理论、方法、技术和工具,将观念世界中形成的概念模型具体化为信息世界中可操作的机理和过程。它是以空间分析的基本方法和算法模型为基础,针对客观世界专业应用目的而构建的解决专业问题的理论和方法,是 GIS 技术应用向专业领域发展的关键技术。

GIS 分析应用模型用一定程度的简化和抽象,通过逻辑的演绎去把握地学系统各要素之间的相互关系、本质特征及可视化显示,是 GIS 走向实用化的关键。它具有强大的技术优势,如强大的空间分析工具、丰富的空间可视化技术手段、能够客观表达地理空间的数据模型、便于人机沟通的用户界面和多功能的基础软件,是综合利用 GIS 应用领域数据的工具,是采用 GIS 解决各领域实际问题的武器,是 GIS 设计者和行业使用者之间信息交流的桥梁。

GIS 的目标是提供一个空间框架——在此框架中,可以对地球资源、地理环境进行合理化管理和应用。GIS 应用的关键即 GIS 和行业应用结合的桥梁是 GIS 应用模型。GIS 应用模型是在数学模型、地学模型、行业模型等基础上构建的。GIS 模型本质上属于空间模型,除了以上模型来源,在空间操作和空间分析的基础上也构建了 GIS 领域的常用模型。

7.1.2 GIS 空间建模与空间分析

GIS 应用模型和空间分析关系密切,具体表现在如下几个方面。

(1) GIS 空间分析是构成 GIS 空间模型的基础

GIS 空间分析是解决空间问题的基本方法,一般一种空间分析方法只能解决一个单一的问题;GIS 应用模型比空间分析复杂,往往是两种或多种空间分析方法复合而成,是解决专题应用问题的理论和方法,所以 GIS 空间分析是构成空间模型的基础。

(2) GIS 空间分析是联系 GIS 模型与专业领域的纽带

用于 GIS 空间分析的数学模型,是在 GIS 空间数据基础上建立起来的模型,是通过作用于原始数据和派生数据的一组顺序的、交互的空间分析操作命令,对一个空间决策过程进行的模拟,必须以广泛、深入的专业研究为基础,在此基础上借鉴和引用专业领域模型为 GIS 空间建模服务,而空间分析是联系 GIS 模型和专业模型的纽带。如国家森林公园选址需要建立相应的选址模型。

（3）GIS 空间分析是数学模型转化的专业工具

GIS 的通用理论模型是在数学模型的基础上构建的,数学模型要经过改进、优化、空间化等才能为 GIS 领域所应用,GIS 空间分析和操作是数学模型转化为 GIS 专业模型的专业工具。

（4）空间分析和 GIS 应用模型相辅相成

空间分析是综合利用 GIS 中大量数据的工具,而数据的综合分析和应用主要又通过 GIS 模型来实现,从广义上讲空间分析本身就是一类 GIS 模型。空间分析功能是分析型和辅助决策型 GIS 的特征,是区别于管理型 GIS 的关键所在,是解决空间分析和辅助决策问题的核心,是构成 GIS 应用模型的一部分。

构建 GIS 分析应用模型,首先必须明确用 GIS 求解问题的基本流程;其次根据模型的研究对象和应用目的,确定模型的类别以及相关的变量、参数和算法,构建模型逻辑结构框图;然后确定 GIS 空间操作项目和空间分析方法;最后是模型运行结果验证、修改和输出。

7.2　GIS 建模方法简介

广义上讲,GIS 分析应用模型包括数学模型、信息模型、地学模型、行业模型、GIS 分析模型,下面分别介绍各种类别的模型。

7.2.1　数学模型

7.2.1.1　二值模型

二值模型用逻辑表达式从一个组合要素图层或多重栅格中选择空间要素,二值模型的输出结果也是二值型。基于矢量的二值模型需要地图叠置（地图代数）操作,用来把在数据查询中使用到的集合特征和属性组合成一个复合要素图层。基于栅格的二值模型,可由多重栅格查询直接导出,每种栅格代表一个指标。二值模型有很多用途,其中最广泛的应用是选点分析。选点分析可以判断一个区域（例如一个多边形或一个像元）是否满足作为某个场所定位的一系列选择指标。以下主要介绍二值权重模型、二值权重布尔逻辑模型、二值非权重模型。

（1）二值权重模型

二值权重模型限定图层是二值图,但实际情况是每个图层可能多于两个级别,因此除了给图层进行打分外,还要为单个图层的不同分级分别进行打分。其任意点的叠加平均分数计算公式如下：

$$\overline{S} = \frac{\sum\limits_{i=1}^{n} S_{ij} W_i}{\sum\limits_{i=1}^{n} W_i} \tag{7-1}$$

式中,W_i 为图层的权重;S_{ij} 是第 i 层数据层第 j 类级别数据的打分。若 $S_{ij} = -1$,则说明无论其他图层在该点的级别分数如何反映条件的合适程度,也不能作为最终的场所地址。

（2）二值权重布尔逻辑模型

二值权重布尔逻辑模型针对目标为多个二值图层,给每个二值图层赋予一个权重因子,对每一个点进行多二值图层的布尔逻辑组合运算。公式为：

$$S = \frac{\sum W_i \, \text{class}(\text{Map}_i)}{\sum W_i} \tag{7-2}$$

式中，W_i 为第 i 层数据层的权重；$\text{class}(\text{Map}_i)$ 是第 i 类数据层的二值条件值，等于 1 时代表满足第 i 个选址条件，等于 0 时则不满足；$S \in [0, 1]$。

（3）二值非权重模型

二值非权重模型需要进行 C_1 and C_2 and C_3 and $\cdots$ and $C_{10} = V$ 的运算，V 为真时值为 1，V 为假时值为 0。在实际应用中，许多问题的布尔集合值不是简单的 1 或 0，而是 0～1 之间的值，而且不能视为所有的数据层具有同等的重要性，应根据各数据层的重要程度，而给予一定的权值。

7.2.1.2 指数模型

指数模型是指由组合地图和多个格网计算的指数值产生的等级地图。建立的过程为：① 评估变量的相对重要性，确定权重；② 对观测值进行分类并打分；③ 建立指数模型；④ 数值归一化并输出。指数模型的公式为：

$$（指数值 - 最小指数值）/ 指数值值域 \tag{7-3}$$

由 GIS 指数模型计算多层地图要素叠加后产生的各像元区域的指数值可生成一个等级地图，其中加权线性综合法是最常用的计算指数值的方法。加权线性综合法涉及三个层次的评价：第一个评价层次决定权重值标准；第二个评价层次决定每个指标的标准化值；第三个评价层次决定每个像元区域的指数值。

采用加权线性综合法建立指数模型的基本步骤如下：

（1）确定指标权重

每个指标或因素的相对重要性是以其他指标作评价的。对指标的评价大多采用由专家导出的成对比较法。该方法包含了对每对指标的比值估算过程，采用 1～9 比例标度法进行比较：1 表示评判样本 i 与 j 一样好，3 表示评判样本 i 与 j 比稍微好，5 表示评判样本 i 与 j 比较好，7 表示评判样本 i 与 j 比很好，9 表示评判样本 i 与 j 比非常好，2、4、6、8 表示相邻判断的中间值。求出判断矩阵最大特征根所对应的特征向量并经一致性检验。

（2）指标数据标准化

每个指标的数据均需标准化，线性转换是一个数据标准化的常用方法。运用下式可将区间数据转换为 0.0～1.0 的标准值域：

$$S_i = (X_i - X_{\min})/(X_{\max} - X_{\min}) \tag{7-4}$$

式中，S_i 为初始值 X_i 的标准化值；$X_{\min}$、$X_{\max}$ 分别为初始值的最小、最大值。

（3）计算像元区域指数值

每个像元区域的指数值均通过指标的加权总和除以总权重求得，其公式为：

$$I = \frac{\sum_{i=1}^{n} W_i X_i}{\sum_{i=1}^{n} W_i} \tag{7-5}$$

式中，I 为指数值；n 为指标数；W_i 为指标 i 的权重；X_i 为指标 i 的标准化值。

指数模型通常用于适宜性分析和脆弱性分析。下面以中国不同地区人居环境的自然适宜性为例进行指数模型分析。

为系统评价中国不同地区人居环境的自然适宜性,首先以 1 km×1 km 栅格为基本研究单元,建立包括地形、气候、水文和土地利用与土地覆被状况的人居环境基础数据库;其次,为进一步识别各自然要素对区域人居环境的影响程度,采用 ArcGIS 软件对各单项指标与人口分布的相关性进行定量分析;然后根据相关系数的大小确定权重,构建中国人居环境自然适宜性评价模型——人居环境指数(HEI)模型,定量计算中国不同地区的人居环境指数。

(1)地形起伏度的提取

地形起伏度(Relief Degree of Land Surface,RDLS)是区域海拔高度和地表切割程度的综合表征。参考封志明等地形起伏度的提取方法,将地形起伏度定义为:

$$RDLS = ALT/1\,000 + \{[\max(H) - \min(H)] \times [1 - P(A)/A]\}/500 \tag{7-6}$$

式中,RDLS 为地形起伏度;ALT 为以某一栅格单元为中心一定区域内的平均海拔,m;$\max(H)$ 和 $\min(H)$ 分别为该区域内的最高与最低海拔,m;$P(A)$ 为区域内的平地面积,km²;A 为区域总面积,确定 5 km×5 km 栅格为区域单元,则 A 值为 25 km²。

(2)气候适宜性评价模型的选择

气候条件是影响人类活动和人居环境的重要因子,在对比分析温湿指数、风效指数和人体舒适度指数模型优劣的基础上,采用温湿指数作为中国人居环境气候适宜性评价的指标。温湿指数(THI)由 Thom 于 1959 年提出,其物理意义为湿度订正以后的温度,计算公式为:

$$THI = 1.8t - 0.55(1 - f)(1.8t - 26) \tag{7-7}$$

式中,t 为月均温,℃;f 是月均空气相对湿度,%。

(3)水文指数模型的构建

在《生态环境状况评价技术规范》(HJ 192—2015)的基础上,考虑研究尺度的差异性与数据的可获得性,采用降水量和水域面积的比重来表征区域水资源的丰缺程度。前者体现了天然状态下区域自然给水能力的大小,后者表征了区域集水与汇水能力的强弱。水文指数的具体计算公式为:

$$WRI = \alpha \times P + \beta \times W_a \tag{7-8}$$

式中,WRI 为水文指数;P 为归一化的降水量;W_a 为归一化的水域面积;α 和 β 分别为降水与水域比例的权重。

(4)地被指数模型的构建

参考《生态环境状况评价技术规范》(HJ 192—2015)中的植被覆盖指数,构建了地被指数来表征地表植被的覆盖状况,其定义为:

$$LCI = NDVI \times LT_i \tag{7-9}$$

式中,LCI 为地被指数;NDVI 为该单元格的归一化植被指数;LT_i 为各土地利用类型的权重,$i=1,2,\cdots,25$,分别代表耕地、林地、草地、水域、建设用地与未利用地等 6 大用地类型中的水田、旱地等 25 类二级土地利用类型,各用地类型的权重采用专家打分法确定。

(5)人居环境指数模型的构建

在地形、气候、水文和地被等单因子自然适宜程度评价的基础上,考虑中国自然条件的区域差异,采用任美锷、包浩生 1990 年提出的中国自然地理区划方案,将全国共分为 8 个自然区,构建了中国人居环境自然适宜性评价模型,根据各自然区单因素与人口密度的相关性,分区计算了中国的人居环境指数。人居环境指数由地形、气候、水文以及地被等四大自然因子构成,表征了区域人居环境的自然适宜性。为增进各指标之间的横向可比性,对各单项指标进行了标准化处理。中国人居环境指数的计算公式如下:

$$HEI = \alpha_i \times NRDLS + \beta_i \times NTHI + \chi_i \times NWRI + \delta_i \times NLCI \tag{7-10}$$

式中,$i=1,2,\cdots,8$;HEI 为人居环境指数;$NRDLS$ 为标准化地形起伏度;$NTHI$ 为标准化温湿指数;$NWRI$ 为标准化水文指数;$NLCI$ 为标准化地被指数;α、β、χ 和 δ 分别为各自然地理区地形起伏度、温湿指数、水文指数和地被指数对应的权重。考虑中国自然条件区域差异显著,对各自然地理区地形起伏、地被指数、温湿指数和水文指数与人口密度的相关性进行了分析,在此基础上,根据单项指标与人口密度的相关系数占该区相关系数总和的比例确定了各自然地理区单项指标的权重。

7.2.1.3 回归模型

回归模型建立了因变量和多个变量之间的关系,可用于预测和评估,一般通过地图叠加运算实现,包括数值变量的线性回归、因变量为二值而自变量为类别或数值类型数据的对数回归等。

（1）线性回归

在统计学中,线性回归(Linear Regression)是利用称为线性回归方程的最小平方函数对一个或多个自变量和因变量之间的关系进行建模的一种回归分析。回归分析中,只包括一个自变量和一个因变量,且二者的关系可用一条直线近似表示,这种回归分析称为一元线性回归分析。如果回归分析中包括两个或两个以上的自变量,且因变量和自变量之间是线性关系,则称为多元线性回归分析。

一元线性回归模型如下：

$$y = a + bx \tag{7-11}$$

式中,x 是自变量;y 是因变量。一元线性回归预测的方法和计算,简单明了,但预测结果与某些事物发展的规律往往有相当大的差距。

多元线性回归模型如下：

$$y = a + b_1x_1 + b_2x_2 + \cdots + b_nx_n \tag{7-12}$$

式中,x_i 是自变量;y 是因变量;$b_1,\cdots,b_n$ 是回归系数。

（2）对数回归

当因变量是类别数据(例如出现与否)、自变量是类别数据或数值变量时,采用对数回归模型。模型公式如下：

$$\begin{cases} \log it(y) = a + b_1x_1 + b_2x_2 + b_3x_3 + \cdots \\ \log it(y) = \ln[p/(1-p)] \end{cases} \tag{7-13}$$

式中,ln 是自然对数;$p/(1-p)$ 是预测值;p 是 y 出现的概率。

（3）逻辑回归

与线性回归类似,逻辑回归也是通过回归的思想探测一个因变量与一个或多个自变量之间的定量关系,只不过因变量值被转化为其取值状态所对应的概率比值对数,即采用logistic曲线拟合因变量事件的发生概率,而求解的方法也由原来的最小二乘估计变成了最大似然估计。普通逻辑回归的推导过程如下。

以 $x_1,x_2,\cdots,x_p$ 表示 p 个自变量 $X_1,X_2,\cdots,X_p$ 的依次抽样取值,而 Y 是一个取值为 1

和 0 的二值变量,可以用 Logistic 函数估计这次抽样 Y 取值为 1 的概率:

$$P(Y=1 \mid X_1, X_2, \cdots, X_p) = \pi(X) = \frac{e^{\beta_0+\beta_1 x_1+\cdots+\beta_p x_p}}{1+e^{\beta_0+\beta_1 x_1+\cdots+\beta_p x_p}} \qquad (7\text{-}14)$$

而 Y 取值为 0 的概率为:

$$P(Y=0 \mid X_1, X_2, \cdots, X_p) = 1-\pi(X) = \frac{1}{1+e^{\beta_0+\beta_1 x_1+\cdots+\beta_p x_p}} \qquad (7\text{-}15)$$

其中,β_0 为常数;$\beta_1, \beta_2, \cdots, \beta_p$ 为回归系数。对式(7-14)进行 Logit 变换,亦即式(7-14)和式(7-15)左右两边分别相除再取对数,可得线性函数:

$$g(X) = \text{Logit } \pi(X) = \beta_0 + \beta_1 x_1 + \cdots + \beta_p x_p \qquad (7\text{-}16)$$

对于 n 个样本,可以得到 n 个形如式(7-16)的方程,进而组成一个 $p+1$ 元线性方程组。假设因变量观测值分别为 $y_1, y_2, \cdots, y_n$,并且所有观测之间均相互独立,可以通过构建似然函数进行求解:

$$L(\beta) = \prod_{i=1}^{n} \pi(x_i)^{y_i} [1-\pi(x_i)]^{1-y_i} \qquad (7\text{-}17)$$

其中:

$$\pi(x_i) = \frac{e^{\beta_0+\beta_1 x_1+\cdots+\beta_p x_p}}{1+e^{\beta_0+\beta_1 x_1+\cdots+\beta_p x_p}} \qquad (7\text{-}18)$$

满足式(7-17)取最大值就可以得到后验概率的估值,此时转化为求解 $\beta_0 + \beta_1 x_1 + \cdots + \beta_p x_p$。对式(7-17)等号两边分别取对数,可进一步得到对数似然函数:

$$\ln L(\beta) = \sum_{i=1}^{n} \{y\pi(x_i) + (1-y_i)[1-\pi(x_i)]\} \qquad (7\text{-}19)$$

要使对数似然函数取最大值,可对式(7-19)中各变量求偏导数,并使之等于 0,有:

$$\begin{cases} f(\beta_0) = \sum_{i=0}^{n} (y_i-\pi_i)x_{i0} = 0 \\ f(\beta_1) = \sum_{i=0}^{n} (y_i-\pi_i)x_{i1} = 0 \\ \quad\cdots\cdots \\ f(\beta_p) = \sum_{i=0}^{n} (y_i-\pi_i)x_{ip} = 0 \end{cases} \qquad (7\text{-}20)$$

式中,$x_{i0}=1, i$ 取 $1,2,\cdots,n; \pi_i$ 相当于 $\pi(x_i)$。将式(7-20)写成矩阵形式:

$$\mathbf{X}^{\mathrm{T}}(\mathbf{Y}-\boldsymbol{\pi}) = \mathbf{O} \qquad (7\text{-}21)$$

对于这个非线性方程组,可用牛顿迭代法进行求解,迭代公式为:

$$\beta(t+1) = \beta(t) + \mathbf{H}^{-1}\mathbf{U} \qquad (7\text{-}22)$$

其中 $\mathbf{U} = \mathbf{X}^{\mathrm{T}}[\mathbf{Y}-\boldsymbol{\pi}(t)]; t$ 表示迭代次数。$\mathbf{H} = \mathbf{X}^{\mathrm{T}}\mathbf{V}(t)\mathbf{X}$,而 $\mathbf{X}$、$\mathbf{V}(t)$、$\mathbf{Y}$、$\boldsymbol{\pi}(t)$ 和 $\boldsymbol{\beta}(t)$ 分别为:

$$\mathbf{X} = \begin{bmatrix} x_{10} & x_{11} & \cdots & x_{1p} \\ x_{20} & x_{21} & \cdots & x_{2p} \\ \vdots & \vdots & & \vdots \\ x_{n0} & x_{n1} & \cdots & x_{np} \end{bmatrix} \qquad (7\text{-}23)$$

$$\boldsymbol{V}(t) = \begin{bmatrix} \pi_1(t)\left[1-\pi_1(t)\right] & & & \\ & \pi_2(t)\left[1-\pi_2(t)\right] & & \\ & & \ddots & \\ & & & \pi_n(t)\left[1-\pi_n(t)\right] \end{bmatrix} \qquad (7\text{-}24)$$

$$\boldsymbol{Y} = \begin{bmatrix} y_1 \\ y_2 \\ \vdots \\ y_n \end{bmatrix}, \boldsymbol{\pi}(t) = \begin{bmatrix} \pi_1(t) \\ \pi_2(t) \\ \vdots \\ \pi_p(t) \end{bmatrix}, \boldsymbol{\beta}(t) = \begin{bmatrix} \beta_1(t) \\ \beta_2(t) \\ \vdots \\ \beta_n(t) \end{bmatrix} \qquad (7\text{-}25)$$

当基于矢量数据进行逻辑回归建模时，还需要考虑样本的规模（面积），这就需要用到加权逻辑回归模型。此外，在对大样本数据进行逻辑回归建模时（如使用栅格数据进行逻辑回归建模），最好也采用加权逻辑回归模型，因为加权逻辑回归可大大缩减矩阵规模，提高运算效率。假设有 4 个二值解释变量图层，而研究区由 1 000×1 000 的栅格组成，则进行普通逻辑回归建模的矩阵规模可达 $10^6 \times 10^6$；然而，如果采用加权逻辑回归，则矩阵规模至多为 32×32。简而言之，加权逻辑回归包含了样本分类处理，即在正式建模之前首先对样本按照自变量和因变量图层取值进行分类，得到唯一值区域，然后将每个唯一值区域作为一个样本，将唯一值区域的大小作为权重，进而进行含有加权系数的逻辑回归建模。

在进行加权逻辑回归时，式(7-17)、式(7-19)、式(7-20)和式(7-21)需要改变为：

$$L_{\text{new}}(\beta) = \prod_{i=1}^{n} \pi(x_i)^{N_i y_i} \left[1-\pi(x_i)\right]^{N_i(1-y_i)} \qquad (7\text{-}26)$$

$$\ln L_{\text{new}}(\beta) = \sum_{i=1}^{n} \{N_i y \pi(x_i) + N_i(1-y_i)\left[1-\pi(x_j)\right]\} \qquad (7\text{-}27)$$

$$\begin{cases} f_{\text{new}}(\beta_0) = \sum_{i=0}^{n} N_i(y_i-\pi_i)x_{i0} = 0 \\ f_{\text{new}}(\beta_1) = \sum_{i=0}^{n} N_i(y_i-\pi_i)x_{ii} = 0 \\ \cdots\cdots \\ f_{\text{new}}(\beta_0) = \sum_{i=0}^{n} N_i(y_i-\pi_i)x_{ip} = 0 \end{cases} \qquad (7\text{-}28)$$

$$\boldsymbol{X}^{\text{T}}\boldsymbol{W}(\boldsymbol{Y}-\boldsymbol{\pi}) = \boldsymbol{O} \qquad (7\text{-}29)$$

式中，N_i 为加权逻辑回归的权值，表示第 i 个样本的规模，i 取 $1,2,\cdots,n$。这里的 n 也与上面逻辑回归的 n 有所区别，前者为样本数，后者为样本的类别数，即唯一值区域的个数。权重矩阵如下：

$$\boldsymbol{W} = \begin{bmatrix} N_1 & & & \\ & N_2 & & \\ & & \ddots & \\ & & & N_n \end{bmatrix} \qquad (7\text{-}30)$$

另外在进行牛顿迭代求解式 7-22 时，$\boldsymbol{U}_{\text{new}}$ 和 $\boldsymbol{H}_{\text{new}}$ 分别为：

$$\boldsymbol{U}_{\text{new}} = \boldsymbol{X}^{\text{T}}\boldsymbol{W}[\boldsymbol{Y}-\boldsymbol{\pi}(t)] \qquad (7\text{-}31)$$

$$\boldsymbol{H}_{\text{new}} = \boldsymbol{X}^{\text{T}}\boldsymbol{W}\boldsymbol{V}(t)\boldsymbol{X} \tag{7-32}$$

7.2.2　信息决策模型

信息决策模型用来描述空间行为决策过程中各种类型信息流的相互作用关系,一般指从若干可能的方案中通过决策分析技术,选择其一的决策过程的定量分析方法。

7.2.2.1　多指标评价模型

多指标评价模型(Analytic Hierarchy Process,AHP)是美国运筹学家于 20 世纪 70 年代提出的决策分析方法,是一种定性与定量相结合的决策分析方法。AHP 决策分析是决策者对复杂问题的决策思维过程模型化、数量化的过程,通过此过程,可以将复杂问题分解为若干层次和若干因素,在各因素之间进行简单的比较和计算,就可以得出不同方案重要性程度的权重,从而为决策方案的选择提供依据。AHP 方法常常被运用于多目标、多准则、多要素、多层次的非结构化的复杂决策问题,特别是战略决策问题,具有十分广泛的应用性。AHP 决策分析法,是计量地理学的主要方法之一。

7.2.2.2　多准则决策模型

多准则决策模型(Multi-Criteria Decision-Making,MCDM)是把多个描述被评价事物不同方面且量纲不同的统计指标,转化成无量纲的相对评价值,并综合这些评价值得出对事物一个整体评价的系统方法。MCDM 方法能够很好地解决复杂评价问题,其基本步骤包括指标值的量化、指标值的无量纲化、指标权重的确定、合成方法的选择。

多准则决策模型的优点:

① 明确各项重要目标并对其相对价值做出评价,可以帮助决策者搞清自己对这些问题的想法。

② 通常评价复杂问题其目标之间具有不可公度性,即众多目标之间没有一个统一标准,如经济贡献与社会贡献,经济贡献可以用价值量指标来衡量,而社会贡献则不能用价值量指标来衡量,因此,不同目标之间难以进行比较。多准则决策模型则可以将不同量纲的指标无量纲化进行评价,克服了这一困难。

③ 多准则决策模型可将各种指标进行分组,按照一定的逻辑关系建立层次结构,解决了不同目标之间的矛盾性问题。

一般来说,在涉及多因素评价问题时,由于需要考虑的因素较多,而各因素的重要程度又不相同,会使问题变得很复杂,用经典数学方法来解决综合评价问题就显得很困难,而多准则决策模型为解决综合评价问题提供了理论依据,从而找到了一种有效而简单的评价方法。

7.2.2.3　空间行为决策模型

空间行为决策模型描述了空间行为决策过程中的知识流——各专业领域知识的逻辑推理方式的运行机制,是决策者在一定的地理环境条件下为取得某种空间行为的决策方案而进行的思维活动。诸如区划分析、土地利用规划、城镇区域发展规划、设施位置选择等问题都需要进行空间行为决策。空间决策过程其实就是对知识的处理,知识处理包含知识表达和知识推理。现代知识观根据反映活动的形式不同,将知识分为描述性知识和程式性知识。描述性知识是一组以描述性方式表达的知识(有益于概念、意见、价值取向的表达);程式性知识是以方程或模型的方式表达(不利于表达人类的直觉、评价和判断)。一般空间行为决策问题都是半/非结构化,故需通过描述性知识和程式性知识交互解决。

7.2.2.4 模糊逻辑模型

模糊逻辑模型是用模糊数学语言描述客观事物的某些特征和内在联系而建立的模型。模糊逻辑模型能够更加灵活地对加权图层进行叠加,且方便在GIS环境中操作。证据权重模型和逻辑回归等数据驱动模型需要使用已知对象(滑坡点、矿点)来估计各个证据因子的权重和相关系数,而模糊逻辑模型是把证据图层中的空间对象看作一个集合中的元素。

在数据叠加综合中存在五种常用的模糊算子,分别为模糊与(Fuzzy And)、模糊或(Fuzzy Or)、模糊代数积(Fuzzy Algebraic Product)、模糊代数和(Fuzzy Algebraic Sum)和模糊伽马算子(γ)。

"模糊与"的定义如下:

$$\mu(x) = \min(\mu_A, \mu_B, \mu_C, \cdots) \tag{7-33}$$

式中,μ_A是证据因子A中某个栅格的隶属度;μ_B是证据因子B中相同位置栅格的隶属度。

"模糊或"的定义如下:

$$\mu(x) = \max(\mu_A, \mu_B, \mu_C, \cdots) \tag{7-34}$$

"模糊或"算子的计算结果受各个证据因子模糊隶属度图中最大隶属度的控制。

"模糊代数积"是同一位置不同证据因子模糊隶属度图栅格单元的隶属度的乘积,具体表达式如下:

$$\mu(x) = \prod_{i=1}^{n} \mu_i \quad (i = 1, 2, 3, \cdots, n) \tag{7-35}$$

式中,μ_i是第i个证据因子的隶属度。应用"模糊代数积"算子后得到的综合隶属度会变小,通常等于或者小于各证据因子中的最小隶属度。

"模糊代数和"定义为:

$$\mu(x) = 1 - \prod_{i=1}^{n} (1 - \mu_i) \quad (i = 1, 2, 3, \cdots, n) \tag{7-36}$$

式中,μ_i是第i个证据因子的隶属度。应用该模糊算子得到的结果大于或者等于各证据因子中隶属度的最大值。

在大多数情况下,"模糊伽马算子"要求叠加综合后得到的隶属度取值范围保持不变,可以使模糊综合后的隶属度介于最大隶属度和最小隶属度之间。尤其是当证据因子中某个证据因子的隶属度过大,而其他证据因子的隶属度很小的情况下,该算子可以使综合后的结果在两个极端间取一个适当的隶属度。"模糊伽马算子"通过"模糊代数积"和"模糊代数和"来定义,表达式如下:

$$\mu(x) = \left(\prod_{i=1}^{n} \mu_i\right)^{1-\gamma} \left[1 - \prod_{i=1}^{n} (1 - \mu_i)\right]^{\gamma} \quad (i = 1, 2, 3, \cdots, n) \tag{7-37}$$

式中,γ取0~1中的任意数值;当$\gamma = 1$时,模糊综合后的结果与模糊代数和相同;当$\gamma = 0$时,模糊综合后的结果与模糊代数积相同。

7.2.3 地学模型

地学模型是用信息的、语言的、图形的、数学的或其他表达形式来描述地理系统各个要素之间相互关系和客观规律的模型,其反映了地学过程及其发展趋势或结果。地学模型也称为地学专题分析模型,是在对地学系统所描述的具体对象与过程进行大量专业研究的基础上,总结出来的客观规律的抽象或模拟。

7.2.3.1　适宜分析模型

适宜分析模型就是从几种方案中筛选最佳或最适宜的选项或方案的模型。适宜性模型分析在地学中的应用很多,如针对土地特定开发活动的适宜性分析,包括农业应用、城市化选址、作物类型区划、道路选线、环境适宜性评价等。建立适宜分析模型,首先应确定具体的开发活动,其次选择其影响因子,然后评判某一地域的各个因子对这种开发活动的适宜程度,以作为土地利用规划决策的依据。

在 GIS 空间数据库支持下,利用 ArcGIS 的空间分析模块,对评价因子进行单因素和综合生态适宜性叠加分析,并对其生态适宜性评价结果进行分级,即最适宜、比较适宜、勉强适宜、不适宜、很不适宜等,形成单因子综合指标的生态适宜性系列分级图。综合的生态适宜性评价公式如下:

$$S_{ij} = \sum_{k=1}^{n} W(k)C_{ij}(k), \tag{7-38}$$

式中,S_{ij} 为第 (i, j) 个格网的综合生态适宜性;$k=1,2,\cdots,n$,表示第 k 个生态因子;$W(k)$ 表示第 k 个生态因子的权重;$C_{ij}(k)$ 表示第 k 个生态因子在第 (i, j) 个格网的适宜性等级。

7.2.3.2　地学模拟模型

地学模拟模型是应用 GIS 方法分析多种地理要素之间的关系的模型,其形式包括逻辑模型、物理模型、数学模型、图像模型,其作用是模拟或预测某种地理过程或现象,例如气候变化、沙漠化过程、土地退化过程、土壤侵蚀变化、河道演变过程等。

以土壤侵蚀评价为例,为确定土壤侵蚀或水土流失的数值分析模型,先选择影响土壤流失的主要环境数据,然后建立主要因子(R、K、L、S、C、P)图层,再利用地图代数运算,构建土壤侵蚀地图模型:

$$A = R \times K \times L \times S \times C \times P \tag{7-39}$$

式中,R 为雨量——径流侵蚀(Rainfall_Runoff Erosivity)因子;K 为土壤侵蚀(Soil Erodibility)因子;L 为坡长(Slope Length)因子;S 为坡度(Slope Gradient)因子;C 为作物管理(Crop Management)因子;P 为侵蚀控制措施(Erosion Control Practice)因子。土壤侵蚀或水土流失数据处理流程如图 7-1 所示。

一个地图模型可以说是表示了解决某一问题的其中一种方案,不同的分析人员为解决同一问题所设计的地图模型可能会不一样,也就是说,用于解决某一问题的地图模型不是唯一的。不同的地图模型产生的最后结果可能会有所差别,应对不同的地图模型进行实验,对地图模拟过程以及每个模型运算的结果进行评价,以保证地图模拟结果的正确性和有效性。

7.2.3.3　发展预测模型

发展预测模型是运用已有的存储数据和系统手段,对事物进行科学的数量分析,探索某一事物在今后的可能发展趋势,并做出评价和估计,以调节、控制计划或行动。在地理信息研究中,如人口预测,资源预测、粮食产量预测以及社会发展预测等,都是经常要解决的问题。

预测方法通常分为定性、定量、定时和概率预测。在 GIS 中,一般采用定量预测方法,它利用系统存储的多目标统计数据,由一个或几个变量的值来预测或控制另一个变量的取

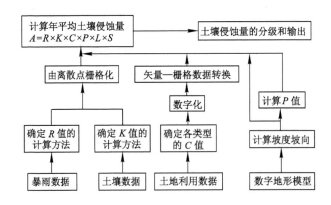

图 7-1 土壤侵蚀数据处理流程图

值。这种数量预测常用的数学方法有移动平均数法、指数平滑法、趋势分析法、时间序列分析法、回归分析法以及灰色系统理论等。

用发展预测模型可以解决区域时空历史变化的布局问题。例如，人口发展预测模型公式为：

$$P_t = P_0 \times e^{(\lambda - \mu)} \tag{7-40}$$

把预测结果与市镇中心点坐标相联系，绘制人口密度等值线可以直观地表示预测结果。

在预测城市人均 GDP 与人口密度之间的关系时，利用回归分析方法，若选用三个因子：人均 GDP、人口密度、城市化水平，并设 Y＝人均 GDP、X_1＝人口密度、X_2＝城市化水平，指标采用以 10 为底的对数进行无量纲处理后，建立相关模型为：

$$Y = -0.937 + 1.838X_1 + 0.812X_2 \tag{7-41}$$

经检验，复相关系数达到 0.966，说明该方程的回归效果显著。

7.2.3.4 重力模型

重力模型最初来源于物理学万有引力定律在社会经济相互作用研究中的应用，它经过巧妙地变形调整后可以解释很多人口、交通方面的实际问题，是城市与区域经济学、人文和经济地理学、交通规划学等众多学科都关注的研究热点。

空间相互作用的重力模型衍生出了基本模型、单重或双重约束模型、无约束模型等形式，重力模型的简单形式通常写作：

$$T_{ij} = K \times A_i B_j P_i P_j f(d_{ij}) \tag{7-42}$$

式中，T_{ij} 为从 i 地到 j 地的空间作用大小或运输流量；k 为一个比率常数；P_i 与 P_j 分别为 i 地与 j 地的"质量"；A_i 为 i 点对 j 点的吸引强度，B_j 为 j 点对 i 点的吸引强度，单重约束模型和双重约束模型的区别在于对 A_i 和 B_j 的计算方法不同；d_{ij} 表示二地之间的距离，$f(d_{ij})$ 为距离约束函数，实证研究中通常以指数形式来估测距离衰减效应的强度。没有施加约束条件的，可以采用形式和计算较为简单的无约束重力模型：

$$T_{ij} = K \times \frac{P_i \times \alpha \times P_j^\gamma}{d_{ij}^\beta} \tag{7-43}$$

式中，α、β、γ 是无约束重力模型的参数，称 α 和 γ 为质量参数（Scale Parameter），称 β 为距离衰减参数（Distance-Decay Parameter）。其中距离的衡量可以是两地间的实际距离，也可以是出行时间或费用等。这一模型可以转化为对数线性形式，并记 $\ln k$ 为常数项 C，得到模型形式如下：

$$\ln T_{ij} = C + \alpha \times \ln P_i + \gamma \times \ln P_j + \beta \times \ln d_{ij} \tag{7-44}$$

7.2.3.5　过程模型

（1）过程模型概述

过程模型是把现实世界环境过程的知识综合成一组用于定量分析该过程的关系或方程，它提供了判断或内在解释能力，其输出结果可用于预测。过程模型是对过程的抽象描述和定义，它把表征过程本质的信息压缩成有用的描述形式，包含一切重要的过程细节，既可以是形式化的，也可以是半形式化的，甚至可以是非形式化的。

过程模型同时具有客观性和主观性双重性质。模型的实际含义是客观的，任何模型是否正确，要在实际中检验，看其是否能够真实反映对象的实际过程，这是模型的客观性含义。同时，模型是人对客观过程的认识，对建模者本身而言如何把握实际对象过程的本质特征与所采用的视角及主观上对过程的理解、所掌握的专业认识水平有关，所以往往对同一对象过程会有许多不同的模型，这就反映了模型的主观性，即建模允许有主观因素和个人思想。所以模型有改善或不断修正的可能性，这也是模型具有不断发展、进化的动力所在。

GIS 过程模型是为了解决某一类空间问题而采取的信息分析、处理和表现过程的抽象描述和定义。一个 GIS 过程的例子如图 7-2 所示，图中概略地表示了水土流失分析的过程模型。该过程以高程采样、土壤采样、卫星影像、植被采样和降水记录为输入数据，通过数字高程重建、坡度坡向分析、空间内插等分析处理，结合了土壤侵蚀、植被演化、降水等专业数学模型以预测降水情况、土壤侵蚀和植被覆盖变化。

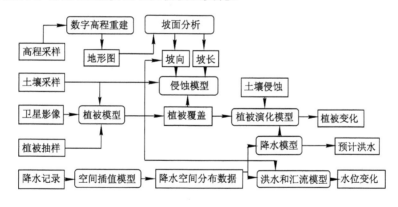

图 7-2　水土流失分析的过程模型

（2）GIS 过程模型的分类

过程模型的分类源于模型的分类。根据模型的数学表达式的特征分为多种，如线性与非线性、静态与动态、连续与离散、确定性与随机性、定常与时变等。根据应用特点，主要有三种，即基于过程机理的简化控制模型、基于实际数据的统计回归模型和基于知识的人工智能模型。近年来，随着人们对过程工程认识的深入，特别是根据获得的信息性质，以对象的模型化步骤为切入点，提出了实体驱动型模型与数据驱动型模型的分类。从某种意义上来说，这种分类更本质和直观，更有利于从事工程实践的工程技术人员理解。

GIS 过程模型还可分为空间事务处理过程模型、空间决策过程模型和空间动态过程模型三种类型。

① 空间事务处理过程模型，又称为"地图模型"，它以制图模型语言为依据，完成对象之间的空间度量、拓扑和方位等空间关系分析，实现上只需要按照预定义的流程，简单地组合 GIS 的空间分析命令，以达到对结构化的空间数据进行加工和处理的目的，通常不需要专业领域的知识。

② 空间决策过程模型，解决诸如区域规划、资源配置等有关空间行为的决策问题。它通常是一个结构化、半结构化和非结构化知识相混合的涉及多目标和多约束条件的复杂过程，必须综合运用领域专家知识、信息处理技术和有效的交互手段。

③ 空间动态过程模型，如土地利用变化、洪水预测、土壤侵蚀模型等，是在 GIS 的框架内建立地学和环境现象时空变化过程的动态模拟过程。它要求 GIS 不仅能管理、储存、查询和分析地理空间信息，还能实现多学科领域的地学和环境 GIS 过程的动态模拟。因此，GIS 的数据模型必须能够有效地表达时间变量和时空拓扑，并且支持模拟过程的运行控制和可视化。

（3）过程模型的构建

过程建模就是针对不同的模型需求建立一类实际过程的抽象描述，即构造对象过程模型的过程。从过程认知的角度看，对象过程模型的构造可划分成五个不同的阶段，如图 7-3 所示。

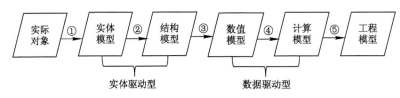

图 7-3　对象过程模型构建

① 由实际对象过程经过特征提取、要素分析、模式选择到形成框架性实体模型的阶段。

② 由框架性实体模型经过相关领域模型的应用及约束条件的确认到形成定性的结构模型阶段。

③ 由结构模型经过系统辨识、实验数据获得到形成定量的数值模型阶段。

④ 由复杂的数值模型经过离散化、算法化、简略化到计算机能实时进行有效计算的计算模型阶段。

⑤ 由计算模型到与控制系统、检测系统及与其他相关系统软件模块的连接与通信、调试及维护工具的使用等，即真正成为可执行的工程化模型阶段。

总体上可以认为，实体模型和结构模型属于对象的实体驱动型模型，而数值模型和计算模型属于数据驱动型模型，工程化模型与具体的系统和所选用的平台技术密切相关，是模型最终真正实现长期运行、发挥作用的关键。

（4）过程模型的实现

过程建模系统（Geographic Information Process Modeling System，GPMS）就是提供 GIS 过程建模支持的基于 GIS 的计算机系统。从工程化角度理解，过程建模既包括建立过程模型的过程，还包括应用过程模型的原则和方法，并针对具体的空间问题对模型进行裁减和例化，以及在实际环境中管理、运行和改进模型的整个工程过程。其概念框架如图 7-4

所示。

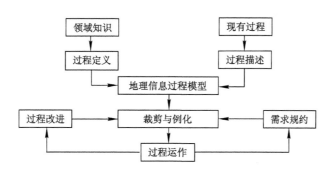

图 7-4　概念框架图

在时空对象数据模型、GIS 过程模型的支持下,过程模型的实现过程就是分析应用目标和过程业务逻辑,建立过程模型的信息、过程、组织、资源视图,封装有关的时空数据对象和应用程序,然后在 GPMS 平台上实现过程控制、信息共享、应用程序互操作的协作过程。这实际上是基于 GPMS 框架平台,定制一种异步的分布式企业级应用系统。

过程建模是当前软件工程领域一个重要的研究方向,其在软件工具的支持下,通过形式化地定义软件过程、模拟过程运行,进而实现精确的过程管理、控制和过程改进。该技术在软件工程和企事业过程工程中得到广泛应用。

7.2.4　行业模型

7.2.4.1　交通规划模型

交通规划模型是确定交通目标与设计达到交通目标的策略和行动的过程。交通规划的目的是设计一个交通系统,以便为将来的各种用地模式服务。交通规划在整个国民经济中具有重要意义,它是建立完善的交通体系的重要手段、解决道路交通问题的根本措施以及获得交通运输最佳效益的有效方法。

引入 GIS 技术,能够提高交通规划工作的效率,简化业务流程,为建设交通规划行业的辅助决策支持系统打下良好的基础。需解决的 GIS 问题主要有:

① 空间布局问题:既能够展示现有的空间布局状况,又能够表达规划人员对于未来空间布局的规划与预期。

② 网络计算问题:属于优化布局问题,例如,从秦皇岛出发运输某种货物到达广州,在运输路径、运输工具、时间和经费等方面的选择上进行综合的网络计算,从而得出投入回报比最优的方案。

③ 动态设置问题:交通状况不是一成不变的,要根据时刻变化的动态来进行数据更新,在此基础上再进行规划设计。

④ 区域分析问题:交通不是孤立存在的,它与周围的经济、人口、自然环境等都会发生关联,所以进行区域分析是交通规划工作的要义之一。

⑤ 时空历史变化的对照问题:瞬息万变的现实会导致大量的历史数据,如何存储历史数据,如何处理变化后的数据,如何更新数据,如何在历史数据和现势数据之间进行自由转换查询,这也是 GIS 平台要解决的任务之一。

交通规划模型主要包括城市交通发生量预测、出行分布预测和交通量最优分配三个部分。

① 交通发生量预测模型：该模型采用因果分析法，综合考虑影响交通量发生的各因素，用回归分析法建造多因素相关回归方程。

② 出行分布预测模型：包括出行方向、出行数量以及出行工具的空间分配，主要考虑以居民区为出发点的出行分布情况。

③ 交通量最优分配规划：交通量在交通网络中的最优分配，对于客流，往往采用最短路径算法，以出行距离最小为原则，求出各居住小区到各出行目的地的出行量。对于货流，一般采用线性规划中的运输模型，主要有平衡运输模型、不平衡运输模型和交通量分配模型。

7.2.4.2 位置分配模型

位置分配模型最初为预测工业位置点的空间分布而设计的韦伯模型，结合实际进行改进后可用来寻找最佳商业和服务位置。位置分配就是定位设施点的同时将请求点分配到设施点的双重问题。在可提供货物与服务的设施点以及消费这些货物及服务的请求点已经给定的情况下，位置分配的目标就是以合适的方式定位设施点，从而保证最高效地满足请求点的需求。

GIS 中的位置分配模型包括以下七种问题类型。

① 最小化阻抗类型：是将设施点设置在适当的位置，以使请求点与设施点之间的解的所有加权成本之和最小。"最小化阻抗"可减少公众到达选定设施点所需行进的总距离，所以对于某些公共机构（例如图书馆、区域机场、博物馆、机动车辆管理部门及医疗诊所等）的选址而言，选择不具有阻抗中断的最小化阻抗问题类型比其他问题类型更加合理。

② 最大化覆盖范围类型：定位设施点以使尽可能多的请求点被分配到所求解的设施点的阻抗中断内。"最大化覆盖范围"常用于定位消防站、警察局和 ERS 中心，因为紧急救援服务通常需要在指定响应时间内到达所有请求点位置。

③ 最大化有容量限制的覆盖范围类型：定位设施点以在设施点的阻抗中断内使尽可能多的请求点被分配到所求解的设施点，此外，分配给设施点的加权请求不可超过设施点的容量。"最大化有容量限制的覆盖范围"的工作方式与"最小化阻抗"或"最大化覆盖范围"问题类型相似，但增加了容量限制。

④ 最小化设施点类型：定位设施点以在设施点的阻抗中断内使尽可能多的请求点被分配到所求解的设施点，此外，还要使覆盖请求点的设施点的数量最小化。除需考虑要定位的设施点数目（此数目由求解程序确定）外，"最小化设施点数"与"最大化覆盖范围"相同。

⑤ 最大化人流量类型：在假定请求权重因设施点与请求点间距离的增加而减少的前提下，将设施点定位在能够将尽可能多的请求权重分配给设施点的位置上。很少或没有竞争的专卖店适合该问题类型，公交车站的选址通常也使用"最大化人流量"进行分析。

⑥ 最大化市场份额类型：选择一定数量的设施点，以保证存在竞争对手的情况下分配到最多的请求，其目标是利用所指定数量的设施点占有尽可能多的市场份额。大型折扣店通常使用最大化市场份额来为少量的几个新店选址。

⑦ 目标市场份额类型：可在存在竞争者的情况下，确定出占有总市场份额指定百分比所需的设施点的最小数量。当希望了解要占有指定的市场份额需要进行多大程度的扩张，或在出现新的竞争设施点的情况下需要采取何种措施来保证当前的市场份额时，大型折扣

店通常会使用"目标市场份额"类型。如果不考虑预算,求解结果通常可以作为商店应当采取的措施;在考虑预算的情况下,问题就回到了最大化市场份额的情况。

7.2.4.3　污染扩散模型

所谓污染扩散模型,是指利用数学模型,结合一定的假设条件,选取一系列参数,计算模拟实际情况下的污染物扩散迁移状况。此模型可用来预测在给定的污染物排放强度(单位时间排放量)和气象条件下某种污染物的时间和空间分布。最常用的污染扩散模型是高斯扩散模型。

高斯模型(Gaussian)适用于仿真危险化学品泄漏形成的非重气云扩散行为,或重气云在重力作用消散后的远场扩散行为。其模拟精度相对不高,但可模拟连续泄漏和瞬时泄漏两种泄漏方式,且由于提出的时间较早,实验数据多,因而得到了较为广泛的应用。如美国环境保护协会(Environmental Protection Agency,EPA)所采用的许多标准都是以高斯模型为基础而制定的。高斯模型参数相对较少,运算量小,且计算结果与实验值能较好地吻合,可以满足快速预测的需求,适用于实时性要求较高的应急救援辅助决策。模型公式如下:

$$C(x,y,z,H) = \frac{Q}{2\pi \times \bar{\mu} \times \sigma_y \times \sigma_z} \times \exp\left(-\frac{y^2}{2\sigma_y^2}\right) \times$$
$$\left\{\exp\left[-\frac{(z-H)^2}{2\sigma_y^2}\right] + \exp\left[-\frac{(z+H)^2}{2\sigma_z^2}\right]\right\} \tag{7-45}$$

式中　C——任意点的污染物浓度,mg/m^3 或 g/m^3;

Q——源强,单位时间内污染物排放量,mg/s 或 g/s;

σ_y——侧向扩散系数,污染物在 y 方向分布的标准偏差,是距离 X 的函数;

σ_z——竖向扩散系数,污染物在 z 方向分布的标准偏差,是距离 X 的函数;

$\bar{\mu}$——排放口处的平均风速,m/s;

H——烟囱的有效高度,简称有效源高,m;

x——污染源排放点至下风口上任一点的距离,m;

y——烟气的中心轴在直角水平方向上到任一点的距离,m;

z——从地表到任意点的高度,m。

该数学模型的优点如下:

① 高斯扩散模型中,参数的计算均以实际测量数据为依据,因此,其模拟结果能够较真实地反映城市大气的污染状况。

② 高斯扩散模型的数学表达式明了,物理概念清晰,有利于分析各个物理量之间的关系,容易掌握及计算,计算量相对较小,因此,计算效率与空间效率相对较高。

③ 空气污染高斯扩散模型能够比较真实地反映污染物湍流扩散的随机性。

④ 高斯扩散模型的扩展性较强,适当修改模型表达式,可以得到特定条件下的污染扩散模型。

⑤ 高斯扩散模型的各种情况已经程序化,便于利用,对于大气污染扩散模拟发挥至关重要的作用。

7.3　海洋动力模型

海洋动力是大部分海洋现象产生、发展、变化的内在驱动力,海洋动力模型是海洋领域最基本的模型,海洋动力模型的构建对于海洋 GIS 模型的理解和构建具有一定的意义和作用。

7.3.1 海洋动力模型概述

海洋动力学模型是对海洋力场及其引起的各种机械运动进行研究并建立的模型。海洋力场包括大气界面层的力场、海洋水体的力场和海底岩层的力场。在大气界面层中,主要是海—气相互作用所引起的海洋气象和物质迁移;海底岩层的力场,主要是因海底扩张、火山爆发、壳层塌陷或断裂等引起的动力学效应;海洋水体的力场引起海水的各种运动过程,是海洋动力学中的基本内容。

海洋水体的动力学过程如下:

(1)海洋潮汐

海洋潮汐由天体引潮力所引起,最显著的是月球和太阳的引潮力。月球、太阳和地球三者的相对位置有规律地不断变化,引潮力时强时弱,故潮汐变化有大有小,而且有规律地变化。

(2)海流

海流主要指风和热盐效应引起的、沿一定途径的大规模海水流动,包括大洋环流、浅海海流等。

(3)海浪

海浪指由风产生的海水波浪,包括风浪、涌浪和海洋近岸波等。

(4)海洋湍流

海洋湍流指海洋水体中不稳定的紊乱流动。

海洋的外部力主要存在于表面,这种外部力又可分为各种时间和空间尺度。下面介绍用于捕获所涉及的动力学过程的简单数值模型。

7.3.2 中纬度准地转模型

考虑在中纬度 beta 平面上的矩形笛卡儿坐标中的无耗散、非强迫、不可压缩、静水压、Boussinesq 运动,如果将这些运动视为对基本静止背景的运动,则扰动量的方程可以写为:

$$\begin{cases} \dfrac{\partial u}{\partial x}+\dfrac{\partial v}{\partial y}+\dfrac{\partial w}{\partial z}=0 \\[2mm] \dfrac{\mathrm{d}u}{\mathrm{d}t}-fv=-\dfrac{\partial p}{\partial x} \\[2mm] \dfrac{\mathrm{d}v}{\mathrm{d}t}+fu=-\dfrac{\partial p}{\partial x} \\[2mm] 0=-\dfrac{\partial p}{\partial z}-g\dfrac{\rho}{\rho_0} \end{cases} \qquad (7\text{-}46)$$

式中,y 是子午线方向;x 是纬向;p 是运动压力;u、v 和 w 分别是区带、子午线和垂直中的速度分量方向;ρ 是密度;ρ_0 是参考密度;$f=f_0+\beta y$,其中 $\beta=\mathrm{d}f/\mathrm{d}y$。$f$ 和 β 的典型值为 10^{-4} s^{-1} 和 2×10^{-11} $m^{-1}s^{-1}$。等式(7-46)是对基本静止的扰动背景,但是可以含有基础的环境流动。例如,对于均匀的区域流,时间导数可以近似为 $\dfrac{\mathrm{d}}{\mathrm{d}t}=\dfrac{\partial}{\partial t}+\dfrac{U\partial}{\partial x}$。

以上方程包含了与中纬度有关的丰富多样的物理过程,并构成之后讨论的基础。首先,需要决定如何处理垂直方向上的密度分层,有两种方法:第一种是通过一系列离散层近似连续密度分层,每个层具有均匀的密度;第二种是假设一个简单的、分析易处理的分层,例如具有深度的均匀分层。这两种方法都允许获得分析解,对于任意一般的分层,必须使用数值方法。

在中纬度 β 平面上的准地转(QG)的近似,对于理解从赤道和主要海洋盆地的大陆架之外的大规模海洋循环中涉及的动力学过程是非常有用的。因为滤除了麻烦的快速重力波,QG 模型比 PE(基于原始方程的)模型效率高得多,它们可以拿来研究中纬度动力学,QG 动力学和 QG 模型值得继续研究和使用。以下为由 Bill Holland 和 Julhana Chow 开发的 NCAR 多功能 QG 模型。

考虑在中纬度 β 平面上的正压力海流的矩形笛卡儿坐标中的无耗散、非强迫的浅水方程:

$$\begin{cases} \dfrac{\partial \eta}{\partial t} + \dfrac{\partial(uD)}{\partial x} + \dfrac{\partial(vD)}{\partial y} = 0 \\[2mm] \dfrac{\partial u}{\partial t} + u\dfrac{\partial u}{\partial x} + v\dfrac{\partial u}{\partial y} - fv + g\dfrac{\partial \eta}{\partial x} = 0 \\[2mm] \dfrac{\partial v}{\partial t} + u\dfrac{\partial v}{\partial x} + v\dfrac{\partial v}{\partial y} + fu + g\dfrac{\partial \eta}{\partial y} = 0 \end{cases} \tag{7-47}$$

式中,y 是子午线方向;x 是纬向;$f = f_0 + \beta y$,其中 $\beta = \mathrm{d}f/\mathrm{d}y$;$D$ 是层深度,对于正压力模式,D 也是水柱的深度;η 是自由表面偏转。这些方程也适用于斜压模式,只要重力减小,代替 g,然后 η 是界面挠度。层厚度可以写为 $D = H + \eta - H_B$,其中 H 是层的平均厚度,H_B 是由于底部深度变化引起的扰动。对于下列推导,假定 f 平面($\beta = 0$)便于进行归一化处理:

$$\begin{cases} t = \left(\dfrac{L}{U}\right)(t') \\[2mm] x, y = L(x', y') \\[2mm] \eta = N(\eta') \\[2mm] u, v = U(u', v') \end{cases} \tag{7-48}$$

为了方便,将删除素数,只讨论规范化量:

$$\begin{cases} \varepsilon F\left(\dfrac{\partial \eta}{\partial t} + u\dfrac{\partial \eta}{\partial x} + v\dfrac{\partial \eta}{\partial y}\right) - \left[u\dfrac{\partial}{\partial x}\left(\dfrac{H_B}{H}\right) + v\dfrac{\partial}{\partial y}\left(\dfrac{H_B}{H}\right)\right] + \left(1 + \varepsilon F\eta - \dfrac{H_B}{H}\right)\left(\dfrac{\partial u}{\partial x} + \dfrac{\partial v}{\partial y}\right) = 0 \\[2mm] \varepsilon\left(\dfrac{\partial u}{\partial t} + u\dfrac{\partial u}{\partial x} + v\dfrac{\partial u}{\partial y}\right) - v + \dfrac{\partial \eta}{\partial x} = 0 \\[2mm] \varepsilon\left(\dfrac{\partial v}{\partial t} + u\dfrac{\partial v}{\partial x} + v\dfrac{\partial v}{\partial y}\right) + u + \dfrac{\partial \eta}{\partial y} = 0 \end{cases}$$

$$\tag{7-49}$$

其中,$\varepsilon = U/(fL)$,是罗斯贝数,$F = \dfrac{f^2 L^2}{(gD)} = (L/a)^2$ 是弗劳德数。注意,$N = fUL/g$,以使压力梯度项与 Coriohs 项具有相同的阶数。F 假定为一阶,$\beta = \left(\dfrac{\partial u}{\partial x} + \dfrac{\partial v}{\partial y}\right)$ 发散并且是涡度。式(7-49)等价于潜在涡度守恒方程 ζ_P:

$$\dfrac{\partial \zeta_P}{\partial t} + u\dfrac{\partial \zeta_P}{\partial x} + v\dfrac{\partial \zeta_P}{\partial y} = 0; \quad \zeta_P = (1 + \varepsilon\zeta)\left(1 + \varepsilon F\eta - \dfrac{H_B}{H}\right)^{-1} \tag{7-50}$$

近似 $\varepsilon=0$,给出地转近似;近似 $\varepsilon\ll1$,使得扰动展开以 ε 的形式进行。如果仅保留零的地转和一阶项,则得到 QG 模型∂。还可以保持更高阶项并且获得所谓的中间模型,其在准确度方面在 QG 和 PE 模型之间。扩展所有变量在 ε,得到:

$$\begin{cases} \eta = \eta_0 + \varepsilon\eta_1 + \cdots \\ u,v = (u,v)_0 + \varepsilon(u,v)_1 + \cdots \end{cases} \quad (7\text{-}51)$$

假设 $\dfrac{H_B}{H}=\varepsilon\eta_B\sim O(\varepsilon)$,零阶场是地转和发散的:

$$\begin{cases} \delta_0 = \dfrac{\partial u_0}{\partial x} + \dfrac{\partial v_0}{\partial y} = 0 \\[2mm] v_0 = \dfrac{\partial \eta_0}{\partial x} \\[2mm] u_0 = -\dfrac{\partial \eta_0}{\partial y} \end{cases} \quad (7\text{-}52)$$

一阶方程是:

$$\begin{cases} F\left(\dfrac{\partial \eta_0}{\partial t} + u_0 \dfrac{\partial \eta_0}{\partial x} + v_0 \dfrac{\partial \eta_0}{\partial y}\right) - \left(u_0 \dfrac{\partial \eta_B}{\partial x} + v_0 \dfrac{\partial \eta_B}{\partial y}\right) + \left(\dfrac{\partial u_1}{\partial x} + \dfrac{\partial v_1}{\partial y}\right) = 0 \\[2mm] \left(\dfrac{\partial u_0}{\partial t} + u_0 \dfrac{\partial u_0}{\partial x} + v_0 \dfrac{\partial u_0}{\partial y}\right) - v_1 + \dfrac{\partial \eta_1}{\partial x} = 0 \\[2mm] \left(\dfrac{\partial v_0}{\partial t} + u_0 \dfrac{\partial v_0}{\partial x} + v_0 \dfrac{\partial v_0}{\partial y}\right) - u_1 + \dfrac{\partial \eta_1}{\partial y} = 0 \end{cases} \quad (7\text{-}53)$$

通过这种方式,很容易看到由 QG 逼近施加的限制。需要满足三个主要条件:

$$\varepsilon = \frac{U}{fL} \ll 1; \frac{H_B}{H} \ll 1; \frac{\eta}{H} \ll 1 \quad (7\text{-}54)$$

7.3.3 高纬度海冰模型

高纬度动力学的独特特征是存在海冰覆盖,因此有必要解决海冰的状态。海冰盖研究动量方程被视为二维(但严重断裂的)连续体:

$$\frac{\partial}{\partial t}(D_1 U_{1i}) + \frac{\partial}{\partial x_j}(D_1 U_{1j} U_{1i}) - \varepsilon_{3jk} f_3 D_1 U_{1k} = -gD_1 \frac{\partial \eta_0}{\partial x_i} + \frac{A_1}{\rho_1}(\tau_{A1i} - \tau_{1Oi}) + F_i \quad (7\text{-}55)$$

$$D_1 = A_1 h_1; F_i = \frac{1}{\rho_1} \frac{\partial \sigma_{ij}}{\partial x_j} \quad (7\text{-}56)$$

式中,ρ_1 是冰的浓度;A_1 是冰的面积分数;D_1 是平均冰的厚度($D_1=A_1 h_1$,其中 h_1 是冰碛厚度);U_{1i}是冰的速度分量;τ_i 是剪切应力;下标 AI 和 IO 表示空气冰和冰海界面;σ_{ij}是内部冰应力,其分量F_i是动量平衡中的附加力项;η_0 是海平面,并且由于其坡度,动量方程中的项通常可以使用近似地域:

$$-gD_1 \frac{\partial \eta_0}{\partial x_i} = -\varepsilon_{3jk} f_3 D_1 U_{gk} \quad (7\text{-}57)$$

其中,U_{gk}是下面水柱中的地转速度。

τ_{A1}是由大气施加的应力,并且可以与 W_i 相关,地热风往往通过一个简单的公式计算:

$$(\tau_{A1i}, \tau_{A1i}) = \rho_a c_d (W_k W_k)^{\frac{1}{2}} \left[(W_1 \cos\alpha - W_2 \sin\alpha), (W_1 \sin\alpha + W_2 \cos\alpha)\right] \quad (7\text{-}58)$$

其中,c_d 取决于海冰粗糙度的阻力系数,冰和冰($c_d \sim 10^{-3}$)比冰和冰边缘处的筏冰($c_d \sim 2\sim$

3×10^{-3})更光滑。

τ_{IO} 是由冰施加在水上的应力,可以采用类似如下的参数化表达:

$$(\tau_{IO1},\tau_{IO2}) = \rho_w c_{dw}\left[(U_k - U_{gk})(U_k - U_{gk})\right]^{1/2} \tag{7-59}$$

$$\left\{\begin{array}{l}[-(U_1 - U_{g1})\cos\beta + (U_2 - U_{g2})\sin\beta], \\ [-(U_1 - U_{g1})\sin\beta - (U_2 - U_{g2})\cos\beta]\end{array}\right\} \tag{7-60}$$

McPhee(1980)使用 $c_{dw}=0.005\,5$、$\beta=23°$ 成功地模拟了 AIDJEX 冰阵的漂移。一种更准确的计算冰-冰和冰-海界面处的应力需要模拟上面的湍流大气边界层和海冰下的海洋混合层。

在动量平衡的各项中,式(7-58)也可以紧凑地写成:

$$\frac{D}{Dt}(D_1 U_{Ii}) = F_{AI} - F_{IO} + F_c + F_s + F_i \tag{7-61}$$

其中,D/Dt 表示总导数,最重要的是当冰浓度小($<90\%$)时的大气压力 F_{AI},海洋阻力-F_{IO} 和科里奥利力 F_c 以及冰内应力,当浓度超过 90% 时,趋势项通常比风应力小三个数量级,并且非线性平流项通常可以忽略。然而,海洋表面倾斜项 F_s 即使很小,对长期模拟也很重要。

将海冰盖作为连续体进行处理仅在大于单个絮凝物的空间尺度上有效;尽管如此,它使海冰盖及其与下层海洋的相互作用更容易建模。

7.3.4　赤道重力减弱模型

赤道处的海洋动力波,频率 f 和周期 β 都是非零的,并且在垂直方向上存在密度分层。其相应关系可用如下非线性方程表示:

$$\left\{\begin{array}{l}\dfrac{Dv}{Dt} - fv = -\dfrac{1}{\rho_0}\dfrac{\partial P}{\partial x} + \dfrac{\partial}{\partial z}\left(K_M\dfrac{\partial u}{\partial z}\right) \\[3mm] \dfrac{Dv}{Dt} + fu = -\dfrac{1}{\rho_0}\dfrac{\partial P}{\partial y} + \dfrac{\partial}{\partial z}\left(K_M\dfrac{\partial v}{\partial z}\right)\end{array}\right. \tag{7-62}$$

当

$$\frac{D}{Dt} = \frac{\partial}{\partial t} + u\frac{\partial}{\partial x} + v\frac{\partial}{\partial y} + w\frac{\partial}{\partial z} \tag{7-63}$$

是水平动量方程,并且静态的水平衡已给出:

$$0 = -\frac{1}{\rho_0}\frac{\partial P}{\partial z} + \frac{\rho}{\rho_0}g \tag{7-64}$$

连续方程为:

$$\frac{\partial u}{\partial x} + \frac{\partial v}{\partial y} + \frac{\partial w}{\partial z} = 0 \tag{7-65}$$

此外需要一个密度 ρ 变化的方程;这由密度与温度和盐度变化相关联的状态方程提供。一般来说,状态方程是非线性的,并且需要单独的守恒温度和盐度的变化关系。然而在基态附近的线性化可以将这两个守恒方程组合成一个守恒密度关系:

$$\frac{D\rho}{Dt} = \frac{\partial}{\partial z}\left(K_H\frac{\partial \rho}{\partial z}\right) \tag{7-66}$$

此处只对赤道处海洋动力过程模拟做最简单的模型,重力降低模型对于了解赤道波导

中的调整过程非常有用。在它们最一般的方程构成形式中,可以将正交曲线坐标和通量保守形式写成:

$$
\begin{cases}
\dfrac{\partial \eta}{\partial t} + \dfrac{1}{h_1 h_2}\left[\dfrac{\partial}{\partial \xi_1}(h_2 u_1 D) + \dfrac{\partial}{\partial \xi_2}(h_1 u_2 D)\right] = 0 \\[2mm]
\dfrac{\partial}{\partial t}(u_1 D) + \dfrac{1}{h_1 h_2}\left[\dfrac{\partial}{\partial \xi_1}(h_2 u_1^2 D) + \dfrac{\partial}{\partial \xi_2}(h_2 u_1 u_2 D)\right] - f u_2 D + \dfrac{u_1 u_2 D}{h_1 h_2}\dfrac{\partial h_1}{\partial \xi_2} - \dfrac{u_2^2 D}{h_1 h_2}\dfrac{\partial h_2}{\partial \xi_1} \\[2mm]
= -g' D \dfrac{1}{h_1}\dfrac{\partial \eta}{\partial \xi_1} + \tau_1 + D F_1 \\[2mm]
\dfrac{\partial}{\partial t}(u_2 D) + \dfrac{1}{h_1 h_2}\left[\dfrac{\partial}{\partial \xi_1}(h_2 u_1 u_2 D) + \dfrac{\partial}{\partial \xi_2}(h_1 u_2^2 D)\right] + f u_1 D + \dfrac{u_1 u_2 D}{h_1 h_2}\dfrac{\partial h_2}{\partial \xi_1} - \dfrac{u_1^2 D}{h_1 h_2}\dfrac{\partial h_1}{\partial \xi_2} \\[2mm]
= -g' D \dfrac{1}{h_2}\dfrac{\partial \eta}{\partial \xi_2} + \tau_2 + D F_2
\end{cases}
$$

$$(7\text{-}67)$$

其中,每个动量方程中的最后一项包含水平黏度项。假设这些项的简单谐波形式为:

$$
F_{1,2} = \frac{1}{h_1 h_2}\left[\frac{\partial}{\partial \xi_1}\left(A\frac{h_2}{h_1}\frac{\partial u_{1,2}}{\partial \xi_1}\right) + \frac{\partial}{\partial \xi_2}\left(A\frac{h_1}{h_2}\frac{\partial u_{1,2}}{\partial \xi_2}\right)\right] \tag{7-68}
$$

其中,A 是水平黏度系数;项 η 是界面偏转量 u_1 和 u_2 分别是在 ξ_1 和 ξ_2 坐标方向上水平速度的两个分量;h_1 和 h_2 分别是正交曲线坐标系统的度量;D 是上层的总深度 $D = H + \eta$,其中 H 指未受到干扰的海洋厚度;此外 τ_1 和 τ_2 是风应力分量,此处方程是非线性的,可以在赤道波导中很容易地求解这些方程,从而研究赤道波运动的辐射、传播、反射、相互作用和消散。这组相同的方程可以用于研究诸如中纬度的年 Rossby 波传播的现象。通过适当选择 x_1、x_2 和 h_1、h_2,可以表示任何正交坐标系。对于地球坐标系,$\xi_1 = \varphi$,$\xi_2 = \theta$,$h_1 = R\cos\theta$ 和 $h_2 = R$,其中 R 是地球半径,φ 是经度,θ 是纬度。对于直角笛卡儿坐标系,$\xi_1 = x$,$\xi_2 = y$,$h_1 = h_2 = 1$。即使全球坐标系对于准确模拟赤道波导中的过程是理想的,为简单起见,使用赤道 beta 平面:

$$
\frac{\partial \eta}{\partial t} + \left[\frac{\partial}{\partial x}(uD) + \frac{\partial}{\partial y}(vD)\right] = 0 \tag{7-69}
$$

$$
\frac{\partial}{\partial t}(uD) + \left[\frac{\partial}{\partial x}(u^2 D) + \frac{\partial}{\partial y}(uvD)\right] - fvD = -g' D\frac{\partial \eta}{\partial x} + \tau^x + D\left[\frac{\partial}{\partial x}\left(A\frac{\partial u}{\partial x}\right) + \frac{\partial}{\partial y}\left(A\frac{\partial u}{\partial y}\right)\right]
$$

$$(7\text{-}70)$$

$$
\frac{\partial}{\partial t}(vD) + \left[\frac{\partial}{\partial x}(uvD) + \frac{\partial}{\partial y}(v^2 D)\right] + fuD = -g' D\frac{\partial \eta}{\partial y} + \tau^y + D\left[\frac{\partial}{\partial x}\left(A\frac{\partial v}{\partial x}\right) + \frac{\partial}{\partial y}\left(A\frac{\partial v}{\partial y}\right)\right]
$$

$$(7\text{-}71)$$

其中,u 和 v 是 x 和 y 坐标方向上的速度分量,数值 f 是关于纬度的函数的科里奥利参数。

7.3.5 海域环境容量测算模型

(1) 环境容量和海洋环境容量

环境容量,也称同化容量,最大容许纳污量和水体容许纳污水平等。在理论上,环境容量是环境的自然与社会效益参数的多变量函数,它反映污染物在环境中的迁移、转化和积存规律,也反映满足特定功能条件下环境对污染物的承受能力。在实践中,环境容量是环境目标管理的基本依据,是环境的主要约束条件,也是污染物总量控制的关键参数。海域环境的特殊性,决定了海域污染物排放的总量控制既需要与陆地水污染物总量控制相协调,更需要以海治陆,以海域功能目标和海域环境质量目标为约束条件确定陆源排污总量和排污方式。以此为契机,海洋环境容量的测算和评价正成为一项新的任务,如图 7-5 所示。

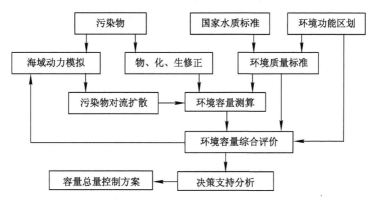

图 7-5　环境容量测算与评价流程图

（2）环境容量及污染源最大强度估算方法

对于一个封闭的海域,环境容量由总的海水负荷量求出。环境容量等于水体总体积乘以最大允许浓度和污染物现有浓度之差,从简单的稳态箱式模型出发进行计算,根据具体的要求补充需要进行修正的部分。对于一个开放的体系,环境容量等于封闭体系的容量加上在稳态条件下污染物质向相邻系统输出的量以及海水生物自净过程(如营养盐—自养浮游植物的互相影响)导致的污染物的消减量三者之和。在这个计算中需要注意建立起质量平衡模式,以精细的网格作为计算单元。除了生物自净外,研究区域与相邻区域之间的海水交换也直接决定了水体环境容量的大小,因此研究海水的净交换问题,对于海洋环境的保护具有重要意义。研究水交换的方法主要有两种:直接观测和数值计算。

（3）基于 GIS 的海域环境容量测算方法

关键是传播途径分析及沉积过程分析。对于一般保守性污染物的传播途径,基本上是以海域动力条件为主导的。GIS 支持下的环境容量估算,把建立的环境容量估算模型输入到 GIS 中,即可建立起 GIS 支持下的环境容量估算系统。G1S 支持下的多口排污的浓度计算方法,采用两种思路研究计算有多个陆源排污情况下的海域污染物浓度指标和环境容量:第一种是响应系数线性叠加法(图 7-6);第二种是浓度场基函数法。

7.4　海流表达模型

7.4.1　海流特征

7.4.1.1　海流的概念及属性

海流又称洋流,是海水因热辐射、蒸发、降水、冷缩等而形成密度不同的水团,加之风应力、地转偏向力、引潮力等作用而形成的大规模相对稳定的流动,是海水的普遍运动形式之一。海流是海洋中最主要的动态变化矢量场,也是物理海洋学中的核心研究对象,还是其他海洋分支学科的重要研究依据。海流是海洋现象中独特的一种,海流既包括实测数据,也可

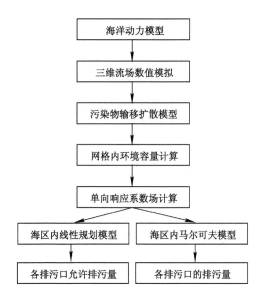

图 7-6　响应系数叠加法计算流程图

以把海流看作是场数据,还可以把海流看作是海洋现象数据。海洋里有着许多海流,每条海流终年沿着比较固定的路线流动,像人体的血液循环一样,把整个世界大洋联系在一起,使整个世界大洋得以保持其各种水文、化学要素的长期相对稳定。

7.4.1.2　海流的类型及成因

（1）海流的类型

海流按其成因大致可分为以下几类:

① 漂流:由风的拖曳效应形成的海流。

② 地转流:在忽略湍流摩擦力作用的海洋中,海水水平压强梯度力和水平地转偏向力平衡时的稳定海流。

③ 潮流:海洋潮汐在涨落的同时,还有周期性的水平流动,这种水平流动称为潮流。

④ 补偿流:由不同海域的海水流来补充海水流失而形成的海流,有水平补偿流和铅直补偿流。

⑤ 河川泄流:由于河川径流的入海,在河口附近的海区所引起的海水流动称为河川泄流。

⑥ 裂流:海浪由外海向海岸传播至波浪破碎带破碎时产生的由岸向深水方向的海流。

⑦ 顺岸流:海浪由外海向海岸传播至破碎带破碎后产生的一支平行于海岸运动的海流。

（2）海流的成因

海流的成因主要有风海流成因和密度流成因两种。

① 风海流成因:内海面上由于风的驱动而形成的,这种流动是由风应力作用于海面,借助水平湍切应力向深层传递动量而引起的海水流动。

② 密度流成因:由海水的温盐变化而引发海水密度的分布与变化,而海水密度的分布与变化又决定了海洋压力场结构的变化,当等压面与等势面不一致时,就产生了一种引起海

水流动的力,从而导致了海流的形成。

7.4.1.3　海流的数据特征

海流主要包含以下五方面的数据特征:

① 海流最大流速、流量、流轴、流幅、边界、最大可达深度等。

② 海流的流核及其位置、个数、间距等。

③ 潮流、沿岸流、逆流、上升流、下降流等及其相关特征。

④ 涡及其特征,包括中心位置、旋向、尺度、成熟度等。

⑤ 流场特征量的梯度变化及其随时间的变化特征。

采用什么样的模型来表达海流是海流研究的重点,本节主要探讨和介绍海流的流速、流量等特征表达的模型,此意义下的海流表达主要包括传统欧拉模型、基于拉格朗日的表达模型、样条函数表达等。

7.4.2　欧拉表达模型

7.4.2.1　海流欧拉数据获取

海流欧拉数据采用定点观测方式,观测要素包括流速和流向,观测时间应不少于 25 h。实测资料是了解海流规律的基础,但由于各种原因,使得海流实测资料的获取比较困难;除了现场调查外,还可利用卫星遥感资料结合实测数据通过反演而获得海流数据;也可通过数值模式进行时空的扩展,形成时空覆盖较完整的流场数据。目前,常规的海流观测方式包括:

① 在海区布设锚定浮标进行定点连续观测。

② 在研究海域施放漂流浮标,通过卫星或其他方式对浮标的漂流轨迹进行跟踪观测。

③ 利用船只进行的断面走航式测流。

观测仪器有海流计(如安德拉海流计、S4 型电磁海流计)、声学多普勒流速剖面仪(Acoustic Doppler Current Profilers,ADCP)等。

观测方法大体划分为随流运动进行观测的拉格朗日方法和定点的欧拉方法。

7.4.2.2　流场的常规表达

(1)断面平均流速矢量

断面平均流速矢量表达调查海区的实测海流流向,在这种情况下,水文断面的设置应尽可能与经过观测海区的主导海流相垂直。其常规表达是将所获取的断面测流资料绘制成平均流速的矢量分布图。

(2)大面流场的分量表达

一般大面流场的分量表达是通过遥感、数模与现场实测资料结合,生成空间覆盖完整的流场资料,然后利用这些资料,绘制每个分量各层的水平、垂直分布图。

(3)大面流场的矢量表达

更常用的是流场各层的矢量图。

(4)定点时间序列

通过悬挂式海流计或 ADCP 可获取海流的时间序列资料,其表达形式称为过程矢量图。

7.4.2.3　欧拉表达特征分析

从属性分层、时间分段及栅格化三个方面分别进行讨论。

（1）属性分层

传统流矢量场可用海流的两个分量——东分量（记为 u 分量）和北分量（记为 v 分量）进行表达，利用基于场的时空网格模型可以用两个图层加以表达，可满足相关分析，如由这两个分量合成的流矢量和流椭圆及相关分析。在海洋 GIS 中，流矢量和流椭圆分析方法能得到流场结构及海流的性质的特征，但尚有缺陷，可采用以下方法进行改进。

① 流矢量场 GIS 表达方式，将直角坐标下流矢量的两个分量 u、v 转换为极坐标下的两个分量——流矢量方向角 θ 和流矢量大小 γ 来表示流矢量场。

② 进行属性合理分层，这对海流现象表达更合理和有利。

极坐标下海流属性合理分层表达具有的优点包括：

① 表达及显示效果好。

② 有利于对角度进行分析。

③ 有利于反映流场的梯度变化。

④ 有利于提取海洋现象特征。

⑤ 与矢量图之间的操作方便。

（2）时间分段

海流现象具有动态性和过程性，所以在表达时需要对时间进行分段处理，这样可以更好地显示每一个时间间隔海流的变化情况，从而揭示其规律。

（3）栅格化

基于场的时空格网模型对海流欧拉方式进行表达时，需要对海流在空间上进行栅格化。在栅格化过程中，需要根据研究区域、研究目的等确定栅格的大小，但每一个栅格点上都要赋予一个海流的属性值。

通过对属性进行合理分层、时间上进行分段、空间进行栅格化，使得海流的欧拉表达方式可视化效果增强，更能反映海流本身的变化趋势和规律。

7.4.3　拉格朗日表达

海流的拉格朗日表达能够体现海水的流动，也需要对更多海流指标进行细致的描述。

7.4.3.1　海流拉格朗日数据的获取

海流除了定点的欧拉观测外，也可以实现拉格朗日观测，如采用漂流瓶或漂流浮标等方式可以获取有关流径及流速数据。相对来说，欧拉方式的海流数据更容易获得，这不仅因为观测时大多是以定点观测为基础，而且大部分数值和数理模型都是以欧拉方式表达的。海流拉格朗日数据获取方式包括以下几种：

（1）采用漂流浮标实测动态数据

（2）根据欧拉场数据计算获得

① 等值线法：假设一幅遥感影像可以看作是大面同步数据，根据海流的基本原理，则该遥感要素的等值线经过修正后就可以大致代替该海域的海流方向。这种方法得到的是欧拉流，也就是针对多个空间位置的同时刻海流。

② 跟踪流体微团法：是针对多幅遥感图像的方法，如以间隔为等潮周期的两幅遥感图

像来计算海流。流体团的选择种类很多,原则是保守性要好,可以在连续的遥感图像上得到相关的信息。此方法可以得到拉格朗日形式的海流。

(3) 数值模式直接获取

根据数值模式,直接获取方式包括:

① 可以采用如涡度法等数值计算方法,或者根据关于浅海的环流理论进行相关计算得到。

② 考虑重视二维平面或者全流形式的问题,采用涡度法,并用粗格网形式的计算方法,在一些港湾中应用较多,可以取得较好的效果。

7.4.3.2　海流拉格朗日时空表达

① 海流最大流速、流量、流轴、流幅、边界、最大可达深度等。

② 海流的流核及其位置、个数、间距等。

海流拉格朗日表达主要关注流速、流量、流轴、流幅等五种指标,这些指标能够反映海流的水体与其他水体存在的差异。这些差异可能存在于水体速度上,也可能存在于其他要素上,同时能够反映这种差异的时间属性,给出空间差异的时间变化过程。从整体上可以分为环境场和流场两个部分,环境场是对更大尺度环境水体的描述和表达;流场则着重描述海流的时空特征,空间特征是海流的三维空间位置、形态、大小等,时间特征是其空间特征随时间的变化等。其中,描述海流的大小分为第一强度和第二强度,第一强度主要是指海流的流量,与海流的流幅宽度和流速关系密切;第二强度主要是指海流流速的最大值,与空间位置有关。通常情况下,流量更能反映海流的大小和强弱。

拉格朗日模型从某种意义上讲只是一个理论框架,在海流表达、海洋 GIS 中的其他应用上需要进一步研究。但毫无疑问的是,拉格朗日模型适合海洋的动态性和时空过程性,相比于欧拉模型在海洋现象表达方面更有前景。

7.4.4　B 样条函数模型

B 样条函数模型就是利用 B 样条曲面对海流进行环境建模的方法,该方法对海流二维数据进行建模,并将建立好的海流模型栅格离散化处理。

7.4.4.1　B 样条函数的数学表达

B 样条曲线是由一定光滑度的 Bezier 曲线连接而成,Bezier 曲线连接点 t_i 被称为 B 样条曲线的节点,多个连续的 Bezier 曲线的连接点构成 B 样条函数的节点向量 $K = \langle t_0, t_1, \cdots, t_n \rangle$。节点向量中的 n 代表了 Bezier 曲线的个数,节点 t_i 在节点向量中出现的次数 m_i 称为节点的重度,节点的平滑度 s_i 表示 B 样条函数在该点出 $s_i - 1$ 阶连续。B 样条基的阶次由重度和平滑度决定,即对样条曲线的内部节点而言,其阶次 $r_i = s_i + m_i$。

B 样条曲线的一般表达形式为:

$$x(t) = \sum_{j=1}^{p} B_{j,r}(t) C_j \quad (t_0 \leqslant t \leqslant t_n) \tag{7-72}$$

式中,C_j 称为 B 样条的控制点,控制点的个数 $p = n(r-s) + s$,控制点决定着 B 样条函数的大小和方向;$B_{j,r}(t)$ 是 B 样条的基函数,其 0 次 B 样条定义为:

$$B_{j,0}(t) = \begin{cases} 1 & t_i \leqslant t \leqslant t_{i+1} \\ 0 & \text{其他} \end{cases} \tag{7-73}$$

高次 B 样条由 0 次 B 样条递归得:

$$B_{i,k}(t) = \left(\frac{t - t_i}{t_{i+k} - t_i}\right)B_{i,k-1}(t) + \left(\frac{t_{i+k+1} - t}{t_{i+k+1} - t_{i+1}}\right)B_{i+1,k-1}(t) \quad (k \geqslant 1) \tag{7-74}$$

B 样条曲面的表达形式为:

$$\begin{cases} u(x,y) = \sum_{i=1}^{m}\sum_{j=1}^{n} B_{i,k_{ux}}(x)B_{j,k_{uy}}(y)a_{ij} \\ v(x,y) = \sum_{i=1}^{p}\sum_{j=1}^{r} B_{i,k_{vx}}(x)B_{j,k_{vy}}(y)b_{ij} \end{cases} \tag{7-75}$$

7.4.4.2 基于 B 样条的海流模型

B 样条函数是样条插值函数中的一种典型形式,B 样条函数可以实现曲线或曲面的近似平滑估计,当数据点发生变化时,只需对曲线或曲面的部分进行实时局部修改。因为 B 样条函数具有以上特点,所以利用 B 样条曲面对海流进行建模。

利用 B 样条曲面对海流的二维 u、v 数据进行建模,海流速度数据由 Montery 湾的高频雷达站测得,对其进行插值和平滑处理,海流的 B 样条参数取 $k_{ux}=k_{uy}=k_{vx}=k_{vy}=4$,控制点的参数为 $m=p=24,n=r=18$。考虑到海流时变的特性,根据研究需要设定特定的时间间隔建立海流模型,以反映海流的动态变化过程。图 7-7 所示为高频雷达所测得的某时刻海面 u 方向的海流数据,图 7-8 所示为用 B 样条曲面建模后的数据。

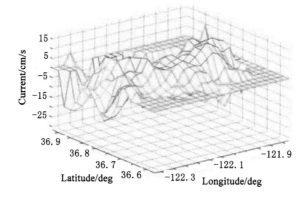

图 7-7　海流 u 方向测量数据

7.5　海洋锋特征模型

海洋锋(Ocean Fronts)是特征明显不同的两种或几种水体之间狭窄的过渡带。在海洋锋区,由于海水的温度、盐度在水平方向存在强烈的变化,海洋锋存在明显的时空间特征变化,导致锋区声速具有明显的水平梯度变化,从而将显著改变水下声波的传播方向和距离,引起声呐探测水下目标方位和距离的改变,所有这些都对声呐的水下探测和反探测产生显著影响。所以,充分利用实测数据和历史数据,结合目前已统计分析得出的海洋锋典型结构特征,构建海洋锋特征模型具有重要的意义。

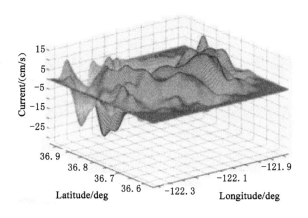

图 7-8　海流 u 方向模型

7.5.1　海洋锋理想特征模型

海洋锋理想特征模型是依据海洋锋区典型位置点温度剖面变化特征来构造的。典型位置即锋区近岸侧边界、锋区中心、锋区离岸侧边界,对于特定位置 $i(x,y)$、深度 z 处的温盐结构,由下式给出:

$$T_i(z) = [T_{is} - T_{ib}]\varphi_i(z) + T_{ib} \tag{7-76}$$

其中,T 代表温度;i 分别代表锋一侧边界、锋区中心、锋另一侧边界;下标 s、b 分别代表海表和海底(或锋区下界);$\varphi_i(z)$ 是无维水温剖面,在 $z=0$ 时取值为 1,$z=H$(H 为海底或锋区下界深度)时取值为 0。例如,黄海海水水温垂直剖面可大致分为 3 层:上均匀层、温跃层和下均匀层。利用最小二乘法分段拟合无维水温剖面:

$$\varphi_i(z) = \begin{cases} a_1 z + a_2 z^2 + a_3 z^3 + \cdots & 0 \leqslant z \leqslant h \\ b_1 z + b_2 z^2 + b_3 z^3 + \cdots & h < z \leqslant Z \\ c_1 z + c_2 z^2 + c_3 z^3 + \cdots & Z < z \leqslant H \end{cases} \tag{7-77}$$

其中,$a_1,\cdots,c_3$ 为经验系数,需通过大量历史数据统计分析确定;h 代表上均匀层的下界;Z 是温跃层下界深度;H 为海底深度。分别计算得到海洋锋两侧边界处和锋区中心处的 3 个典型位置温度剖面后,其他锋区位置点剖面,根据位置点到锋中心轴的距离,进行线性插值计算即可。

7.5.2　陆架坡折锋特征模型

陆架坡折锋是高温陆架水和低温陆坡水边界处形成的跃迁带,一般出于陆架坡折附近,阻隔着外海和陆架水的水平交换。陆架坡折锋主要结构特征包括:由卫星遥感海表温度(Sea Surface Temperature,SST)、多通道海表温度(Multi-Channel Sea Surface Temperature,MCSST)提取的海洋锋海表统计的平均位置;由温度或盐度等值线确定的锋底部平均位置、锋的坡度、宽度及锋区温度混合的形式。锋区三维温度分布形式为:

$$T_{ss}(x,y,z) = T_{sh}(x,z) + [T_{sl}(s,z) - T_{sh}(x,z)]m(\eta,z) \tag{7-78}$$

混合方程为:

$$m(\eta,z) = \frac{1}{2} + \frac{1}{2}\tan h\left[\frac{\eta - \theta z}{\gamma}\right] \tag{7-79}$$

其中:

$$\theta = \tan \alpha = x_f/h \tag{7-80}$$

式中,T_{sh} 代表陆架区温度剖面;T_{sl} 代表陆坡区温度剖面;z 代表深度;η 是从锋中心轴到分析位置的宽度;m 是双曲正切形式的混合函数;θ 是锋的坡度;γ 是锋的宽度;x_f 是水平距离;h 是垂直距离。

7.5.3 基于 EOF 重构温度剖面特征模型

分别根据锋区周围不同水体温度场建立锋区不同温度气候态,通过海洋锋典型特征(如锋宽度、坡度以及从计算网格节点到锋某一侧边界的距离等)建立加权函数,通过对不同气候态的加权融合推断锋区温度剖面,最后通过一系列温度剖面的集合来描述海洋锋的三维结构。网格节点 j 在深度 z 的温度由下式给出:

$$T(z,j) = T_w(z,j) + F(z,j)[T_c(z,j) - T_w(z,j)] \tag{7-81}$$

式中,T_w、T_c 分别依据锋的暖水侧、冷水侧的历史数据建立的气候态温度。模型采用经验正交函数(Empirical Orthogonal Function,EOF)和遥感 SST 数据来描述气候态剖面。假设在某个海域有 N 个已知的温度剖面样本,每个剖面有 $k+1$ 层,则温度剖面样本的协方差矩阵可由下式来确定:

$$c_{i,m,n} = \frac{\sum_{j=1}^{N} \dfrac{b_{i,j(m,n)}(T_{j,m}^o - \overline{T}_{i,m})(T_{j,n}^o - \overline{T}_{i,n})}{\sigma_{i,m}^T \sigma_{i,n}^T}}{\sum_{j=1}^{N} b_{i,j(m,n)}} \tag{7-82}$$

其中,$\overline{T}_{i,n}$ 是位置点 i、深度处 n 的加权平均值;$\sigma_{i,n}^T$ 为位置点 i、深度处 n 的加权标准差,表征位置点 i 和 j 之间的相关性。温度场就可通过经验正交函数来进行重构,其特征向量 $\boldsymbol{V} = [v_0, v_1, \cdots, v_k]$ 为重构模型的空间函数,前三阶段的特征向量可以很好地解释原始剖面。因此,任何一点的温度表示为:

$$T(x,y,z_i) = \overline{T}(z) + \sum_{k=1}^{3} \alpha_k(x,y) v_k(z_i) \tag{7-83}$$

上式中 α 即为时间函数,可以利用距离预报点最近的观测点的完整温度剖面拟合出时间函数。式(7-81)中,F 是加权函数,提供两气候态剖面的相对权重,如果网格节点在冷锋水侧,则 $F(z)=1$;相反,若网格节点在锋暖水侧,则 $F(z)=0$,锋区内的节点权重假设具有一个高斯加权函数的形式:

$$F = \max\{\exp[-(x/W)^2], \exp[-(d/D)^2]\} \tag{7-84}$$

式中,x、d 分别为水平和垂直距离及分析点位置和所在深度到锋边界的距离,锋海表以下边界由海表边界和历史数据统计分析后假定;W、D 为锋的宽度和厚度,由海表特征和历史数据确定。

7.5.4 沿岸流锋特征模型

沿着局部浅海海岸流动的海流叫沿岸流,它们是由河水和海水混合形成且具有淡水性质的低盐水流。低温、低盐沿岸水和高温、高盐外海水交汇的地方通常形成沿岸流锋,中国近海典型的沿岸流锋面有黄海西部沿岸锋、江浙沿岸锋。沿岸流锋区温度或盐度的三维分布表示形式为：

$$T(x,y,z) = T_a(x,z) + \alpha(x,z)T(y,z) \qquad (7\text{-}85)$$

$$T_a(x,z) = [T_0(x) - T_b(x)]\varphi(x,z) + T_b(x) \qquad (7\text{-}86)$$

式中，x 为沿着流方向的坐标；y 为与沿流方向坐标垂直的断面坐标；z 为垂直坐标，即由海表延伸至海底的坐标；$\alpha(x,z)$ 为与流垂直方向上的振幅变化函数；$T(y,z)$ 代表温度水平梯度值；$T_a(x,z)$ 为锋区中心温度剖面函数；$T_0(x)$ 为主轴处海表温度；$T_b(x)$ 为主轴位置底部温度；$\varphi(x,z)$ 为无维温度垂直剖面。

7.6　海洋涡旋提取模型

海洋涡旋是海洋中的一种重要现象，具有高能量性和强穿透性，对海洋环流、全球气候变化、海洋生物化学过程和海洋环境变迁起到非常大的作用。因此，海洋涡旋的研究具有非常重要的科学意义和应用价值。海洋涡旋产生的原因是多方面的，主要是：① 海水密度的影响；② 地球上不同的风带的影响；③ 海底地势的变化起伏（海底地壳的运动）的影响。海洋中的涡旋几乎是无处不在，如我国近海中小尺度的冷暖涡旋，南海的次海盆尺度旋涡，湾流和黑潮主流轴附近的中尺度涡旋，以及大洋中的中尺度涡旋等。海洋中尺度和次中尺度涡旋的研究改变着人们对海洋的传统认识。

海洋涡旋的出现具有一定规律并且在海面高度、海水物理特性、空间形态几个方面存在着相应的表象特征信息。如中尺度涡旋由于地转作用，往往会引起海面高度变化，并在高度计资料上有所体现；而近海发生的涡旋，会带动泥沙按一定规律运移；海洋冷涡形状会呈现固定的圆饼状，暖涡则随着强度不同呈现出从圆形到带状、丝状、舌状不等的形状特征。这为海洋涡旋的提取提供了条件。

中尺度涡旋是海洋中的重要现象，指海洋中直径 $100\sim300$ kg、寿命为 $2\sim10$ 个月的涡旋。相比于常见的、用肉眼可见的涡旋，中尺度涡旋直径更大、寿命更长；但相比一年四季都存在的海洋大环流又小很多，故称其为中尺度涡旋。根据海洋卫星图像快速自动提取中尺度涡旋，对认识海洋中尺度涡旋有较高的科学价值与实际意义。随着海洋观测卫星技术的发展，大面积、多时相的海洋卫星图像数据快速增长，海洋水文特征数据可以周期性地被获取，如何快速自动地从大量卫星图像中提取和应用海洋涡旋信息成为迫切需要解决的问题。

现有的中尺度涡旋探测和提取方法可以分为两类：基于物理场阈值的探测和基于海流计算几何特征的探测。

7.6.1　基于物理场阈值的涡旋提取

基于物理场阈值的中尺度涡旋提取方法是设定一个物理场参数的阈值，超过这个阈值的区域被定义为涡旋区域。

7.6.1.1　Okubo-Weiss 算法模型

在基于物理场阈值的涡旋提取方法类别中，广为采用的是由 Isern Fontanet 提出的基于 Okubo-Weiss 参数的方法。Okubo-Weiss 参数表征了流场中张力和旋度的相对重要性，其公式为：

$$W = S_s^2 + S_n^2 - \omega^2 \qquad (7\text{-}87)$$

其中,S_s、S_n 和 ω 分别是切向应变率、法向应变率和旋度。由于旋涡内部的流场中占主导地位的是旋转,所以海洋涡旋通常以一个 W 的负值来区分。因此,依据位置或其他属性不同设定一个 W 阈值,并根据此阈值生成的等值线可以确认涡旋的范围。

尽管这种方法经常被用来从 MSLA(Medical Science Liaison Association)数据中提取涡旋,但它还存在一些局限性。MSLA 数据的噪声会被放大,低纬度地区尤为严重。尽管该问题可以通过平滑算法减轻,但该过程会移除部分有用的物理场信息;另外,W 阈值的设定还没有统一的标准,仍然是根据经验来设定,有研究证明这个阈值甚至需要随着时间序列中属性的变化不断调整。

7.6.1.2 MSLA 阈值模型

Dudley Chelton 曾采用基于 MSLA 阈值的方法探测中尺度涡旋,其所定义的中尺度涡旋模型符合的特征包括:

① 涡旋中的所有点的 MSLA 值应该大于或小于一个给定的阈值。

② 涡旋的连续区域应该由 8~1 000 个像素组成。

③ 涡旋区域中应该至少有一个极大值或极小值。

④ 涡旋区域中 MSLA 值的差距应该至少为 1 cm。

⑤ 涡旋区域中任意两点的距离应该小于一个指定的最大值。

7.6.2 基于海流计算几何特征的涡旋提取

基于海流计算几何特征的涡旋探测提取方法以海流矢量连接线的形状和曲率来识别涡旋。

7.6.2.1 Winding Angle 算法模型

2000 年 Sadarjoen 和 Post 提出了 Winding Angle 算法,它属于基于海流计算几何特征的中尺度涡旋探测提取算法。在这种算法中,涡旋被定义为流场中围绕一个中心剧烈运动的圆周线或螺旋线。其步骤和方法如下。

① 从速度场中衍生出连续的流场线,然后计算每条曲线中线段的累计方向变化(Winding Angle)。此算法中海洋涡旋以 windingangle$|\alpha|\geqslant2\pi$ 来表示,这对应于一个闭合的或螺旋的曲线。

② 对已经选择出的涡旋流线进行聚类,目的是为了把属于同一涡旋的流线分为一组。聚类完成后,涡旋的属性可以根据涡旋的这些流线聚类进行量化。

Chaigeau 等人采用这个算法模型来分析东南太平洋中的涡旋活动情况,同 Okubo Weiss 算法在同一数据集上提取的结果比较,Winding Angle 算法具有较高的成功率并且判断错误的概率很小,但此方法的缺点是运算量很大。

7.6.2.2 流场矢量约束算法模型

2009 年 Francesco Nencioli 等人提出了基于海洋流场几何特征约束的方法来探测提取涡旋。他们提出了四个约束条件来判定涡旋,只有在所有的约束条件都满足时,流场里的点才会被判定为涡旋中心,这些条件为:

① 沿着东西方向穿过涡旋中心,速度 v 方向会变为逆向,并且它的强度会随着漩涡中心距离的变大而增强。

② 沿着南北方向穿过涡旋中心,速度 u 方向会变为逆向,并且它的强度会随着涡旋中

心距离的变大而增强。

③ 涡旋中心的速度应该是一个局部的最低值。

④ 环绕涡旋中心,海流速度矢量方向应该以一个恒定的转动方向变化,相邻速度矢量的方向必须位于同一个或两个相邻的象限内(四个象限以东西和南北坐标轴定义)。

该方法的一个局限是算法的搜索范围参数不确定,并且在每个确定的搜索范围内旋涡探测准确率不高。

7.6.3　涡旋的表达模型

目前,涡旋的表达模型可归纳为四种:① 传统的属性表达模型;② 结构化表达模型;③ 层次表达模型;④ 基于格网空间的表达模型。这些方法有各自的应用领域和优缺点。针对地理现象案例的表达,主要是针对以栅格形式表达的地理现象;而与该研究比较相似的 Jones 等对大气涡旋案例的表达与组织研究,则采用大气涡旋的外接矩形初步定义空间信息,内部细节采用位矢量编码表示,这种方法对内部细节的表达受尺度的限制较大。

7.7　基于 GIS 的海洋空间建模

从广义来看,GIS 的空间分析,包括空间插值、空间叠加、空间缓冲区等都属于 GIS 的空间模型;GIS 的数据模型,例如不规则三角网模型(Triangulated Irregular Network,TIN)、数字地形模型(Digital Terrain Model,DTM)、数字高程模型(Digital Elevation Model,DEM)、数字格网模型(GRID)等也属于 GIS 模型。这些模型大部分前面已经介绍过,本节以 ArcGIS 软件为基础,介绍以 GIS 空间分析、空间操作为基础的 GIS 空间建模方法和过程。

下面以潮汐电站选址、海水养殖决策支持模型为例,详细介绍基于 GIS 软件的海洋空间建模过程。

7.7.1　GIS 建模实例 1——秦皇岛海域海冰生成决策分析模型

7.7.1.1　模型制约因素

(1)海冰生成模型的制约因素

海冰生成主要与两大因子有关,即水文因子和气象因子。秦皇岛属典型的季风气候区,冬季主要受亚洲大陆性高压活动的影响,盛行偏北风,且常有寒潮暴发,气温剧烈下降,同时伴有强风。气象因子对海冰的生成起着很重要的作用。

① 该模型考虑的气象因子包括:寒潮强度、寒潮持续时间、寒潮路径、凝结核。通过这 4 个子因子的加权叠加得到气象因子的成本。

② 该模型考虑的水文因子包括:海浪、水温(海水的冰点平均为 −1.9 ℃)、密度、水深、盐度、海流。通过这 6 个子因子的加权叠加得到水文因子的成本。

③ 最后,水文因子与气象因子加权叠加得到海冰生成的总影响因子。

由于分析影响海冰生成的各项因子时,都用到插值方法,若观测站点分布不均匀或过于稀疏,则误差偏大,为了使分析结果更加准确,更加符合实际,应设计加密观测站点的模型。加密站点应满足以下 3 个条件:

① 新加观测站点距离海岸线 3.5 km 以内,海冰外缘线在此附近,离海岸太远不会有海冰生成。

② 在现有观测点服务面积大于 2.5 km^2 的范围内选取。

③ 距现有观测点 700 m 之外,且服务面积越大越好。

(2) 救援最佳路径模型的因素

救援最佳路径模型主要涉及的因素:

① 冰厚:救援船只应尽量沿着冰较薄的路径行驶。

② 风向:救援船只应尽量顺风行驶。

③ 风强:救援船只应在风强较小的区域行进。

④ 距离:救援船只到达受困船只的距离应该最短。

7.7.1.2 建模数据准备

构建模型需要的数据包括秦皇岛市地图、矢量化数据地图,如图 7-9、图 7-10 所示,其他数据如表 7-1 所示。

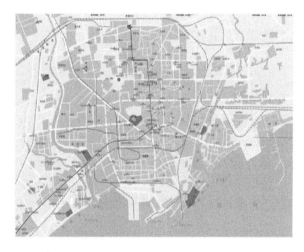

图 7-9 秦皇岛地图

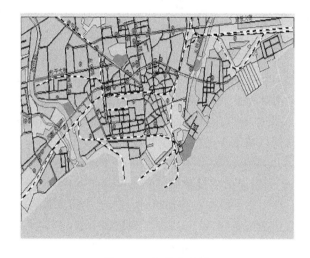

图 7-10 矢量化地图

表 7-1　其他数据说明

MonitorStation	监测站	Point
CoastStation	岸基观测点	Point
DangerBoat	危险船只	Point
IceBreaker	破冰船	Point
Icecoast	冰缘线	Polyline
SeaCoast	海岸线	Polyline

7.7.1.3　模型构建——水文因子模型

通过观测站测得的数据,应用样条函数(Spline)插值并用海洋图层进行掩膜提取,得到整个海洋研究区域的各属性值,对各因子分级并进行加权叠加,得到水文影响因子。查阅相关文献分析确定各因子较合理的权重为:海水密度(0.05)、海水深度(0.05)、海水盐度(0.05)、海水温度(0.1)、海浪(0.05)、海流(0.05),用于分析水文因子对海冰生成的影响。对于其中存在的误差量,在接下来的模型中进行了合理的消除。

模型构建具体操作如下:

(1) 函数插值操作

根据海上观测点属性数据中 wave 值,经过函数插值,得到海浪栅格数据。

(2) 设置分析环境

(3) 栅格分析操作

经过栅格分析中的栅格代数运算后,得到大于 0 的区域。

(4) 栅格代数运算操作

根据栅格代数运算,输入海浪栅格和大于 0 的区域,进行乘积运算得到海浪区域。

(5) 栅格分析操作

首先进行栅格分析,然后进行栅格统计,最后进行邻域分析,根据海浪区域得到海浪起伏度数据。

(6) 坡度分析操作

根据海浪区域数据进行栅格分析,再进行表面分析,得到坡度图,根据坡度图进行坡度分析,得到海浪坡度图。

(7) 栅格运算操作

将海浪起伏度和海浪坡度的权重都设置为 1,在栅格代数运算中计算海浪起伏度和海浪坡度的累加值,得到海浪影响的栅格数据,然后经过裁剪重分级得到重新分级后的海浪栅格数据。

(8) 加权叠加操作

进行栅格代数运算,经过加权叠加后得到水文因子分析结果图(图 7-11)。

图 7-11　水文因子分析图

7.7.1.4　模型构建——气象因子分析模型

通过观测站测得的数据,应用样条函数(Spline)插值并用海洋图层进行掩膜提取,得到整个海洋研究区域的各属性值,对各因子分级并进行加权叠加,得到气象影响因子。查阅相关文献分析确定各因子较合理的权重为:寒潮强度(0.15)、寒潮路径方向(0.2)、寒潮持续时间(0.2)、凝结核(0.15),用于分析气象因子对海冰生成的影响。对于其中存在的误差量,在海冰厚度模型中进行了合理的消除。

气象因子分析模型构建操作如下:

(1)插值操作

根据海上观测点属性数据、海潮风向,经过插值操作,得到风向栅格。

(2)地图裁剪操作

根据海洋进行地图裁剪,得到按海洋进行裁剪的栅格数据集。

(3)栅格代数运算操作

根据来自西北方向的风更容易生成海冰的条件,对寒潮路径进行判断。经过栅格代数运算后得到 Minus45°数据集,然后计算像元的绝对值,得到 Abs_风向栅格数据。

(4)重分级操作

将 Abs_风向栅格数据进行重分类操作,得到 Reclass_Abs_风向栅格。

(5)加权叠加操作

利用栅格代数运算进行加权叠加操作,计算公式为:[气象因子模型.Reclass_Ext_寒潮强度]×0.15＋[气象因子模型.Reclass_Ext_持续时间]×0.2＋[气象因子模型.Reclass_Ext_凝结核]×0.15＋[气象因子模型.Reclass_Abs_风向栅格]×0.2。最终得到气象因子分析模型,气象因子分析结果如图 7-12 所示。

7.7.1.5　模型构建——海冰生成厚度模型

海冰厚度模型构建的核心思想是以海洋作为统一分类区,将包含权重偏差的线区域统计表和包含单位权重冰厚的缓冲区统计表分别与海洋属性表相连,以权重偏差栅格化的海

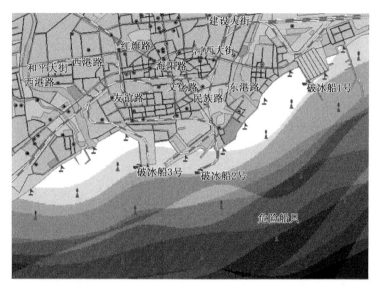

图 7-12　气象因子分析

洋和单位权重冰厚栅格化的海洋进行运算。具体方法是:气象因子权值和水文因子权值分别与对应因子最大权值相除,使两因子权值分布在 0～1 之间,再同乘常数 10,使权值分布在 1～10 之间,以便更好地进行计算。

模型通过缓冲区分析、分类区统计分析,得到岸基观测点一定缓冲区内的总冰厚(H)和总权值(K),相除得到单位权重的冰厚。通过分类区统计得到冰缘线的权值(a),小于冰缘线权值的海域不结冰,冰缘线权值即为权值偏差,海冰区各点处的权值(b)减去权值偏差(a)即为该点处海冰生成的有效权值,与单位权重冰厚相乘,最终得到该点处的海冰厚度(h)。计算公式为:

$$h = (b - a) \times (H/K) \tag{7-88}$$

海冰厚度模型构建具体操作如下:

(1) 分带统计操作

使用海洋栅格数据和气象因子栅格,经过栅格分析中的分带统计操作,得到气象权重最大值。

(2) 栅格代数运算与标准化栅格操作

将气象因子栅格和气象权重最大值进行栅格代数运算,得到气象权重,然后对气象权重采取标准化处理,得到气象标准化栅格,同理可得到水文标准化栅格数据。

(3) 栅格代数运算操作

将气象标准化栅格和水文标准化栅格进行栅格代数运算,运算公式为:气象标准化×0.55+水文标准化×0.45,得到复合因子。

(4) 相交与分带统计操作

将冰缘线和海洋进行相交操作得到冰缘线,然后进行矢栅转化操作得到栅格冰缘线,与复合因子经过栅格分析中分带统计操作,生成线区域统计栅格,并生成线区域统计表,向海洋数据集中追加列 GridMean 字段。

(5) 矢量转栅格操作

将海洋数据集进行矢量转栅格操作,得到权重偏差栅格。

(6)栅格代数运算与栅格分析操作

对复合因子和权重偏差栅格经过栅格代数运算得到海冰生成有益权重,海冰生成有益权重经过栅格分析后进行栅格统计操作,得到大于等于 0 的栅格数据集(海冰生成区),对海冰生成区和海冰生成有益权重进行栅格代数运算得到海冰生成区实际权重。

(7)缓冲区分析与裁剪操作

岸基观测点进行缓冲区分析操作得到岸基观测点缓冲区,经裁剪得到 Sea_Intersect 数据,然后 Sea_Intersect 经过矢栅转换得到缓冲区栅格。

(8)分带统计与栅格数据求和操作

对 Sea_Intersect 数据和缓冲区栅格进行分带统计操作与厚度栅格数据求和操作。同理,可得到 Sea_Intersect 和海冰生成区域的实际权重与权重求和栅格数据。

(9)栅格代数运算操作

厚度求和栅格数据和权重求和栅格数据经过栅格代数运算得到单位权重厚度。

(10)分带统计操作

Sea_Intersect 数据和单位权重厚度进行分带统计操作,得到缓冲区统计栅格和缓冲区统计栅格表,并向海洋数据集中追加列 GridMean 字段。

(11)矢量转栅格与代数运算操作

海洋数据经过矢量转栅格操作得到单位权重厚度栅格,与海冰生成区实际权重进行代数运算得到海冰厚度。

该模型将气象因子权值和水文因子权值进行了标准化,并消除了误差的影响,计算出了海冰生成范围内的海冰厚度。海冰厚度如图 7-13 所示,颜色越深的区域代表海冰越厚。

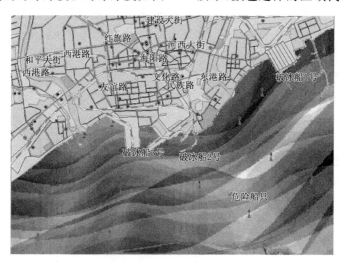

图 7-13　海冰厚度图

7.7.1.6　模型构建——海冰厚度分级模型

对海冰厚度分级,生成海冰等厚线,并进行选择和简化显示,得到的海冰厚度分级图,如图 7-14 所示。

7.7.1.7　模型构建——救援船最佳路径分析模型

救援船最佳路径分析模型构建具体操作如下:

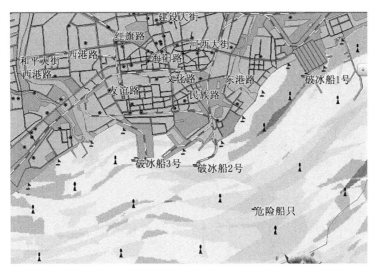

图 7-14　海冰厚度分级图

（1）插值计算与裁剪操作

根据海上观测点的风强属性经过插值计算得到风强栅格，同理可以得到风向栅格数据集。然后经过裁剪操作，得到 Ext_风强栅格和 Ext_风向栅格。

（2）栅格代数计算

依据西北方向的风更容易生成海冰的条件，进行栅格代数运算后得到 45°数据集，然后计算栅格中像元的绝对值，可以得到 Abs_风向栅格数据，然后进行重分级操作得到 Rec_Abs_风向栅格。

（3）重分级操作

将 Ext_风强栅格进行重分类后得到 Rec_风强栅格。

（4）栅格代数运算操作

将 Rec_Abs_风向栅格、Rec_风强栅格和海冰重分级三个栅格数据集进行栅格代数运算，得到 Resistance 栅格数据。运算公式为：

$$\text{Resistance} = \text{Rec\_风强栅格} \times 0.1 + \text{Rec\_Abs\_风向栅格} \times 0.2 + \text{海冰重分级} \times 0.7 \quad (7\text{-}89)$$

（5）距离分析与距离栅格运算操作

由上一步操作得到的栅格数据进行距离分析，然后进行距离栅格运算，分别生成成本距离数据、成本方向数据、成本分配数据。

（6）栅格分析操作

此时，源数据为破冰船，使用上一操作中生成的方向数据和距离数据，进行栅格分析、距离栅格和计算最短路径操作，生成破冰船最佳路径。

（7）栅格统计操作

利用每个破冰船各自的最佳路径进行栅格统计与常用栅格统计操作，得到值为 1 的栅格集。

（8）栅格转矢量操作

提取最佳路径栅格值为 1 的结果，经过栅格转矢量操作，得到栅格转矢量面数据，然后进行面数据转换线操作，最终得到破冰船最佳路线图。

该模型综合考虑风向、风强、海冰厚度因素，计算出成本，为每条救援船只生成到受困船只的最短路径，为救援人员提供决策支持。所生成的救援最佳路径如图 7-15 所示，其中三条曲线分别为三艘救援船救援的最佳路径。

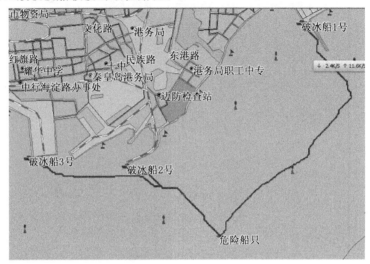

图 7-15　救援船只最佳路径生成图

7.7.1.8　模型构建——站点加密模型

站点加密模型构建具体操作包括以下步骤：

（1）缓冲区分析与裁剪操作

以 3.5 km 为缓冲半径生成海岸线缓冲区，经过海洋裁剪，得到裁剪后的海岸线缓冲区 clip_seacoast_buffer。

（2）创建泰森多边形与裁剪操作

海上观测点经过邻域分析创建泰森多边形，得到 ThiessenPolygon 和 clip_seacoast_buffer，进行裁剪后得到 Thiessen_buffer_Intersect 数据。

（3）筛选操作

通过 SQL 查询[SHAPE_Area]＞＝2500000，得到超过服务面积的区域。

（4）缓冲区分析与叠加分析操作

利用海上观测点建立缓冲区，生成海上观测点缓冲区，将海上观测点缓冲区和超过服务面积的区域进行叠加分析操作，求交后得到区域内观测点的观测范围。

（5）叠加分析操作

以超过服务面积的区域作为源数据，以区域内观测点观测范围作为叠加数据进行叠加分析操作后得到新增观测点区域。

（6）擦除操作

将海洋和新增观测点区域进行擦除操作得到 Sea_Erase 数据，然后将海洋作为源数据，以新增观测点区域为叠加数据，将海洋和 Sea_Erase 数据进行第二次擦除操作，以得到新增观测点海洋区域。

（7）矢量转栅格操作

将新增观测点海洋区域进行矢量转栅格操作，得到分别率为 29 的新增观测点海洋区域。

（8）邻域分析与重分类操作

利用新增观测点海洋区域栅格集与半径为 500 地图单位的圆形进行邻域分析，然后进行区域统计栅格操作后，进行重分类得到重分类后的区域统计。

（9）栅格转矢量操作

将得到的重分类区域进行栅格转矢量操作，得到新增站点最佳区域。

（10）查询与要素转点操作

以"SmArea≥100000 AND 最佳区域. Value = 1"为条件进行 SQL 查询最佳区域，得到面积较大的区域，再经过要素转点操作，最终得到新增观测点，如图 7-16 所示。

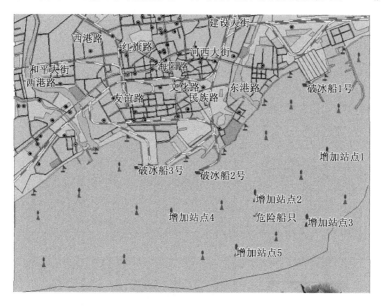

图 7-16　新增观测点

该模型主要运用了泰森多边形、缓冲区、邻域统计分析等技术解决了观测站点太少或分布不合理的问题，多次使用插值的方法一定程度降低了各因子产生的误差。

7.7.2　GIS 建模实例 2——胶州湾海水养殖选址及综合利用决策支持模型

7.7.2.1　模型限定条件

（1）养殖范围：海岸线 3 km 之内。

（2）海水养殖区水质优良，具备以下条件：

① 细菌≥4.5×10⁹ 个/dm³；② 浮游生物≥110 ind/dm³；③ 硝酸根浓度≥2.5 mol/dm³；④ 磷酸根离子浓度≥1.5 mol/dm³；⑤ 铵根离子浓度≥20 mol/dm³；⑥ 海水温度在 8～21 ℃之间。

（3）各类养殖区距海岸线的距离满足以下条件：

d（虾蟹养殖区）$<d$（贝类养殖区）$<d$（参鲍养殖区）$<d$（海鱼捕捞区）。

（4）养殖区污染状况限定条件

养殖区污染来源主要为残留的饵料以及海洋生物的排泄物、养殖过程中使用的合规药物,污染总指数＝虾蟹污染指数＋参鲍污染指数＋捕捞区污染指数＋贝类污染指数,应符合相关规定。

7.7.2.2 建模数据准备

模型构建所需的数据如表 7-2 所示,其中,硝酸根离子、铵根离子、磷酸根离子浓度分布图如图 7-17～图 7-19 所示。

表 7-2 模型构建所需要的数据

数据结构	所在工程	数据名称	数据格式	数据类型
矢量数据	ArcMap	养殖场地址	Shapefile	Point feature
	ArcMap	海产品市场	Shapefile	Point feature
	ArcMap	海岸线	Shapefile	Polyline feature
	ArcMap	道路	Shapefile	Polyline feature
	ArcMap	硝酸根浓度	Shapefile	Polygon feature
	ArcMap	磷酸根离子浓度	Shapefile	Polygon feature
	ArcMap	铵根浓度	Shapefile	Polygon feature
	ArcMap	细菌	Shapefile	Polygon feature
	ArcMap	水质	Shapefile	Polygon feature
	ArcMap	浮游生物密度	Shapefile	Polygon feature
	ArcMap	海水温度	Shapefile	Polygon feature
	ArcMap	青岛区划图	Shapefile	Polygon feature

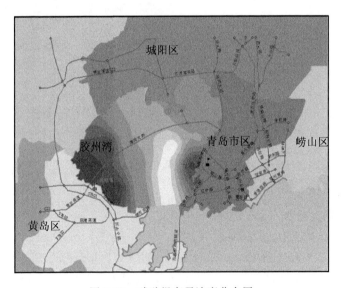

图 7-17 硝酸根离子浓度分布图

7.7.2.3 模型构建——生态养殖区选址模型

生态养殖区选址模型构建过程包括以下操作:

(1)筛选操作

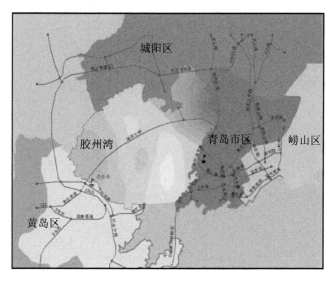

图 7-18　铵根离子浓度分布图

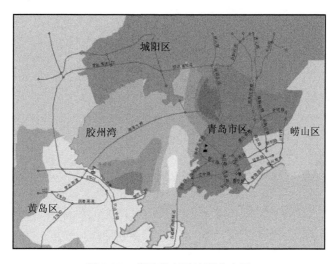

图 7-19　磷酸根离子浓度分布图

对 7 种主要海水环境进行筛选,分别为:① 细菌≥4.5×10⁹ 个/dm³;② 浮游生物≥110 ind/dm³;③ 水质为第一类水质或第二类水质或第三类水质;④ 硝酸根浓度≥2.5 mol/dm³;⑤ 磷酸根离子浓度≥1.5 mol/dm³;⑥ 铵根离子浓度≥20 mol/dm³;⑦ 海水温度在 8～21 ℃之间,得到筛选后的海洋区域。

(2) 相交操作

对筛选出的 7 块海域相交得到公共交集即为满足所有条件的海域。

(3) 融合分析

聚合相交出的整个面要素,消除线分割,得到完整的理想养殖区域,如图 7-20 所示,图中斜线阴影部分为理想养殖区域。

该模型主要的功能是根据胶州湾海域的盐度,包括硝酸根离子含量、磷酸根离子含量、铵根离子含量,浮游植物分布,细菌含量,海水水质,海水平均温度等影响因素,分析出最佳

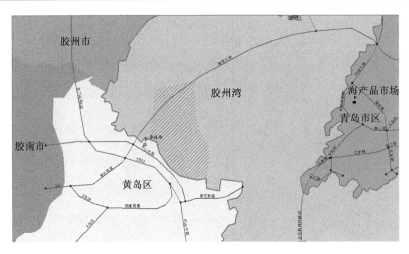

图 7-20　生态养殖区域图

养殖区域，为人们提供决策支持，以得到适宜建生态养殖区的海域。

7.7.2.4　模型构建——生态养殖区分布模型

生态养殖区分布模型构建过程包括以下操作：

（1）多环缓冲区分析

对海岸线分别以 1 n mile、2 n mile、3 n mile 建立多环缓冲区，如图 7-21 所示。缓冲距离为可变参数，可根据实际限定条件进行更改。

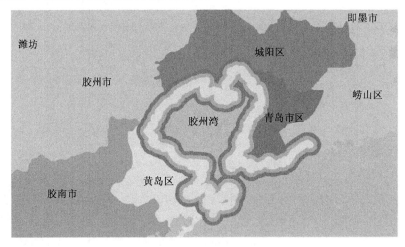

图 7-21　海岸线多环缓冲区

（2）叠加分析

将海岸线多环缓冲区与选址模型得到的理想养殖区进行叠加，缓冲区将养殖区分为 4 块，用于养殖不同种类的海产品。

（3）设置子类型字段

将子类型字段设为 FID_海岸线缓冲区，如表 7-3 所示。

表 7-3　子类型字段表

子类型编码	1	2	3	－1
子类型名称	虾蟹养殖区	贝类养殖区	参鲍养殖区	海鱼捕捞区

（4）添加子类型

因虾蟹与贝类在浅海生存,参鲍、海鱼所需的是深海环境,所以距海岸线由近至远分别建设虾蟹养殖区、贝类养殖区、参鲍养殖区、海鱼捕捞区。

（5）计算面积

计算出海水养殖区的可用海域面积,为海水养殖提供参考。

（6）汇总统计数据

将所得面积数据汇总并以面积表的形式输出,生态养殖区养殖分布结果如图 7-22所示。

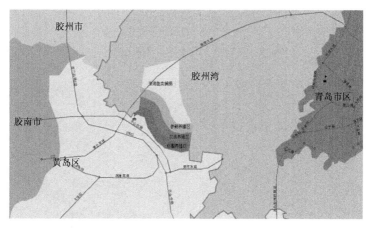

图 7-22　生态养殖区养殖分布图

该模型主要的功能是通过建立海岸线关于距离的多环缓冲区与模型中筛选出的养殖区域进行叠加,得出具体的养殖分布,为生产活动起到指导作用。

7.7.2.5　模型构建——运输最短路径分析模型

该模型基于生态养殖区的区域位置并根据青岛市的主要交通网进行最短路径分析,为海产品的运输路线提供决策支持,包括养殖区到海产品市场的最短路径选择,养殖区到青岛市下属各区县的最短路径选择。具体建模过程如下:

（1）创建路径分析图层

创建路径网络分析图层并设置分析属性,输入分析网络为道路网_ND。

（2）添加位置

子图层设为停靠点,设输入位置为模型参数,这样既可以在图层上点取起始点也可以输入固定点要素类为起始点。

（3）求解

对前两个模型工具所提供的网络路径属性及点位进行求解运算,得到满足条件的路径。

（4）选择数据

通过应用图层的符号设置对路径图层进行选择,得到最终的路径图层,为后续工作进行保存操作。产品运输最短路径分析模型运行界面如图 7-23 所示,运行结束后得到产品运输最优路径结果如图 7-24 所示。

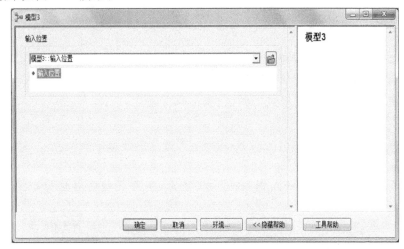

图 7-23　模型运行界面图

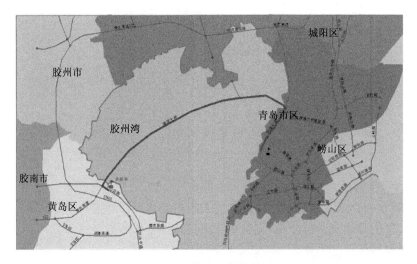

图 7-24　模型运行结果图

7.7.2.6　模型构建——养殖区污染指数预估分析模型

该模型利用已经确定的养殖分布,通过建立缓冲区进行污染预估,利用相关数据,计算出最终污染分布,调整配色方案得出合理的分布模型图。

模型构建具体实现步骤如下:

(1)建立缓冲区

对 4 个养殖区可能污染的距离范围分别建立面缓冲区,得到 4 个污染范围预估区域。

(2)缓冲区联合

联合 4 块缓冲区。

(3)添加字段

添加污染指数总值字段。

（4）计算字段

污染指数总值的表达式为：污染指数总值＝［虾蟹污染指数］＋［参鲍污染指数］＋
［捕捞区污染指数］＋［贝类污染指数］。其中，虾蟹污染指数为 8，参鲍污染指数为 5，捕捞
区污染指数为 3，贝类污染指数为 6。

（5）擦除分析

以青岛区划图层来擦除污染分析图层，得到近岸滩涂及海水污染分析图层，并直观显示
出各区域的预估污染指数，如图 7-25 所示。

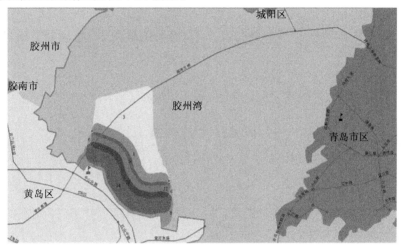

图 7-25　养殖区污染指数分析图

7.7.2.7　模型构建——养殖区投资与效益分析模型

养殖区投资与效益分析模型选取海洋渔业专业养殖人员数量作为人力资本存量投入，
海水养殖面积、海水种苗数量作为资本投入。产出指标采用海水养殖总产值，考虑剔除价格
因素影响。该模型以 2014 年为基期，通过价格指数统一进行折算。

模型构建具体实现步骤如下：

（1）计算面积

分别计算出 4 个养殖区的养殖面积，为计算养殖产量准备。

（2）添加字段

分别给 4 个养殖区添加虾蟹养殖利润、贝类养殖利润、参鲍养殖利润、海鱼捕捞利润字
段，如表 7-4 所示。

表 7-4　各养殖区利润字段表

养殖区	养殖密度/(kg/m²)	F_AREA/m²	养殖成本/元	市场价格/(元/kg)	养殖利润/元
虾蟹养殖区	6.1	825.742 298	96 527.37	56	185 546.2
贝类养殖区	8.8	812.637 833	53 247.7	20	89 776.5
参鲍养殖区	5.2	808.841 227	243 673.5	110	218 983.7
海鱼捕捞区	4.3	2 066.536 70	259 874.4	48	166 658.8

（3）计算字段

计算各养殖区的利润:各养殖区利润＝[市场价格]×[养殖密度]×[F_AREA]－[养殖成本]。

（4）联合

将4个养殖区利润图层联合为总养殖区利润。

（5）添加字段

添加总利润字段。

（6）计算字段

计算总利润:总利润＝[贝类养殖利润]＋[虾蟹养殖利润]＋[海鱼捕捞利润]＋[参鲍养殖利润]。

（7）汇总统计数据

将利润信息汇总,以利润表形式输出,如表7-5所示。

表7-5　汇总利润表

SUM_贝类养殖利润/元	SUM_虾蟹养殖利润/元	SUM_海鱼捕捞利润/元	SUM_参鲍养殖利润/元	SUM_总利润/元
89 776.5	185 546.2	166 658.8	218 983.7	660 965.2

第 8 章　海洋信息可视化

8.1　信息可视化概述

8.1.1　可视化的概念

8.1.1.1　可视化的概念和意义

可视化是指运用计算机图形学和图像处理技术,将计算过程中产生的数据及计算结果转换为图形和图像显示出来,并进行交互处理的理论、方法和技术。可视化的主要功能是从复杂的数据中产生图形图像,并分析和理解存入计算机的图形图像数据。可视化使许多抽象的、难以理解的原理、规律和过程变得更加容易理解。可视化涉及的技术领域包括计算机图形学、图像处理、计算机视觉及人机交互技术等多个方面。

可视化的作用和意义体现在以下几个方面:

① 可视化可以实现人与计算机之间的图像通信,而不是目前的文字或数字通信,从而使人们观察到传统方法难以观察到的现象和规律。

② 可视化使科学家不再是被动地得到计算结果,而是知道在计算过程中发生了什么现象,并可改变参数,观察其影响,对计算过程实现引导和控制。

③ 可视化提供在计算机辅助下的可视化技术手段,从而为分布环境下的计算机辅助协同设计打下基础。

8.1.1.2　可视化的特点

可视化的特点包括:

① 可视性:数据可以用统计图表、图像、曲线、二维图形、三维实体、动画、虚拟场景来显示,并可对其模式和相互关系进行可视化分析。

② 多维性:可以表达对象或事件相关数据的多个属性或变量,而数据可以按其每一维的值,将其分类、排序、组合和显示。

③ 交互性:用户可以方便地以交互的方式管理数据、控制参数、展示结果。

8.1.2　可视化的类型

8.1.2.1　传统可视化的分类

一般可视化分为以下几类:

① 科学可视化:利用计算机图形学来创建视觉图像,帮助人们理解科学技术概念或结果的那些错综复杂而又往往规模庞大的数字表现形式,主要来源于测量和计算的科学数据可视化。

② 数据可视化:是关于数据视觉表现形式的技术研究。数据的视觉表现形式是指一种以某种概要形式抽提出来的信息,包括相应信息单位的各种属性和变量,如事务数据、股票数据等可视化。

③ 信息可视化:指大规模非数值型信息资源的视觉呈现方式,通过利用图形图像方面的技术与方法,帮助人们理解和分析数据。与科学可视化相比,信息可视化则侧重于抽象数据集,如非结构化文本或者高维空间当中的点,这些点并不具有固有的二维或三维几何结构。

以上三类是传统可视化的分类,随着技术的发展,在原有类别和分类原则的基础上增加了以下两类:

④ 空间信息可视化:对带有地理位置的信息进行可视化表达的理论、方法和技术。这是随着位置服务(Location Based Service,LBS)的发展而出现的新的可视化技术,因为80%以上的数据都属于空间数据,所以其应用范围很广。

⑤ 可视分析和挖掘技术:以可视化界面为基础进行交互性数据分析和数据挖掘的技术和方法,强调交互性和探索性,这是随着大数据时代的到来而出现的可视化技术。

8.1.2.2 基于数据类型的分类

马里兰大学教授本·施奈德曼,按照数据类型把信息可视化分为7类,分别为:一维数据可视化、二维数据可视化、三维数据可视化、多维数据可视化、时态数据可视化、层次数据可视化和网络数据可视化。

① 一维数据可视化:是对简单的线性信息、文本和数字表格等进行可视化的方法。

② 二维数据可视化:是对具有空间特征的、由两种主要属性构成的信息进行可视化的方法。例如,用宽度和高度表示物体尺寸,用物体在 x 轴和 y 轴上的位置表示空间方位。

③ 三维数据可视化:是对三维实体进行可视化的方法,应用于众多方面,特别是建筑和医学领域,如可视化人体等。

④ 多维数据可视化:是对描述有3种以上属性的多维信息的可视化方法。视觉变量不易表达太高维度的信息,对于多维信息一般经过降维处理,再进行可视化。

⑤ 时态数据可视化:是对具有时间属性的信息即时序信息进行可视化的方法。用时间线来排列数据,可使用户一眼就能看出事件前后发生的持续情况,以及哪些与其他事件相关。

⑥ 层次数据可视化:是对具有层次关系的信息进行可视化的方法。抽象信息之间的一种最普遍关系就是层次关系,如磁盘目录结构、文档管理、图书分类等。

⑦ 网络数据可视化:是对网络信息进行可视化的方法。网络信息没有固定的层次结构,两个节点之间可以有多条路径,节点与节点之间的关系及属性都是可变的。

8.1.2.3 按信息传递方式分类

根据信息传递方式可将可视化分为展示性可视化、解释性可视化、验证性可视化和探索性可视化四类。

8.1.2.4 海洋信息可视化分类

海洋信息的可视化一般根据其数据场的类型分为以下几种:

(1)标量场可视化

对标量场进行可视化,不反映信息的方向,只表达其大小等属性。可直接将数据大小等属性映射为颜色或透明度;可根据需要提取点值连接为线或面,成为等值线或面;还可采用直接体绘制方法。

（2）向量场可视化

向量场可视化需要表达海洋要素的方向，例如海流的方向，主要方法包括粒子对流法、轨迹法、积分卷积法等。还可以采用简化易懂的图标编码标识向量信息，例如采用箭头表示海流，箭头方向表示海流的方向，箭头的长短表示海流的大小。

（3）张量场可视化

海洋时空表达中需要用到张量的概念，张量是对向量概念的空间扩展，一维张量即为向量，其可视化方法包括基于纹理的方法、基于几何的方法和基于拓扑的方法。

8.2　信息可视化方法

8.2.1　点数据可视化

空间信息可视化中常用的可视化变量有：

① 大小：每一个标记的大小、线的宽度。

② 形状：每一个标记或者图案的形状。

③ 亮度：标记、线或区域的亮度。

④ 颜色：标记、线或区域的颜色。

⑤ 方向：在线上或者区域中单个标记或者图案的朝向。

⑥ 间距，标记、线或区域中的图案之间的间距。

⑦ 高度，在三维透射空间中投影的点、线和区域的高度。

⑧ 布局，图案的摆放，如点的排列、线的图案、标记的分布。

空间点数据描述的对象是地理空间中离散的点，具有经度和纬度的坐标，但不具备大小尺寸。点数据本身是离散数据，可用于描述连续的现象。常采用离散或连续的方式绘制点数据：离散形式的可视化强调了在不同位置处的数据，而连续形式的可视化则强调了数据整体的特征。

（1）点地图

点地图（Dot Maps）可视化方法是在地图的相应位置摆放标记或改变该点的颜色，形成相应的地图。点地图是一种简单、省空间的方法，可用来表达各类空间点形数据的关系。

点地图不仅可以表现数据的位置，也可以根据数据的某种变量调整可视化元素的大小。点数据可视化的一个关键问题是如何表现可视化元素的大小，若采用颜色表达定量的信息，则还要考虑颜色感知的因素。点数据可视化的挑战在于数据密集引起的视觉混淆，常用的解决方案是采用额外的维度增加表达效果或者根据地图上数据的统计分布，用条状图提供更多细节。

（2）像素地图

像素地图（Pixel Maps）可以通过改变数据点的位置以避免二维空间中的重叠问题，核心思想是将重叠的点在满足三个设定的条件下调整位置：① 地图上的点不重合；② 调整后的位置和原始数据位置尽可能接近；③ 满足数据聚类的统计性质，即一个区域中性质相似的点尽可能地接近。

生成像素地图的方法有全局优化算法和基于递归算法的近似优化算法。

基于递归算法的近似优化算法,采用四叉树数据结构,以四叉树的根节点代表整个数据集,每个枝节点代表部分数据。运用递归的分割算法可提高效率,分割方式如下:

① 从四叉树的根部开始,递归地将数据空间分割成四个子区域。分割的原则是使每个子区域的地图面积比该区域所包含的数据点多。

② 若数次循环后子区域只剩下很少的点,将这些点放置在第一个数据点或周围空闲的位置上,并进行启发式的局部排列调节。

四叉树算法保证了地图大致的准确性,只有最后一步很小范围内才产生随机性。像素地图的一个问题是,在高度重叠的地区,地图可能会出现明显变形。

8.2.2　一维数据可视化

一维数据可视化方法包括文字符号表达、统计图、直方图、盒须图、轨迹图、抖动图、核密度估计图、坐标图和散点图等。

(1) 文字符号表达

文字符号表达是定义 1 到 3 个变量作为空间维度,用组合图形符号或文字表示附加的变量,在 1 维到 3 维空间中显示这些符号。符号可以存在多重解译,可以使用多种视觉属性。文字符号表达的整体效果大于局部总和。

(2) 统计图

主要包括折线图、柱状图和饼图等几种类型,这些都是常见的统计图,不再详述。

(3) 直方图

直方图是对数据值的某个数据属性的频率统计图。单变量数据的取值范围映射到 x 轴,并分割为多个子区域,每个子区域用一个高度正比于落在该区间的数据点的个数的长方块表示。直方图可以用来描述数据的分布状态。直方图可以分为正常型、折齿型、缓坡型、孤岛型、双峰型、峭壁型等类型。直方图和条状图的区别是:① 直方图条与条之间无间隔,条状图有;② 条状图中横轴上的数据是一个孤立的数据,而直方图是一个连续的区间;③ 条状图用条形的高度表示统计值,而直方图用面积表示统计值。

(4) 盒须图

盒须图是用于表示一组数据分散情况的统计图,用 5 个点对数据集进行描述:中位数、上下四分位数、最大值和最小值。

(5) 轨迹图

轨迹图是以 x 坐标显示自变量、y 坐标显示因变量的标准的单变量数据呈现方法。

(6) 抖动图

将数据点布局于一维坐标时,可能产生部分数据重合,抖动图是将数据点沿垂直轴方向随机移动一小段距离而得到的图形。

(7) 核密度估计图

核密度估计(Kernel Density Estimation,KDE)是一种估计空间数据点密度的图,将离散的数据点重建为连续的图。原理为:将平滑的单峰核函数与每个离散数据点的值进行卷积,获得光滑的、反映数据点密度的连续分布图。

(8) 坐标图

坐标图的定义域是空间信息有关属性,值域可取不同物理属性,可以进行数据转换和坐标轴变换。

① 数据转换:对输入数据进行数据转换生成新变量,可以更清晰地表达潜在的模式和特征。数据转换类别包括统计变换和数学变换。统计变换是针对多个数据采样点操作,包括均值、中间值、排序和推移等。数学变换是作用于单个数据点,包括对数函数、指数函数、正弦函数、余弦函数、幂函数等。

② 坐标轴变换:坐标图中的坐标轴决定了图中数据点的分布,通过坐标轴的变化可以将数据的某些性质更清晰地展现。欧式平面中常采用垂直坐标轴,一般用水平轴表示样本的空间或时间坐标,垂直轴表示样本的取值。根据统计可视化理论,通过对坐标轴的缩放变换,令一维数据线的平均倾斜度接近 45°,可获得最优可视化效果。直角坐标更适合显示连续时间段变化趋势,极坐标更适合显示周期性变化趋势。

(9) 散点图(双变量)

散点图是一种以笛卡儿坐标系中点的形式表示空间数据的方法,表达了两个变量之间的关系,多用于 N 维数学空间,如树叶属性等。散点图可将坐标系统和数据投影到显示空间,用点或符号显示元素的位置,可三维显示,用户可以控制视点。

8.2.3　二维数据可视化

二维标量数据可视化方法包括颜色映射法、等值线提取法、高度映射法和标记法。

(1) 颜色映射法

颜色映射表中的颜色值可以是离散的,也可以是连续的。颜色可以进行变换,用于在同一个平面上显示多达 3 个二维标量阵列 $Z_i = f(x, y)(i = 1, 2, 3)$,例如同一地区遥感影像的不同波段数据。对不同阵列采用同样的显示技术(影像显示或表面视图),阵列类型相同时用 RGB,不同时用 HSV、HLS。具体方法是:

① 读取同一像元位置的三个值 $Z_k = f(i, j)(k = 1, 2, 3)$,得到三个不同的亮度值$(Z_1, Z_2, Z_3)$。

② 以(Z_1, Z_2, Z_3)作为颜色空间的坐标(如 RGB、HSV 等),得到颜色值显示在(i, j)处。

颜色映射法的步骤:

① 建立颜色映射表。

② 将标量数据转换为颜色表的索引值。

(2) 等值线提取法

定义为某个平面或曲面 D 上的标量函数 $F = F(P), P \in D$。对于给定的值 F_t,满足$F(P_i) = F_t$的所有点 P_i 按一定顺序连接起来,就是函数 $F(P)$ 的值为 F_t 的等值线。

等值线图又称轮廓线图,是以相等数值点的连线表示连续分布且逐渐变化的数量特征的一种图形。等值线将各类等值点(如高程、沉降量、降雨量、气温或气压等)通过插值或者拟合的方法用线连接起来,以线的分布表达值的变化,同一条线上的值相等,以等值线表现数据的分布特征。等值线图分为两类:一类是数值是区域上每一点真实属性(例如地表的温度)的采样,需要采用等值线抽取算法,计算数值的等值线并予以绘制;另一类是区域上各点的数值为该点与所属区域中心点之间的距离,这时需要采用距离场计算方法。

颜色映射法反映了二维标量数据的整体信息，而等值线反映二维数据的局部特征，展示和分析其特征的空间分布。图 8-1 为二维格网中的等值线图。

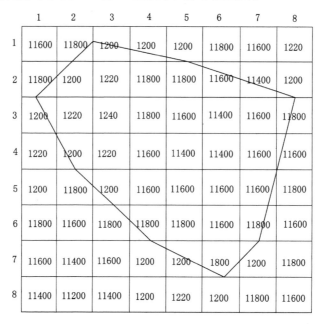

图 8-1　二维格网中的等值线

等值线生成方式有两种：① 网格序列法——独立处理各单元，搜寻等值线段；② 等值线跟踪法——等值线生成的数据基础是规则或非规则的网格数据。

渐进网格法（Marching Squares）生成等值线的步骤为：① 计算网格单元与等值线的交点，区分四个角点高于或低于等值线，然后线性插值，求交点；② 连接单元内等值线的交点；③ 连接所有等值线段。

（3）高度映射法

高度映射法是将二维标量数据中的值转换为二维平面坐标上的高度信息并加以展示。高度通常用于编码测量到的数据。

（4）标记法

标记是离散的可视化元素，可采用标记的颜色、大小和形状等直接进行可视表达，而不需要对数据进行插值等操作。图 8-2 为标记法示意图。

用标记的大小代表数据值

用标记的密度代表数据值

图 8-2　标记法可视化

8.2.4　多变量数据可视化

多变量数据可视化的挑战是将多个变量统一在一个显示空间。由于每个点上有多个数值,一种直接的方法是将每个数值分别用标量可视化方法显示,这种方法可以完整表达所有变量,但难以表达变量之间的关联。多变量数据可视化方法包括多可视化元素、标记、数据降维、交互技术。

（1）多可视化元素

图 8-3 中流场的流向、流速、涡旋、应变张量等变量分别用箭头方向、箭头大小、颜色、椭圆等不同可视化元素表示。由于不同可视化元素占用不同的视觉空间,一定程度上缓解了相互干扰。

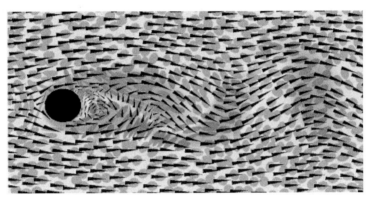

图 8-3　多可视化元素

（2）标记

标记设计灵活,一个标记可以表达多个变量值,缺陷是一个视觉空间只能排放一定的数据标记,限制了可视化的分辨率,表达的准确性也有限制。各种标记在表达数据特征方面（数值、数值间关系、多变量类型、用户解读难度等）各有利弊,应根据数据特点选择有效的标记类型。使用多变量标记时要考虑不同标记之间可能产生的偏差。直方图容易比较变量之间的大小,星图（变量映射到不同方向的长度）次之,饼图最困难,因为人眼对长度的判断比角度的判读要快速且准确。图 8-4 所示为星图。

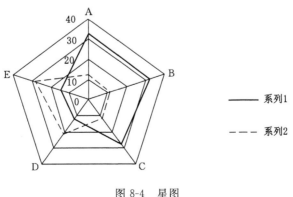

图 8-4　星图

（3）数据降维

降维是将多变量数据从高维空间变换到低维空间，再采用常规低维可视化方法表达。

（4）交互技术

交互技术可以提高在一个空间中显示多变量的能力，如用户可以在空间中切换所显示的变量，这种切换是完全替代的。还可以通过调整传输函数达到交互目的。例如，热力图使用颜色来表示位置相关的二维数值数据的大小。走势图是以折线为基础，表达时序数据趋势的，但无法表达太多细节。

8.2.5　地理空间信息可视化

8.2.5.1　网络地图

网络地图是一种以地图为定义域的网络结构，网络的线段表达数据中的链接关系和特征。网络地图中，线端点的经纬度可以用来决定线的位置，其余空间属性可映射为线的颜色、宽度、纹理、填充和标注等可视化参数。线的起点和终点、不同线之间的交点都可以用来编码不同的数据变量。

8.2.5.2　流量地图

流量地图是一种表达多个对象之间流量变化的地图。流出对象和流入对象之间通过类似于河流的曲线连接，曲线的宽度代表流量的大小。流量地图如实地呈现了流量的源头、合并、分散、路径改变和汇入等动态过程。本质上，流量地图是一种基于聚类和层次结构的地理信息简化方法。

8.2.5.3　等值区间地图

区域数据是一种常见的地理空间数据，区域地图的可视化采用类似专题地图的绘制方法，其基本思路是遵循可视化设计的原则，给地图上不同区域赋予特定的颜色、形状或采用特定的填充方式，展现其特定的地理空间信息。

等值区间地图是最常用的区域地图方法。该方法假定地图上各区域的数据均匀分布，将区域内相应数据的统计值直接映射为该区域的颜色，各区域的边界为封闭的曲线。等值区间地图依靠颜色来表现数据内在的模式，因此选择合适的颜色非常重要，当数据的值域大或数据的类型多样时，选择适合的颜色映射相当有挑战性。等值区间地图的主要问题是人们感兴趣的数据可能集中在某些局部区域，造成很多难以分辨的小的多边形。同时，一部分不感兴趣的数据则有可能占据大面积的区域，干扰视觉的认知。因此，等值区间地图适合于强调大区域中的数据特征。

8.2.5.4　比较统计地图

（1）比较统计地图的概念

比较统计地图（Cartogram）根据各区域数据值的大小调整相应区域的形状和面积，因而可以有效地解决等值区间地图在处理密集区域时遇到的问题。Cartogram 中地物形状的大小不再是描述实际地物的空间大小，而是根据某种确定的属性来调整相应实体的大小，同时忽略了地图投影，因而 Cartogram 不是一种真正的地图。Cartogram 在地理空间的变化程度由相应地理实体的有关属性所决定。有些 Cartogram 跟实际的地图很相似，而另一些变化较大的 Cartogram 则看起来跟实际地图完全不同。

（2）Cartogram 的类型

Cartogram 有非邻接式、邻接式和道灵式三种形式,每一种都用一种完全不同的方式展现地理实体的相应属性,三种图依照变形程度进行划分。

① 非邻接式:是最简单的、最容易绘制的 Cartogram。在这种图中,地理实体没有与其实际相邻的实体保留连接关系,这种关系就是拓扑关系。因为没有邻接关系的限制,每一个地理实体都可以依照属性而相应地变大或缩小,并保持原来的形状。

② 邻接式:原始的拓扑关系得到保留,但这样使得在形状上产生很大扭曲,导致绘图的难度和复杂程度大大增加。制图者既要将地理实体绘制合适的尺寸来表现其属性值,又要尽可能地保留其原有形状,使阅图者便于读取信息。

③ 道灵式:既没有保留原图的形状、拓扑关系,也没有实体中心,但这仍不失为一种有效的 Cartogram 制图理论。要制作这种图,制图者不再是对地理实体进行增大或缩小,而是将所有的实体用一种相同形状的单元来表示。通常是适当大小的圆,用圆的半径来代表相应属性值大小。

（3）Cartogram 的算法

Cartogram 算法在很早之前就有人提出,但直到近几十年在计算机图形学应用于信息可视化的基础上才发展为成熟的制作 Cartogram 的成图技术。这里介绍几种国外学者研究最为深入的算法。

① ScapeToad 法:是由 Castner/Newman 的基于扩散的算法来保证图形之间的拓扑关系,将地理数据转换为 Cartogram。该算法由 java 语言写成,可以跨系统平台实现。这种方法输入和输出都是使用 shapefile 格式的数据,最终的 Cartogram 可以输出为 svg 格式。

② MAPresso 法:是另一种由 java 语言写的制作 Cartogram 的算法。地理数据单元是按照道灵的方法抽象成圆形,输入的数据是点的坐标(可以是 txt 文件),图形处理过程中产生一种临时的 PostScript 文件,最终的 Cartogram 是 ArcGIS 通用的格式。

③ Cart 方法:是由 Mark Gastner 用 C++语言编写的一种生产 Cartogram 的算法。这是一种基于扩散理论的密度补偿算法来生产 Cartogram 的算法,可以用 ArcGIS 和 MapInfo 等软件在单机上实现。Frank Hardisty 根据这种算法又编写了 java 语言的在线实现 Cartogram 的算法。

④ Protovis:是一种用 Javascript 编写的可视化工具包,其中包含了道灵 Cartogram 的部件,但这种算法只适用于生产非邻接式 Cartogram。

Cartogram 的突出优势就是能反映某种量的分布,为了强调某种属性,而将地图进行一定程度的变形,因而这种地图在人文地理学中较为常见。目前国内对其系统的研究还很少,在国际上 Cartogram 主要应用于人口统计、经济领域、疾病预防和环境问题等几个领域。

8.2.6　海洋信息二维可视化

8.2.6.1　二维向量场可视化

向量场数据大多来自对流场的模拟或观察,可以看作流场数据,如流体力学中对水流的模拟或气象站对大气中风向的观测。向量数据可以描绘物理量的大小和方向,广泛存在于科学与工程计算中。海洋向量场可视化的目标是展示海洋场的导向趋势信息和表达场中的模式。

海洋向量场的时空维度分为空间维度和时间维度。空间维度分为 2D(平面流)、2.5D

(曲面上的流、边界流)和3D(三维空间上的流);时间维度分为定常流(静态或一个时间步)和非定常流(时变、瞬态)。

海洋二维向量场可视化技术包括局部技术、全局技术和分类技术。

(1)局部技术

局部可视化技术,突出表现向量场中的局部信息,包括数据探针(Data Probe)、平流(Advection)等。

① 数据探针:探针主要表达向量的大小和方向,同时用图像方法表达向量所在位置的其他属性,如曲率、扭矩、加速度等,但只能显示少量用于关键点的重要信息。

② 平流方法:是模拟理想粒子(无大小、质量的质点)在流动中运动的方法,可分为场线(Field Line)、迹线(Path Line)和脉线(Streak Line)。场线,处处与向量场相切的线;迹线,一个粒子在一段时间内的不同位置的连线;脉线,流体固定点上连续释放的粒子所形成的连线。对定常流动,三者一样,称为流线(Streamline)。流线方程为:

$$\mathrm{d}p(t)/\mathrm{d}t = V[p(t)] \tag{8-1}$$

式中,$p(t)$是粒子p在t时刻的位置;$V[p(t)]$是p在t时刻的速度。初始条件$p(0)=p_0$,初始点p_0称为种子点。解得序列点p_0、p_1、p_2称为p_0的平流点。

数值积分求解:

$$p(t+\Delta t) = p(t) + \int_t^{t+\Delta t} V[p(t)]\mathrm{d}t \tag{8-2}$$

平流算法的步骤:a. 寻找包含粒子初始时所在的网格元素;b. while(粒子在网格内);c. 确定粒子在当前位置处的速度;d. 积分,计算粒子的下一位置;e. 在新位置绘制粒子;f. 寻找粒子所在的网格元素。

需要注意的是,物理空间与计算空间通常不一致需要转换;若点不在网格点上,需要由插值函数计算;流线计算精度很重要,计算效率也很重要,通常折中解决。

(2)全局技术

① 向量图(Vector Plot,Hedgehog),最简单的全局可视化技术,用图符指示向量场中各点的方向和大小,如线段、箭头、锥体等。优点是简单、易读;缺点是不够精致,特别对密集情况,对非规则数据,易产生错觉。向量图如图8-5所示。

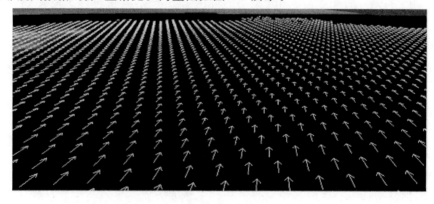

图8-5　向量图

② 线性积分卷积(Linear Integral Convolution,LIC),属于图像运算方法,以向量场和

纹理图像为输入的可视化方法。纹理通常为白噪声数据,由随机发生器产生,利用向量场局部特征对纹理逐点进行一维低通滤波(卷积计算),纹理分辨率远大于向量数据,输出纹理稠密地刻画流场的全局特点。线性积分卷积示意图如图 8-6 所示。

图 8-6　线性积分卷积

（3）分类技术

分类技术,由向量数据导出其他信息并表现出来的可视化方法,包括拓扑分析、涡核提取等。

① 拓扑分析方法:将流场划分为不同区域的曲线(二维)或曲面(三维)。该曲线或曲面通常是流场的流向或流表面,连接向量场的关键点。关键点是向量场中速度大小为 0 的点,可由其邻近点的属性分类。该方法的核心是关键点分析。

② 涡提取:涡是流动的一种重要类型,方法仍是关键点分析。

8.2.6.2　二维张量场可视化

张量表示标量、向量或其他张量之间的线性关系,是一个与坐标系无关的值,可以用矩阵表示。在工程和物理领域,常用于表示物理性质的各向异性,如表示应力、惯性、渗透性和扩散。在医学图像领域,张量场是弥散张量成像数据分析的理论基础。

三维空间的张量可以用 3×3 正定对称矩阵表示:

$$\boldsymbol{D} = \begin{bmatrix} D_{xx} & D_{xy} & D_{xz} \\ D_{yx} & D_{yy} & D_{yz} \\ D_{zx} & D_{zy} & D_{zz} \end{bmatrix} \tag{8-3}$$

二维张量场可视化方法包括标量指数法、张量标记法、纤维追踪法、纹理法、拓扑法等,下面具体介绍标量指数法、张量标记法和纤维追踪法。

（1）标量指数法

标量指数法将张量场简化为标量场进行可视化。标量指数法的设计目标在于找到能反映样本物理性质的值,这些值不随坐标的变化而变化。张量的最大特征根是有意义的标量指数。常用的标量指数主要衡量扩散过程的两个物理性质:各向异性和扩散速度。公式如下,其中 λ_1、λ_2、λ_3 代表对称正定矩阵 $\boldsymbol{D}$ 从大到小的三个特征根。

线性各向异性公式为:

$$\frac{\lambda_1 - \lambda_2}{\lambda_1 + \lambda_2 + \lambda_3} \tag{8-4}$$

分数各向异性公式为:

$$\sqrt{\frac{3}{2}} \frac{\sqrt{(\lambda_1 - \lambda)^2} + \sqrt{(\lambda_2 - \lambda)^2} + \sqrt{(\lambda_3 - \lambda)^2}}{\sqrt{\lambda_1^2 + \lambda_2^2 + \lambda_3^2}} \tag{8-5}$$

平均扩散度公式为：

$$(\lambda_1 + \lambda_2 + \lambda_3)/3 \tag{8-6}$$

以弥散张量成像数据 DTI 为例，其公式为：

$$\boldsymbol{D} = \begin{bmatrix} D_{xx} & D_{xy} & D_{xz} \\ D_{yx} & D_{yy} & D_{yz} \\ D_{zx} & D_{zy} & D_{zz} \end{bmatrix} = \boldsymbol{E} \wedge \boldsymbol{E}^{-1} = (e_1\ e_2\ e_3) \begin{bmatrix} \lambda_1 & & \\ & \lambda_2 & \\ & & \lambda_3 \end{bmatrix} (e_1\ e_2\ e_3)^{-1} \tag{8-7}$$

设：

$$\bar{\lambda} = \frac{\lambda_1 + \lambda_2 + \lambda_3}{3} \tag{8-8}$$

则：

$$\tag{8-9}$$
$$FA = \sqrt{\frac{3}{2}} \frac{\sqrt{(\lambda_1 - \bar{\lambda})^2} + \sqrt{(\lambda_2 - \bar{\lambda})^2} + \sqrt{(\lambda_3 - \bar{\lambda})^2}}{\sqrt{\lambda_1^2 + \lambda_2^2 + \lambda_3^2}} \in \begin{bmatrix} 0 & 1 \end{bmatrix}$$

直接体绘制中可直接应用于标量指数的三维分布。

（2）张量标记法

张量标记法通过标记同时显示张量六个维度上的信息，大多数张量标记有六个自由度并可以完全表示在一点上的张量。其中，扩散椭球，需进行体积规范化；立方体和圆柱体，能清晰表达方向，绘制效率高，但难以表达真实的三维几何信息；超二次体的传统曲面模拟技术，采用一系列球、圆柱超二次曲面等几何形状表达张量，可以有效区分不同张量。

（3）纤维追踪法

纤维追踪法将张量场简化为向量场进行可视化，采用积分曲线表示最大特征根对应的特征向量，即主特征向量。主特征向量是一个静态流场，可用流线来表示纤维结构。采用聚类方法对流线进行聚类，以表达组织中的大结构特征。纤维追踪法代表性算法有等级聚类、光谱聚类等。

8.3 三维信息可视化

8.3.1 三维信息可视化概述

将 GIS 技术和方法引入海洋研究领域，有利于综合管理和分析复杂的、动态的海洋信息，因此，GIS 技术逐渐被海洋大气科学研究领域所关注。随着海洋探测技术的不断进步，人们积累的海洋数据量也越来越多。海洋数据的多维、动态特点，使传统的二维 GIS 可视化逐渐显出弊端。常用的二维图形软件无法表达海洋大气数据的三维空间分布，由此促进了海洋领域三维可视化方法的研究。

8.3.1.1 三维可视化方法

（1）表面绘制方法

表面绘制方法是通过用几何单元拼接拟合物体表面的方式，来描述数据场的三维结构。表面绘制方法产生中间几何图元，利用传统的计算机图形学技术及硬件实现，对硬件要求不高，是一种常见的可视化方法。

（2）直接体绘制方法

直接体绘制方法简称体绘制方法，直接由三维数据场产生最终的屏幕图像，不产生中间图元。直接体绘制方法利用人的视觉原理，通过对数据场的重采样、映射生成最终图像。

（3）混合绘制法

混合绘制法是一种既以反映数据整体信息为目标，又以几何造型作为显示单元的算法。

8.3.1.2　三维可视化流程

三维可视化流程主要包括数据生成、数据处理、可视化映射、显示图像等几个步骤。

① 数据生成：由计算机数值模拟或测量仪器生成的数据。数据文件的格式是由可视化系统定义的，可以在可视化系统中实现相应的数据读取模块，进行数据的读入。

② 数据处理：这一步要实现的功能取决于要处理的数据。对于数据量过大的原始数据，需要加以精炼和选择，以适当地减少数据量。而对于稀疏的原始数据，需要进行插值操作，以补齐数据。最常见的处理方法是消除噪声、数据过滤、插值等。

③ 可视化映射：是整个流程的核心，其含义是将经过处理的原始数据转换为可供绘制的几何图素和属性。这里，映射的含义包括可视化方案的设计，即需要决定在最后的图像中应该看到什么，又如何将其表现出来。也就是说，如何用形状、光亮度、颜色及其他属性表示出原始数据中人们感兴趣的性质和特点。

④ 显示图像：将第三步产生的几何图像和属性转换为可供显示的图像，所用方法是计算机图形学中的基本技术，包括视觉变换、光照计算等。

8.3.2　三维标量数据可视化

三维标量数据，定义为某个空间域 D 上的标量函数 $F = F(P)$，$P \in D$，对于给定值 F_t，满足 $F(P_i) = F_t$ 的所有点就构成了三维空间函数 $F(P)$ 的值为 F_t 的等值面。

三维标量数据的来源有：

① 测量：如采集设备获取的电子计算机断层扫描图像（Computed Tomography，CT）、磁共振成像（Magnetic Resonance Imaging，MRI）。

② 计算：如流体力学、有限元分析、计算机模拟的大气数值等。

③ 几何实体的体素化。

三维标量数据的表达为三维空间网格的采样点集，通常定义在网格点上。表达方式主要有：

① 直线网格（Decrtian Regular Rectilinear Mesh）：体元为矩形（正方形），大小相等或不相等；相邻关系隐含在行列号（i，j，k）中。

② 块结构网格（Block Structured Mesh）：由多块构成，各块内部网格一致，块间不一定一致。

③ 散列数据（Scattered Data）：由三维离散点构成。

④ 曲线网格（Curvinear Mesh）：直线网格的非线性变换结果。

⑤ 非结构网格（Non-Structured Mesh）：无逻辑关系，体中包含四面体、六面体、三棱柱

等,需记录体元顶点,计算相邻关系。

三维标量数据可视化方法有等值面绘制方法和直接体绘制方法等。

8.3.2.1 等值面绘制法

等值面绘制方法是一种使用广泛的三维标量场数据可视化方法,是等值线在三维上的推广。利用等值面提取技术获得数据中的层面信息,并采用传统的图形硬件面绘制技术,直观地展现数据中的形状和拓扑信息。生成等值面的主要方法是渐进立方体法(Marching Cubes)。

(1)渐进立方体法的基本思想

① 逐个处理数据场中的立方体,分出与等值面相交的立方体。

② 采用插值计算出等值面与立方体的交点。

③ 将等值面与立方体边的交点按一定方式连接生成等值面,作为一个等值面逼近表示。

(2)渐进立方体法的实现步骤

① 读数据,给定阈值(要内插的值)。

② 根据阈值对各立方体单元的顶点进行分类。

③ 根据分类结果计算交点,确定交点组成三角形。

④ 计算三角形的法向量。

⑤ 将三维体数据分割成小的体素(立方体)。

⑥ 通过体素的八个顶点的值来判断它是否在等值面上。

⑦ 一个立方体等值面提取方法应用到整个体数据上就能得到整个体数据的等值面。

(3)等值面绘制的缺陷

① 必须通过阈值或极值的方法构造出中间曲面。

② 细节丢失,分割面被扩大。

8.3.2.2 直接体绘制法

直接体绘制方法不提取几何表示,直接呈现三维空间标量数据中的有用信息。直接可视化不转换为表面,直接计算最终可视化里的每一个像素。假设光穿透整个空间,以模拟光学原理的方式将物质分布、内部结构和信息的分布以半透明的方式表达。几何数据的三维投影,用于表现本质上属于三维的现象,如 CT、天气分析等。将数据映射为某种云状物质的属性,如颜色、不透明度等,通过描述光线与这些物质的相互作用产生图像。计算每个体元对最终图像的贡献,这些贡献值最终合成为像元的颜色。直接体绘制可分为像空间方法和数据空间方法。

(1)像空间方法

像空间方法(光线投射法),对每个投影平面的像素,从视点(人眼)到像素之间连条光线,并将这条光线投射到数据空间,在光线遍历的路径上进行数据采集、重建、映射和着色等操作。像空间方法分为 X 光绘制、最大值投影、等值面绘制和半透明绘制。X 光绘制是对每一个像素简单叠加光线上采样点的数值作为该像素的灰度。最大值投影是将光线上最大的采样数值赋予像素。等值面绘制等价于等值面抽取,可显示数据中的边界结构。当光线遍历数据空间时只绘制光线上和给定的等值相同的采样点。半透明绘制模拟光线通过数据空间时的各种光学效应,包括发射、吸收、衰减、散射等。

光线投射法的步骤包括选择体光照模型,进行体分类,进行体采样,进行体积分。

（2）数据空间方法

数据空间方法是以三维空间数据场为处理对象,从数据空间出发向图像平面传递数据信息,累计光亮度贡献。数据空间方法分为掷雪球法（Splitting）和核函数两种方法。

8.3.3　空间实体三维建模方法

8.3.3.1　表面建模

（1）边界表示法

物体的边界是物体内外部点的分界面,一般用体表、面表、环表、边表和顶点表 5 层描述。该方法强调物体表面的细节,详细记录构成物体形体的所有几何元素的几何信息及其相互间的连接关系（即拓扑信息）,几何信息与拓扑信息分开存储,完整清晰,并能唯一地定义物体的三维模型。

（2）线框表示法

线框表示法是一种利用约束线来建立一系列解释图形以表达三维实体边界和轮廓的方法,实质是把目标空间轮廓上两两相邻的采样点或特征点用直线连接起来,形成一系列多边形,然后拼接形成一个多边形网格来模拟三维实体边界。当采样点或特征点沿环形线分布时,所形成的线框模型称为相连切片模型。

8.3.3.2　实体建模

（1）实体几何构造法

实体几何构造法是一种由简单的、形状规则的几何形体（称为体素）通过正则布尔运算来构造复杂三维实体的表示方法。基本几何体素经过平移、旋转、缩放某种变换后,使其从基本状态变换到组合状态,然后通过正则布尔集合运算建立中间体,进而把中间体看作基本体素,进行更高层次的组合。优点是简单,适合对复杂目标采用"分治"算法;无冗余的几何信息,记录了构成几何实体的原始特征和定义参数;还可以在实体和体素上附加属性。缺点是不具备实体的拓扑信息,表示不具有唯一性。

（2）块体表示法

规则块体模型把建模空间分割成规则的三维网格,称为块段（Block）。每个块体被看作均质体,在计算机中其存储地址与其在海洋的位置相对应,可根据克里格法、距离加权平均法或其他方法确定其参数值。为了用 Block 模型描述不规则实体的几何形态和减少存储空间,提出了许多建模技术,如细分块段、还可变尺寸块段、边界细分块段等,逐渐形成了不规则块体模型。不规则块体模型不仅能较好地模拟研究对象的几何边界,而且还可以描述质量的细微变化。

（3）空间位置枚举法

空间位置枚举法把物体所占据的整个三维空间分割成形状相似、大小相同的单元,各单元在三维空间中以固定的规则网格连接起来,互不叠压,根据物体是否占据网格位置来定义物体的形状和大小。采用三维数组来存储每个单元的信息,很容易建立几何体素的空间索引,提高了空间搜索的速度和运算效率;三维数组可明确地体现几何单元间的拓扑关系,因而方便进行正则布尔运算等操作;还可清晰判读某一空间位置与物体的位置关系。其缺点是该方法通常不能单独使用,而要作为中间体与其他表示法配合使用;只能近似表达空间实体的信息,描述精度不高;难以对单个空间实体进行旋转及坐标变换等操作。

(4) 四面体格网表示法

基于对边界难以捉摸对象的研究,Pilouk 等提出了采用不规则四面体网格(Tetrahedron Network,TEN)模型的建模技术。该方法以四面体作为基元,是一个基于点的四面体网络的三维矢量数据模型,它将任一三维空间对象剖分成一系列邻接但不交叉的不规则四面体,是不规则三角网(Triangulated Irregular Network,TIN)向三维的扩展。四面体是面数最少的体元,因而对其操作时计算量最小,可以有效地进行三维插值计算和可视化,四面体间的邻接关系还可以反映空间实体间的拓扑关系。但 TEN 模型却不能描述三维连续曲面,而且生成三维空间曲面较困难,算法设计也较复杂。

8.3.3.3 基于开放图形库的海洋三维建模

开放图形库(Open Graphics Library,OpenGL)是强大的三维应用软件包,它的简便性、高效性、易移植性等特点使得开发三维应用软件变得简单易懂,可以在 VC++、VB、C++ Builder 等软件开发平台上利用它的函数库实现场景建模、自动漫游、人机交互等许多强大功能,并且可以渲染颜色明暗效果、大气效果、影效果等特殊三维效果。该方法可以利用已知数据模型建模,根据其数据特点构建场景,得到真实的效果。

(1) DEM 建模及其纹理黏贴

DEM 是描述地形起伏状况的一组数据模型,坐标为一系列 x、y、z 值,主要有格网和三角网两种数据模型。格网 DEM 按行、列规则排列,因其简单、易读在实际中应用较多。数字正射影像(Digital Orthophoto Map,DOM)可采用经过处理的航片或卫片影像,格式为 BMP 格式。DOM 作为纹理映射到 DEM 上,这样同时具有高程地理信息和纹理地表信息。DEM 建模采用三角面片法。

(2) 光照法线矢量

DEM 用三角面片建模,如果用颜色直接显示,则视觉效果只是一片颜色,区分不出 DEM 高程变化,因此必须加上三角面片的光照法线矢量。

(3) 纹理图像的映射

纹理图像的映射在 OpenGL 具体实现中主要存在以下情况:由于 OpenGL 对纹理图像的宽、高有要求,若宽或高不满足条件时,就不能直接进行纹理映射。在宽、高为任意值时,可采用子纹理的间接实现方法。OpenGL 要求的纹理尺寸有一定限度,如果纹理图像尺寸较大,则不能一次载入,即宽或高大于满足 2^n 条件的最大尺寸 MAXSIZE,则可以采用分块加载的办法。

(4) 海面模型的构建

海面是承接陆地与海水的表面,它是随潮水涨落的。海面可以用图像来模拟,在三维场景中以某一高度确定位置显示,由于三维场景的投影方式选择为透视投影,使物体具有近大远小的效果,所以海面就可以达到波浪的逼真效果。另外,应用了混色方法来达到透明效果,使得水体具备通透性,海水底质隐现出现,效果更自然。

8.3.4　高维信息可视化方法

8.3.4.1　高维数据降维

降维是使用线性或非线性变换把高维数据投影到低维空间,投影保留重要的关系(无信息损失、保持数据区分等)。

$$\boldsymbol{x} = \begin{bmatrix} a_1 \\ a_2 \\ \vdots \\ a_N \end{bmatrix} \rightarrow 降低维度 \quad \boldsymbol{y} \rightarrow \hat{\boldsymbol{x}} = \begin{bmatrix} b_1 \\ b_2 \\ \vdots \\ b_K \end{bmatrix} (K \ll N) \tag{8-10}$$

降维的方法主要有线性方法(如主成分分析、多维尺度分析和非负矩阵分解)和非线性方法(如 ISOMAP 和局部线性嵌套)。

(1) 主成分分析(Principal Component Analysis,PCA)

对于空间的中心点,有:

$$\bar{x} = \frac{1}{N} \sum_{i=1}^{N} x_i \tag{8-11}$$

假设 $\boldsymbol{u}$ 为投影向量,投影后的方差为:

$$\frac{1}{N} \sum_{i=1}^{N} (\boldsymbol{u}^{\mathrm{T}} x_i - \boldsymbol{u}^{\mathrm{T}} \bar{x})^2 = \frac{1}{N} \sum_{i=1}^{N} \boldsymbol{u}^{\mathrm{T}} (x_i - \bar{x})(x_i - \bar{x})^{\mathrm{T}} \boldsymbol{u} \tag{8-12}$$

协方差矩阵为:

$$\boldsymbol{S} = \frac{1}{N} \sum_{i=1}^{N} (x_i - \bar{x})(x_i - \bar{x})^{\mathrm{T}} \tag{8-13}$$

方差为:

$$\boldsymbol{u}^{\mathrm{T}} \boldsymbol{S}_u \tag{8-14}$$

最大化此方差:

$$\mathrm{Maximize}(\boldsymbol{u}^{\mathrm{T}} \boldsymbol{S}_u) \tag{8-15}$$

同时满足:

$$\boldsymbol{u}^{\mathrm{T}} \boldsymbol{u} = 1 \tag{8-16}$$

运用拉格朗日乘子法,有:

$$\boldsymbol{u}^{\mathrm{T}} \boldsymbol{S}_u + \lambda(1 - \boldsymbol{u}^{\mathrm{T}} \boldsymbol{u}) \tag{8-17}$$

将上式求导,使之为 0,得到:

$$\boldsymbol{S}_u = \lambda \boldsymbol{u} \tag{8-18}$$

也就是:

$$\boldsymbol{u}^{\mathrm{T}} \boldsymbol{S}_u = \lambda \tag{8-19}$$

降维后方差所对应的是协方差矩阵的特征值。为了使方差最大,选择最大的特征值,最大特征值所对应的特征向量为最佳投影方向。

(2) 多维尺度分析

多维尺度分析(Multidimensional Scaling,MDS)是基于数据集相似程度的降维方法,在某些情况下只能够衡量数据点之间的距离。

多维尺度分析运用优化的方法来降维:

$$J(Y) = \frac{\sum_{i<j}(d_{i,j} - \delta_{i,j})^2}{\sum_{i<j}\delta_{i,j}^2} \qquad (8\text{-}20)$$

式中,$\delta_{i,j}$是数据点i和j之间在原始空间的相似度;$d_{i,j}$是数据点i和j在k空间的相似度;Y是数据集在k空间的投影,

如果将数据点的相似度定义为数据点之间的欧式距离,那么MDS等价于PCA。MDS允许定义不同的相似度,因而更加灵活。

8.3.4.2 高维数据可视化

基于点的方法主要有散点矩阵、径向布局法;基于线的方法主要有线图、平行坐标、径向轴;基于区域的方法主要有柱状图、表格显示、像素图、维度堆叠、马赛克图;基于样本的方法主要有切尔诺夫脸谱图、邮票图。

(1)散点矩阵

散点矩阵法是使用一个二维散点图表达每对维度之间的关系,能直观显示两个维度间的相关性。散点图的数目与数据维度平方成止比。

(2)径向布局法

基于弹簧模型的圆形布局方法是将代表N维的N个锚点至于圆周上,根据N个锚点作用的N种力量将数据点散布于圆内,如图8-7所示。

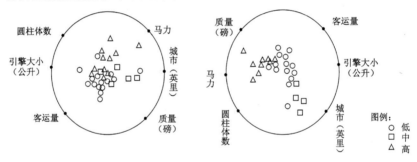

图 8-7　径向布局法

(3)线图

线图是一种单变量可视化方法。通过多子图、多线条等方法可以延伸表示高维数据,通

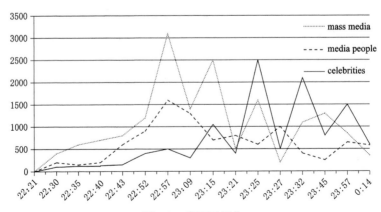

图 8-8　线图可视化

过不同的视觉通道编码不同的数据属性,如图 8-8 所示。

8.4　海洋动态可视化

8.4.1　动态可视化方法

8.4.1.1　时序可视化方法

（1）周期时间可视化

螺旋周期图,采用螺旋的方法布局时间轴,一个回路代表一个周期,选择正确的排列周期可以展现数据集的周期性特征。如图 8-9 所示,可以采用螺旋周期图分析处理厄尔尼诺现象发生的周期。

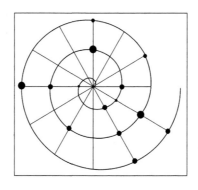

图 8-9　螺旋周期图

（2）日历可视化

日历视图将日期和时间看成两个独立的维度,可用第三个维度编码与时间相关的属性。如图 8-10 所示,可以用日历视图观察季度、月、周、日为单位的变化趋势,还可利用日历视图来显示随着时间变化全球浮标布放密度的变化。

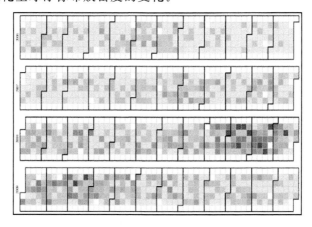

图 8-10　日历视图

（3）时间线可视化

按照时间组织结构,分为线性、流状、树状、图状等类型。

① 线性图:可以按照时间组织结构,根据线性图进行趋势的预测,短期趋势以日、周为时间单位;中期趋势以月、季为时间单位;长期趋势则以年为时间单位。如图 8-11 所示,利用线性图展示 2017 年综合分析后 Nino3 区海表温度距平的预测结果。

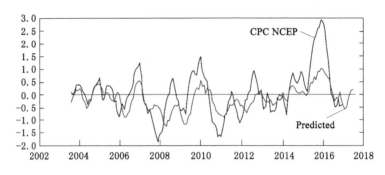

图 8-11　海表温度距平线性图

② 流状图:采用基于河流的可视化隐喻可展现时序事件随时间产生流动、合并、分叉和消失的效果,如图 8-12 所示,用来表示多个同时发生的历史事件的进展。利用流状图可以表示随着时间变化不同温带气旋运动、合并、消失等状态,以此在温带气旋形成风暴潮之前为人们提供预警。

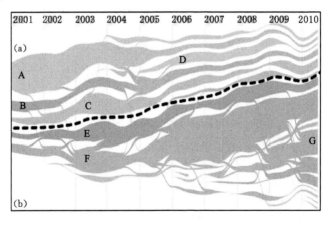

图 8-12　时间线可视化流状图

③ 树状图:亦称树枝状图,是数据树的图形表示形式,以父子层次结构来组织对象,可表示亲缘关系,把分类单位摆在图上树枝顶部,根据分枝可以表示其相互关系,具有二次元和三次元。树状图是枚举法的一种表达方式,在海洋 GIS 中可以用来表示一条极锋随时间和地点变化,受到扰动后所产生的气旋波,以此大致判断海面情况。

(4) 时空坐标法

将时间和空间维度同等对待,可以将时序数据作为空间维度加一维显示(图 8-13),例如一维空间中的时序标量数据可以在二维中表示。该表示方法善于表达数据元素在线性时间域中的变化,X 轴表示时间,Y 轴表示其他属性,其他属性可映射高度和颜色。利用时空坐标图可以表示随时间变化最大风暴潮位与天文潮高潮，如果以上两种潮位相叠，则需对风暴潮进行防范。

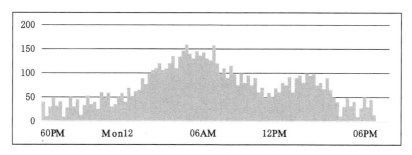

图 8-13　时空坐标法

（5）邮票表示法

当数据空间本身是二维或三维时，可以采用邮票法（可以避免动画形式），是高维数据可视化的标准模式。但邮票表示法缺乏时间上的连续性，难以表达高密度时间数据。如图8-14所示为用邮票表示法展现的 2016 年 6 月 1 日至 2016 年 6 月 6 日每隔 24 h 的北极冰川变化图。

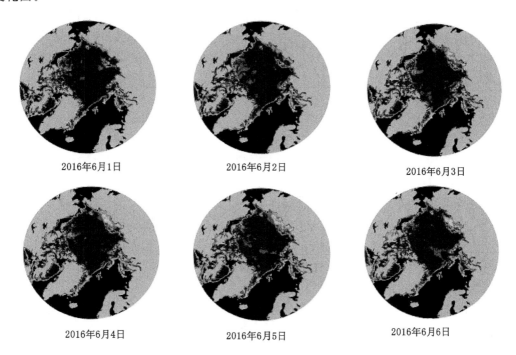

图 8-14　北极冰川变化邮票图

（6）动画显示法

对时序数据最直观的可视化方法是将数据中的时间变量映射到显示时间上，即动画或用户控制的时间条。如图 8-15 所示为海底溢油三维动画展示图，原文件为 tif 文件，用 IE 浏览器打开即为动画效果。

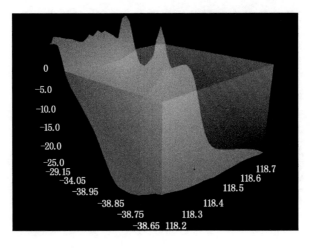

图 8-15　海底溢油三维动画展示

8.4.1.2　动态视觉变量

视觉变量包括静态视觉变量和动态视觉变量。在静态视觉变量中,动画是由静态场景序列构成的,因此静态视觉变量对动画来说依然有效。

动态视觉变量包括时刻、持续时间、频率、幅度、次序和同步。时刻是事件出现的时间点,与"位置"视觉变量相似;持续时间是各个静态场景之间的时间长度,决定动画的步调;频率是现象出现的频繁程度,类于"纹理"视觉变量;幅度是指相继场景之间变化的大小程度,大幅度产生跳跃感的动画,小幅度产生平滑感的动画;次序是场景出现的先后顺序;同步是两个或多个现象之间的关系,次序和同步对表示因果关系尤为重要。

8.4.1.3　海洋信息动态可视化

动态可视化分为时态相关动态可视化和时态无关动态可视化两种类型。动态可视化的价值在于它能表现海洋过程,可以在地图变换过程和所描述的真实世界之间建立联系。

(1) 动态可视化设计

动态可视化设计应充分利用视觉变量,视觉变量的尺寸反映值的改变、形状反映外形的改变、位置反映目标的移动、速度反映变化的程度、视点强调局部、距离改变详细程度、场景切换反映过渡等。动态可视化设计因素可以归入三类:① 图形目标,利用几何、属性描述及时间描述;② 摄影机,决定视点和视角;③ 光源,产生三维阴影效果。

(2) 动态可视化实现

动态可视化的实现包括实时动画(Realtime Animation)和预存动画(Prepared Animation)两类。在实时动画中,动画的生成和观看是同时的,允许交互,对计算速度要求高,动画制作软件有 OpenGL、Flash 等。预存动画中,动画的生成和观看是分开的,不能交互,画面预先计算好,并存储在存储器中,动画制作软件有 Adobe Premiere、GIF Animator 等。

(3) 动画

动画是通过显示一系列静态图像来传达移动或随时间改变的信息。动画强调或者描述变化,包括时间变化(时间系列)、空间变化(飞越)和属性变化(重表达)。动画是出现于时间上的图形艺术,系列中的每一幅静态图像称为场景,场景间发生的往往比场景内的更重要。如图 8-16~图 8-18 所示分别为时间变化(时间系列)、空间变化(飞越)、和属性变化(重表达)动画。

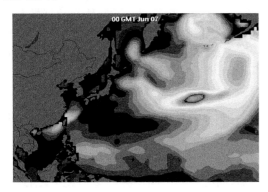

图 8-16 潮汐随时间变化动画(时间系列)

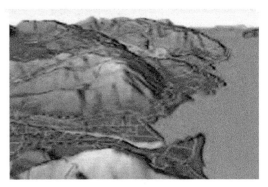

图 8-17 空间变化动画(飞越)

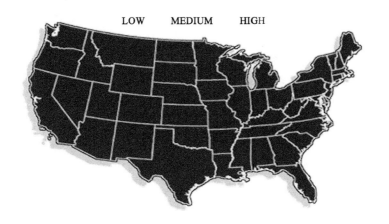

图 8-18 基于属性变化的可视化(重表达)

高效的动画地图应给予用户足够的控制权。动画地图擅长显示空间变化,不擅长显示变化率;能显示粗粒度的细节(高、中、低),使用非线性时间。

(4)海洋自动漫游

海洋三维场景中的自动漫游要考虑海面的特点,它是一定高度的平面,而且有可能随潮汐的变化而上下波动,因此自动漫游的高度应以时刻变化的海面高度为基准,这样在漫游时就会与海面保持一定高度。为了知道漫游时所在的确切地理位置,可以同时给出纹理影像的平面图,随着漫游的进行在平面图上标识漫游所到达的位置。在漫游过程中还可以加上海水涌动的音响效果,这样海洋三维仿真就可以在视觉、听觉上达到身临其境的感受。

8.4.2 基于粒子系统的海流可视化

8.4.2.1 粒子系统概述

(1)粒子系统的概念

粒子系统是构造具有"模糊"形状物体的计算模型的方法,最早于 1983 年由 W. T. Reeves 提出。自然界中的很多现象都具有"模糊"属性,例如火焰、海浪、烟云等,它们既没有规则的几何外形,也没有固定的形状,而且它们的外观还会随着时间的变化而发生不确定的变化。上述现象模糊多变的特点决定了很难用传统的欧氏几何建模方法描述这些物体,粒子系统正是为了解决这些由大量按照一定规则运动的微小物质组成的物体在计算机上的生成和显示问题。粒子系统的主要特点充分体现了现象的模糊性、动态性、不规则性和随机性。一个粒子系统可以看成由大量被称为粒子的简单图元组成的集合,它采用了与传统方法完全不同的手段构造和绘制动态可视化的模型。

(2) 粒子系统的基本原理

① 粒子组成假设:在粒子系统中,把运动的不规则模糊物体看作是由有限的、具有确定属性的粒子组成的集合体,这些粒子以连续或离散的方式充满它所处的空间,并处于不断的运动状态,粒子在空间和时间上具有一定的分布。

② 粒子独立关系假设:一是粒子是不可穿透的,同时粒子之间不存在交集关系;二是粒子系统中每个粒子都不会与空间中的任何其他物体相交。

③ 粒子的属性:系统中的每个粒子是客观存在的实体,它们都具有一系列的属性,包括初始位置、大小、颜色、透明度、形状、运动速度、生命周期等,其中大部分属性随着时间变化而变化。

④ 粒子的生命期:粒子系统中的每一个粒子都具有一定的生命周期,在一定的时间周期内,粒子经历"产生""运动"和"消亡"三个基本生命阶段。

⑤ 粒子的运动机制:粒子在其生命周期内按照一定的规律在空间中运动,粒子系统对模糊不规则物体进行模拟的关键就是粒子的运动机制。

⑥ 粒子的绘制算法:采用图像绘制算法对粒子系统中的每一个粒子进行绘制。

(3) 粒子系统的分类

从构成粒子系统的粒子有无相互关联角度,可以把粒子系统分为独立粒子系统和耦合粒子系统两类。

① 独立粒子系统:是指构成粒子系统中的各个粒子遵守一定的运动规律,独立运动,相互之间互不干扰,所有的粒子通过一定的规则组合在一起,构成具体物体或景物的模型。

② 耦合粒子系统:粒子不再是相互独立的,某一粒子与其他粒子存在相互作用关系。相对于独立粒子系统来说,耦合粒子系统更易于模拟对象的物理结构,形成的运动效果也更具有真实感。

从粒子系统模拟具体物体的特征角度可以把粒子系统分为结构化粒子系统、随机粒子系统和方向粒子系统三类。

① 结构化粒子系统主要用来描述景物的外形特征,如景物的形状,主要应用于模拟云、树叶、草地等。

② 随机粒子系统主要用来描述景物运动过程中外观属性的动态变化,如颜色、透明度等,主要应用于模拟尘土、火焰、烟雾和爆炸等效果。

③ 方向粒子系统主要用来描述景物运动过程中运动属性的变化,如运动的速度、方向和具体位置等,主要应用于液态可运动物体的流动效果的模拟,如河流、海浪、岩浆等。

(4) 粒子系统的生成

粒子系统的生成过程如图 8-19 所示,包括如下步骤:

首先根据待描述的具体对象的外观特征,分析得到粒子的外观属性。

然后研究所描述对象的运动及变化特点,抽象出粒子的运动和变化规律,再对所得到的

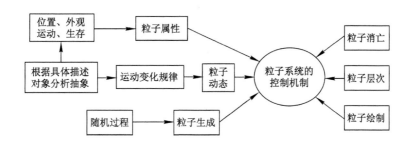

图 8-19　粒子系统的生成

属性进行定量描述。

最后逐帧生成图像。

8.4.2.2　海洋航迹流粒子模型

在采用粒子系统实现海洋航迹的模拟时,需要为每个粒子提供初始位置、初始速度等,通过粒子系统中粒子的运动来描述船舶,使粒子遵循一定的生成规律,又具有一定的独立性,从而模拟绘制出船舶变速航行或转向时飞溅的浪花,可达到较为逼真的效果。图 8-20 为航迹流轮廓模型。

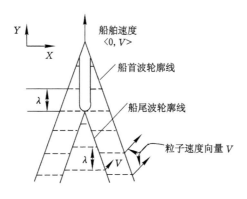

图 8-20　航迹流轮廓模型

（1）粒子的产生与运动

用关于船体对称的 2 对粒子模拟一个波长的船首波或者船尾波(包含斜波和横波)。

设船舶长度为 L,某一时刻船尾位置为 $(0,0)$,船首位置为 $(0,L)$。船以速率 v 沿 Y 轴前进,则船首波粒子从 $(0,L)$ 点产生,船尾波粒子从 $(0,0)$ 点产生。

假设 T 为次生波的周期,则对于船首波,每个时刻 T 从船首位置产生一对位置重合的船首波粒子;对于船尾波,每个时刻 T 从船尾位置产生一对位置重合的船尾波粒子。粒子产生后的时间 T 内,跟随船体向前运动,运动速率为 v,方向和船体运动方向一致。此时,4 个粒子构成的实际上是一个三角形。

经过时间 T 后,粒子脱离船体向两侧扩散,船体右侧的粒子以扩散速度 V 运动,这时该粒子与同侧的前一个粒子共同组成一个向右扩散的斜波,因此右侧粒子产生后时间 t 时的运动状态为:

$$V' = \begin{cases} \langle 0, v \rangle, t \leqslant T \\ V + C, t > T \end{cases} \tag{8-21}$$

式中，$T = \dfrac{2\pi v}{g}$；C 是随机变量，用来模拟风力、海浪等对航迹的干扰作用。

船体左侧粒子的运动状态与右侧粒子的运动状态关于船体中心线对称。

（2）粒子扩散速度 V 的确定

如图 8-21 所示，船从 A 点移动距离 d 到 B 点时，在 A 点释放的右侧粒子以速度 V 运动经时间 t 后到达位置 P。P 点为以 $d/2$ 为直径、C 点为圆心的圆与行迹右轮廓线的切点。其中，C 点在 AB 连线上，与 A 点的距离为 $d/4$。

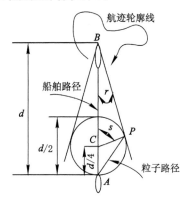

图 8-21　粒子扩散示意图

航迹轮廓线与 AB 的夹角为 $\angle s = 90° - \angle r \approx 70.5°$，船舶运动方向与 Y 轴方向相同。

$$AC = \langle 0, \frac{d}{4} \rangle \tag{8-22}$$

$$CP = \langle \frac{d}{4} \times \sin(S), d/4 \times \cos(S) \rangle = \langle \frac{d}{4} \times \sqrt{\frac{8}{9}}, \frac{d}{4} \times \frac{1}{3} \rangle \tag{8-23}$$

$$AP = AC + CP = \langle \frac{d}{4} \times \sqrt{\frac{8}{9}}, \frac{d}{3} \rangle \tag{8-24}$$

由以上可得到粒子的扩散速度 V 关于船速 v 的函数。

$$V(v) = \langle \frac{v}{4} \times \sqrt{\frac{8}{9}}, \frac{v}{3} \rangle \tag{8-25}$$

（3）粒子的生存期的确定

粒子的初始透明度 $\alpha_0 = 1$，某一粒子在产生后的透明度为：

$$\alpha_p = \alpha_0 - \frac{1}{\gamma} \times t \tag{8-26}$$

式中，γ 为粒子的生存期。当粒子的透明度 $\alpha_p < 0.001$ 时，表明该粒子的颜色几乎和海面颜色一致，该粒子的生存期结束。

8.5　虚拟海洋环境

8.5.1　虚拟海洋环境概述

8.5.1.1　虚拟海洋环境的概念

虚拟海洋环境是以数字方式来模拟、再现海洋环境的一种崭新的技术和方法,它可以简单定义为真实海洋环境在计算机中的一种抽象的数字化的逼真描述,使人们可以探察、汇集有关海洋的自然和人文信息,并与之互动。虚拟海洋环境是虚拟现实技术在海洋领域的应用。

狭义地讲,虚拟海洋环境就是以数字的方式在计算机环境中再现真实海洋环境的映像。广义地讲,虚拟海洋环境包括计算机中真实海洋环境的映像和实现这一映像的软、硬件系统。虚拟海洋环境不同于以往的科学计算可视化仅仅强调计算结果的视觉表达,而是以多维、动态的数字表达方式向参与者提供诸如视觉、听觉、触觉等多种更接近于自然的感知方式与虚拟多维镜像动态交互,让参与者"投入"到虚拟海洋环境中全方位地感知和认识海洋世界;同时在网络环境支持下,还可实现多用户在虚拟环境下协同工作。

8.5.1.2　虚拟海洋环境体系结构

虚拟海洋环境体系应包括 5 部分,即计算机网络层、海洋环境数据层、虚拟海洋环境多维表现层、个人感知/认知层和多用户协同工作层。

（1）计算机网络层

计算机网络层包括计算机硬件、软件和各种网络设备、通信协议等,它构成了虚拟海洋环境存在的物质基础和运行环境,是虚拟海洋环境构建的前提。其中,硬件构成包括图形工作站、海洋数据库服务器、虚拟操纵控制计算机、感知设备以及网络连接设备等,如图 8-22所示。

（2）海洋环境数据层

该层的功能主要是对所获得的原始海洋数据进行预处理,如数据一致性检查、冗余数据的剔除等,然后对处理后的有用数据根据特定的知识规则进行建模,形成各种海洋现象和过程模型库,并对它们之间的关系进行合理的组织,如场景的分块分层、对象的多细节层次（Levels of Detail,LOD）表示等。

（3）虚拟海洋环境多维表现层

虚拟海洋环境多维表现层,是指把模型库中所建立的各种相对独立的模型在计算机中组织起来,构成一个动态、多维的虚拟镜像环境,包括以语音、文字、图形、图像等方式进行多模式融合表达。

（4）个人感知/认知层

个人感知/认知层由各种感知设备组成,包括视觉、听觉、嗅觉、力觉/触觉等各种感觉的输入输出装置,给参与者提供一个多感知的接近自然方式的交互接口。

（5）多用户协同工作层

多用户协同工作层通过特定的网络设备和通信协议使得网络环境下的多个用户能异步或同步地共享同一个虚拟海洋空间。在这个空间里,用户不仅可以与虚拟环境中的虚拟模

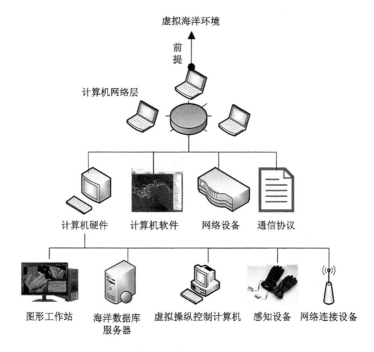

图 8-22　虚拟海洋环境网络层

型进行交互,用户之间也可以进行交流,从而达到本地或远程协同工作的目的。

8.5.1.3　虚拟海洋环境的感知

　　虚拟海洋环境包含海洋自然环境和非自然实体模型。前者包括海洋空气候环境,如雨、风、雾、雪、海面波浪、水体模拟、海底地形、岛屿等;后者包括静态模型(如灯塔、浮标等)和动态模型(如飞机、船舶等)。根据结构,海洋又可分为水面部分和水下部分。其中,水下部分又可称为海底地貌,它与陆地地貌有相似之处,如山脉、盆地、丘陵、平原、高原等,只是名称不同。既然海底地貌与陆地地貌有相似之处,那就可以借鉴陆地的三维渲染手法,即用真实的顶点数据构建地形模型。由于全球海洋面积非常广阔,加上受数据获取手段的影响,目前海底数据远不如陆地地形数据丰富,因此与水面部分相比,水下海洋虚拟仿真的研究相对较少一些。虚拟海洋环境具体构成如图 8-23 所示。

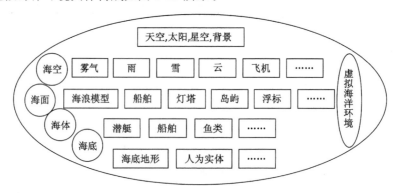

图 8-23　虚拟海洋环境构成

8.5.1.4　海洋环境数据模型

海洋领域中主要涉及两类空间数据模型——对象模型和场模型。基于对象的模型表示了离散对象,根据它们的边界线以及组成它们或者与它们相关的其他对象,可以详细地描述离散对象。场模型表示了在二维或者三维空间中被看作是连续变化的数据。特征概念是传统"对象"概念的进一步发展,它从区分不同事物和现象的不同特性入手看待事物与现象,并在离散目标观点基础上进一步支持事物的各种关系表达。

无论是特征模型、场模型还是特征场模型,都可以在现有模型的研究基础之上,充分利用已有的栅格模型和矢量模型的底层数据存储物理机制,将模型结构分解为基于矢量点、线、面、体和基于栅格的像元、体素。根据空间数据模型对海洋环境数据分类,见表 8-1所示。

表 8-1　海洋空间数据模型分类表

父类		子类	实例	信息获取方式	可视化表达方法
特征		静态特征	实体数据(海岸线、海底底质、渔场等)	观测	矢量模型、纹理
		动态特征	实测数据和从海洋现象数据中提取的过程数据(点、线、面、体)、实体数据(船只、浮标、航标等)	观测	矢量模型、纹理、行为模型等
场	一般意义的场	静态标量场	海底地形	观测或反演	多边形表面(TIN、GRID)或等值线、纹理
		动态标量场	温度场、盐度场、密度场等	调查、观测或计算	等值面、体绘制、过程模型等
		动态矢量场	风场、海流场、磁场等	调查、观测或模拟	矢量场映射(几何、纹理、颜色等)、过程模型等
	特征场	相对稳定场(动态)	大尺度流系、大尺度水团等	数据综合分析提取、数值模拟	等值面、体绘制(函数及点、线、面、体等)、过程模型等
		不稳定场(动态)	锋面、永久性跃层、中尺度涡旋等		

8.5.2　虚拟海洋环境技术框架

虚拟海洋环境的技术框架如图 8-24 所示,包括海洋信息获取技术、海洋信息处理技术、海洋环境建模和表达技术、海洋环境感知技术。

以上技术框架中,关键是海洋环境时空现象的动态建模与多维表达技术。

8.5.2.1　海洋特征对象建模方法

(1)静态特征建模

对海洋要素对象进行建模时一般先构造几何模型,然后应用纹理映射技术在几何模型表面附上纹理。对真实感要求不太高的场景,可采用三维立体符号来代替特定的特征,从而

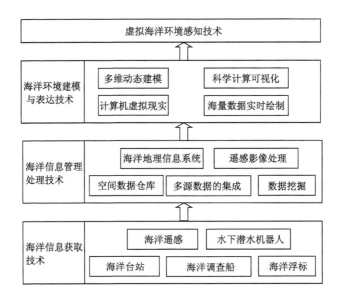

图 8-24　虚拟海洋环境技术框架

降低建模成本和减少模型数据量。对比较复杂的实体特征,应顾及计算机的处理能力和分布式环境中网络的传输负载能力,充分利用人眼观察三维场景时的立体视觉特性,一般要引入分层结构和技术,构建多层次多分辨率的模型。

(2)动态特征建模

动态特征建模的关键是对实体行为的建模,一般涉及位置变化、碰撞检测、碰撞响应以及智能感知等。运动行为一般由运动学或动力学方程控制,碰撞检测则要考虑实体与实体之间的相对位置和实体的力学性质。

8.5.2.2　海洋场对象建模方法

现实中,海洋环境现象可分为可见现象(如海浪、海洋生物、渔船、航标等)和不可见现象(如温度场、盐度场、风场、流场、声场、磁场等),海洋中的各种场对象一般属于不可见现象。在对场对象进行建模时,既可以用可视的方式表达场对象,也可以用不可视的方式表达,即所谓的显式表达和隐式表达,应用时视具体建模目的而定。

在虚拟海洋环境中,当场对象采用隐式方式表达时,一般通过特定的运动方程或动力学方程来模拟场对海水中其他对象的作用效果,从而体现场的存在。比如,舰船摇摆的剧烈程度和旗帜的飘荡方向可以很好地反映建模环境中风场的强弱和风向。当场对象采用显式表达时,除了要符合场运动的本质规律外,更需要把场对象的空间分布形态以二维(x, y)、三维(x, y, z)、动态四维(x, y, z, t)或更高维可视化的方式表达出来,以便于直观分析。

8.5.2.3　海洋对象特殊建模方法

虚拟海洋环境中的雨、海浪、潮汐等现象非常特殊,其形态结构的不规则性和运动状态的多变性导致了常规的三维建模方法很难模拟,一般利用动态纹理映射法、分形几何法、基于元胞自动机建模法以及基于过程的粒子系统进行模拟。粒子系统易于创建,也能够较为逼真地表达这些现象,如常见的喷泉、雨雪都是采用粒子建模。然而,粒子系统建模的逼真度和粒子数量成正比,大量粒子的存在会导致计算量大大增加,同时粒子的运动规律也不好定义。在简单虚拟视景中,可采用简单的序列纹理映射技术来实现,如利用一定时间内拍摄的浪花的时间序列图像表达浪花的动态过程。

8.6　海洋地图制图

8.6.1　海图的特征和分类

海图(Chart)是指按照一定的数学法则,将地球表面的海洋及其毗邻的陆地部分的空间信息,经过科学的制图综合后,以人类最终可以感知的方式缩小表示在一定的载体上的图形模型,以满足人们对地理信息的需求。海图是为适应航海的需要而绘制的一种地图,图上详细地标绘了航海所需的资料如岸形、岛屿、礁石、浅滩、水深、底质、水流资料以及助航设施等。海图可用于船舶航行前拟定计划航线、制订航行计划;航行中可用于航迹推算、定位与导航;航次结束后可用于总结航行经验,如发生海事则可用于判断事故责任。因此,海图是航海必备的航海资料和工具。正确地了解海图的特点,熟悉海图上的资料,正确地使用管理海图,是船舶驾驶员的重要任务之一。

8.6.1.1　海图的特征

海图是地图的一种,以海洋为描述对象的地图,所以海图也具有地图的一般特征。海图和地图的主要特点有:

(1)具有特定的数学基础

选择不同的投影,即依据不同的数学法则,是地图和海图区别于其他图形的特点。

(2)利用特定的符号系统

符号的使用,使地球表面的图形可以用任何比例尺表示在平面上;地图能表示出地表的形状,不仅能表示现象的外貌,还能表示出事物内在的根本本质等,即是利用符号语言表示出制图现象的时空变化。

(3)需要对制图对象进行取舍和概括

对制图对象进行取舍和概括,正是为了着力表现那些与用途有关的尤其是重要的现象,并表现其有典型意义的特征和决定意义的特点,以提高地图的使用价值。

海图的描绘对象是海洋及其毗邻的陆地,海图所描述的海域,有露出水面、高低不平的岸滩、岛屿,有深入水中、坡度起伏的海底。获取海洋信息的手段和方式主要是利用船舶进行海洋水深与其他要素的测量,使用的仪器主要以声学仪器为主。海图的内容及其表示方法,除海底地形图的内容与陆图一致外,其他主要内容为岸、滩和海底地貌、水文、助航、碍航物等。

海图由于所表现的制图对象和陆地不同,以及其用途的特殊性,决定其表示方法具有如下特点:

① 多选用墨卡托投影(即等角正圆柱投影)编制,以利于航船等角航行时进行海图作业。

② 没有固定的比例尺。

③ 深度起算面不是平均海面,而是选用有利于航海的深度基准面。

④ 分幅主要沿海岸线或航线划分,相邻图幅有供航行换图时所需要的较大重叠部分。

⑤ 为适应分幅的特点,航海图有自己的编号系统。

⑥ 海图与陆图的制图具体原则因内容差异甚大和用途不同有所区别。

⑦ 海图有自己独立的符号系统。

⑧ 由于水动力的淤积与冲刷作用及海洋工程建设的影响,海底地形会有变化,海图需要及时、不间断地更新,以保证现势性,确保船只航行安全。

8.6.1.2　海图的分类

(1) 海图分类的原则

海图是地图的一类,地图的分类原则适用于海图的分类。

① 分类要有明确的分类标志,在整个分类系统中要使用同一类分类标志,至少在同一分类等级中使用同一分类标志。

② 分类要由总概念向分概念逐级过渡,而不能将分概念与总概念并列,更不能颠倒,否则会破坏分类的逻辑性。

③ 由总概念向分概念划分类别时,分概念的总和应等于总概念。如以内容为标志将地图分为普通地图和专题地图两类时,普通地图和专题地图这两个概念的总和就是地图这一概念,所有种类的地图都应包含在普通地图和专题地图之中。

④ 每一分类等级彼此之间应能明显区分,避免出现划入这类和那类都可的现象。

⑤ 分类应考虑到稳定性,在新品种出现之后只需要将原方案加以扩充即可。

(2) 海图分类的方案

① 把海图分成航海图和专用海图两大类,这是当前许多国家的分类法。该方案只是一级划分,过于简略。

② 在方案一的基础上,航海图又分成普通航海图和专用航海图两种;普通航海图又分为总图、海岸图和港图。该方案在分类原则1、2、3的基础上进行了两个层次的再分类,问题在于专门海图没有进行再分类,两大类层次失衡严重。

③ 将海图分为航海图、专用海图、教学海图和参考海图四类。就用途而言,教学海图和参考海图隶属于专用海图,三者并列违反了分类原则,破坏了分类的逻辑性,该方案存在弊病。

④ 将海图分为航海图(包括总图、航行图、海岸总图、海岸图和港图)、特种海图(包括海底地貌图、渔业用图、参考海图和杂图)、小港湾图、罗兰海图、台卡海图和暂定版海图六类,弊病在于过于混乱。

(3) 海图基本分类的划分

海图的用途或内容应是海图基本分类的标志,构成一幅海图基本特征的是海图的主题内容,某特定主题内容需适应某一用途。

中国古航海图的类型主要有:① 简略的海道指南图;② 直观的山屿岛礁图,是象形地表示山峰、岛屿、礁石的侧面形状的航海图;③ 实用的航行针路图,古代以罗盘针位表示航路,称为"针路",针路图就是以针路为主要内容的古航海图;④ 完备的海上航行图;⑤ 完备的过洋牵星图,"过洋牵星"就是指天文导航,是指船舶航行使用牵星板观测天体高度来确定船舶的航向和位置;⑥ 概略的海区总图,这类古航海图比例尺较小,主要显示较大海区的地理概况,不能引导海上航行。

参照中国古航海图的类型,对海图类型进行划分。

分类方案一,根据海图的用途进行划分,将海图分成普通海图、专门海图和航海图三大类。

① 普通海图:普通海图与普通地图的区别是普通海图中的"普通"是指用途的通用性,普通地图的"普通"是指内容的普遍性。普通海图全面表示自然要素和社会经济要素,按用途分为:

(a) 海洋地理图:供政府、军事、科研等机关全面了解海区情况。

(b) 海洋地形图:供各部门研究、开发海洋使用,也可作为其他海图的基础图。

② 专门海图:包括"供一定范围读者使用"及"用于解决特定问题"的专题图。依据专门海图定义及海图种类发展情况划分两类:

(a) 工作专用图:是为某个部门或一定范围读者制作的海图,如各种航行参考图(航线图、助航标志图、障碍物图)、教学用图、训练用图、标准用图等。

(b) 海洋工程图:随着海洋工程的发展而发展起来的海图,如海底地貌图、海底地质构造图、海洋重力异常图、海洋水文图等。

③ 航海图:用于航海定位、保证航行安全的海图。航海图按用途再分类如下:

(a) 海区总图:供研究海区特点、制订计划、选择航线等用。

(b) 航行图:供海上航行用,主要显示海底地貌、航行标志、航行障碍物及航行有关的要素。

(c) 港湾图:供进出港湾、选择驻泊锚地、研究港湾地形、进行港湾建设等用。

分类方案二,根据海图的内容进行划分,将海图分为普通海图和专题海图两大类。

① 普通海图:主要分为海底地势图和海底地形图。

② 专题海图:是表示海洋专题要素(海底地貌、海洋地质、海洋水文、海洋气象、海洋重力异常等)的图件,主要分为自然现象海图和社会经济现象海图。

(a) 自然现象海图:主要包括海洋生物图、海洋水文图和海洋重力图等。

(b) 社会经济现象海图:主要包括航海历史图、海上交通图和海洋水产图等。

方案三,根据海图的比例尺进行划分,将海图分为以下几类。

① 1∶10 万以上海图:港湾图、1∶25 000 以上为港湾水道图。

② 1∶10 万~1∶19 万海图:沿岸航行图。

③ 1∶100 万~1∶299 万海图:远洋航行图。

④ 1∶300 万及以下海图:海区总图。

方案四,根据海图的形式进行划分,将海图分为纸质海图、数字海图和电子海图三大类。

① 纸质海图:是海图的传统形式。国际标准海图纸的尺寸为 1 189 mm×841 mm,即所谓"A0"尺寸,其长度比较接近黄金分割原则,特点是每次对折后,长宽比不变。

② 数字海图:以数字形式存储于某种媒体中的海图。从广义上讲,借助制图过程中数字化了的海图数据或各种数字式制图资料,用于屏幕显示的海图数据以及提供用户使用的各种海洋信息数据,都可称为数字海图。

③ 电子海图:电子海图是在显示器上显示出的海图和其他出版物上所选取的海图信息,也称为"屏幕海图",由数据存储系统、微机和显示器三大部分组成。

8.6.2 海图的内容和表达方法

8.6.2.1 海图的内容

海图的主要内容包括数学要素、地理要素和辅助要素。

（1）数学要素

海图的数学要素主要包括制图投影、方位、比例尺、平面控制基础和高程、深度基准面等。

（2）地理要素

① 海部地理要素：海岸要素包括海岸线、海岸性质、港区建筑物（码头、防波堤）、干出滩；海底地形要素包括水深、等深线、海底表层地质；碍航要素包括各种礁石、沉船、捕鱼设备、海中碍航生物及其他障碍物；海洋水文要素包括各种潮汐、潮流、海流、急流、漩涡；助航要素包括航道、锚地、灯塔、浮标、灯船及水中立标；各种区域界线和管线要素包括扫海区、疏浚区、海底管道等。

② 陆部地理要素：居民地要素包括各种居民地的轮廓形状、人口数和行政等级；道路要素包括道路、公路等及其道路的附属设备；水系要素包括河流、湖泊、人工水渠、水井、泉等；陆地地貌及土质要素包括陆地的起伏状态、沙地、盐碱地；陆地助航要素包括塔、灯桩、导标等；界线要素包括国界线、地区界线、临时军事线等。

（3）辅助要素

① 海图符号的设计。

② 注记采用的字体和排列方式。

③ 印刷色彩的设计和图廓的绘制。

8.6.2.2 海图的表示方法

海图的表达主要是对海洋要素的表达，海图中的海洋要素主要表示包括海岸、海底地貌、海流、海底地质、冰界、海上航行标志等。

（1）海岸的表达

① 海岸线的定义：为沿岸地带和潮浸地带的分界线，即为海岸线的位置，是多年大潮的高潮位所形成的位置。其表示方法为：海岸线用 0.1 mm 蓝色实线，低潮线、点线概略绘出，与干出滩的边缘大抵重合。

② 潮浸地带的表达：符号用来描述性质，填绘用来描述分布范围。

③ 岸上地带（沿岸地带）的表达：以等高线作为地貌符号。

④ 沿海地带的表达：采用岛礁、海底地貌、等深线等。

⑤ 小比例尺海图的表达：海岸线加粗或用变线强调海岸线的细部特征，干出滩表示得很详细。

⑥ 无滩陡岸和海岸线重合。

（2）海底地貌的表达

海底地貌表示法亦称海底地形表示法，是海图上表示海底起伏状况及形状特征的方法。常用的方法有符号法、水深注记法、等深线法、明暗等深线法、分层设色法、晕渲法、晕滃法、和写景法等。不同类型的海图根据其用途的不同，对海底地貌的表示有不同要求，可采用不同的表示方法，也可以几种方法配合使用。

① 符号法:海图上用不同形状、颜色和大小表示物体或现象的位置、性质和分布范围的方法,是海图内容要素的主要表示方法。一般以符号的形式、结构和颜色表示制图对象的质量特征,而以符号的大小表示制图对象数量的差异,还可用结构符号表示制图对象各组成部分所占的比例。符号的设计和选择影响制图综合和内容的表示。

② 水深注记法:水深点深度注记的简称,类似高程注记。海洋的深度注记与陆地的高程注记相类似,也称为水深,航海图上用它表示海底地貌。从航海图的用途来说,用水深表示海底地貌主要有三个优越性,首先是深度注记正确反映了测点的深度,根据深度变化情况,航海人员可以判别海底的起伏情况,以选择航道、锚地等;其次是海图比较清晰,便于航海人员在图上作业;第三是绘制简便。用水深表示海底地貌的缺点是缺乏直观性,不能完整、明显地表示出海底地貌形态;当水深密度较小时,表示的海底地貌更为概括。为了克服这些缺点,航海图上用深度注记为主表示海底地貌的同时,还采用等深线作为辅助方法,同时还在浅水层设色。其注记规则为:水深点不标定位点,用注记整数位的几何中心代替;可靠、新测水深点用斜体字标出;不可靠、旧资料用正体字标出;不足整米的小数位用较小的字注于整数后面偏下的位置。

③ 等深线法:等深线是从深度基准面起算的等深点的连线。等深线法表示海底地貌,是目前表示海底地形图最基本、最精确的方法,它以等深线的形式及组合情况反映海底表面形状的特征。在大、中、小比例尺海底地形图上,等深线的间距一般都有具体要求。标准等深线间隔为图上 1 cm 时,对于 1∶2.5 万、1∶10 万、1∶25 万比例尺图上分别代表 250、1 000、2 500 m。等深线的表示方法如图 8-25 所示。

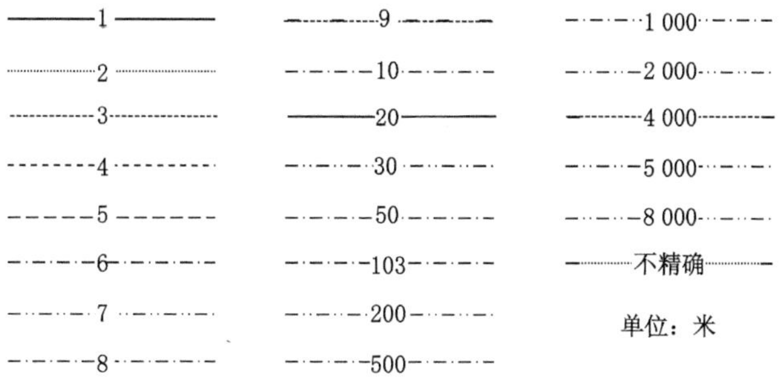

图 8-25　等深线表示方法

④ 分层设色法:亦称色层法,是在不同的深度层和高度层用不同的色相、色调进行普染,以显示地面起伏形态的方法。在等深线的基础上采用每相邻两根等深线(或几根等深线)之间加绘颜色来表示海底地貌的起伏。用分层设色法表示海底地貌时一般用蓝色,其设色原则是深度越大,色调越暗。表示海底地貌的分层设色法常与等深线、晕渲法配合使用。

⑤ 晕渲法:又称阴影法,是依据光照产生明暗变化的原理,用深浅不同的色调表示地形形态。它是用浓淡不同的色调来显示陆地和海底的起伏形态,立体效果比较好;其缺点是在图上不能进行深度的量算,且绘制和印刷均有较高的技术要求。晕渲表示海底地貌一般适用于小比例尺地图,它还可以与等深线法配合使用。现代大型地图集中,常采用彩色晕渲法表示海底地势。用浓淡不同的色调来显示陆地和海底的起伏形态,立体效果比较好。

⑥ 写景法:是利用透视绘画的方式表示海底地貌的一种方法,优点是形象生动,通俗易

懂。早期的写景法艺术性强而科学性差，近代写景法表示海底地貌时，一般在正射投影的基础上制作，科学性有所增强。计算机绘制海底地貌的写景图时，以连续断面为基础，逐渐摆脱了手工描写的主观因素的影响。

⑦ 晕滃法：表示海底地貌的另一种方法，以不同长短、粗细和疏密的线条表示地貌起伏的形态。按发射光源的位置分为斜照晕滃法和直照晕滃法。

（3）海流、海底地质、冰界、海上航行标志专题要素的表达

① 个体符号法：一般用于描述点状分布的现象。这种方法是采用不同形状、颜色和尺寸的符号，表示现象的数量和质量特征。通常以符号的形状和颜色表示现象的质量特征，尺寸表示其数量特征，但符号在图上所占面积不代表物体依比例尺的实际面积。个体符号在图上的配置有两种情况：一种是定位配置，即符号的位置代表物体或现象的实际位置，如航标分布图上的灯塔、浮标等符号，均是按实际位置配置的；另一种是某一区域内示意性的配置，表示该区域内有该符号所代表的物体或现象存在，而不代表这类物体或现象的精确位置，如渔业图上用符号表示的有关海区捕获的鱼、贝类。

② 线状符号法：用于表示线状或带状延伸分布的要素，它也是表示普通地理要素而使用的一种方法。在表示专题要素时，一般以符号的不同形状、结构和颜色来表示现象的质量特征，而以符号的宽度、长度表示其数量差异。海岸类型、海底地质构造线、潮汐类型等专题要素，通常用线状符号法表示。线状符号位置的绘法有三种情况：一是严格定位，如地质构造线；二是不严格定位，如航海线，只是起讫点的位置是准确的，途经位置是示意性的；三是线状符号的一边按实际位置描绘，另一边向外扩展，形成一定宽度的色带，如潮汐性质的表示。

③ 质底法：是一种布满于制图区域现象的表示方法，通常以不同颜色或晕线、花纹等区分制图区域内现象的差别。采用此方法时，首先按照专题要素的某种指标将整个制图区域进行分类或分区，制成图例；再在网上绘出各现象的分布区域，然后把同类现象或属于同一区域的现象按图例绘成同一颜色或同一花纹。图上每一个界线范围内所表示的专题现象只能属于某一类型或某一区划，而不能同时属于两个类型或区划。在专题海图上常用这种方法表示海底地貌类型、底质分布等要素。

④ 等值线法：亦称等量线法，用定量线状符号描述物体或现象的一种方法。通常用来显示制图区域内连续分布且均匀渐变的现象，并能表明这种现象在图上任意位置的数值或强度。

⑤ 范围法：是间断状成片分布的现象的表示方法，一般轮廓线表示现象在一定范围内的分布状况。

⑥ 点值法：是表示分散分布现象的表示方法，是用一定大小、形状相同的点表示现象的分布范围、数量和密度。在使用点值法时，先确定点的大小和每点代表的数值，布点则有两种方法：一是均匀布点法，即用统计方法在一定区划单位内均匀布点；另一种是定位布点法，即按照地理条件定位布点。在专题海图上点值法使用较少。

⑦ 定点图表法：又称定位统计图法，是用定位于制图区域内某些地点或均匀配置于区域内的一些相同类型的统计图表，表示制图区域周期性现象的数量特征或变化的方法。专题海图上通常用此法表示气温、降水、风、浪等要素的有关特征。

（4）海上交通的表达

海上交通的表示主要包括海洋航线、港口等。

① 海洋航线表达：一般在小比例尺地图上才表示海洋航线，海洋航线由海洋和航线组成。

② 港口表达：符号表示其所在地，有时分级。

③ 航线表达：多用蓝色虚线表示，分为近海航线和远海航线。近海航线沿大陆边缘用弧线绘出，远海航线一般按两港口的大圆航线方向绘出。

8.6.3　海图制图投影的方式

地图投影（Map Projection）是利用一定的数学法则把地球表面的经、纬线转换到平面上的理论和方法。

8.6.3.1　地图投影的分类

（1）按投影变形的性质分类

① 等角投影（Equiangle Projection）：又称正形投影，是指投影面上任意两方向的夹角与地面上对应的角度相等。在微小的范围内，该投影方法可以保持图上的图形与实地相似；不能保持其对应的面积成恒定的比例；图上任意点的各个方向上的局部比例尺都应该相等；不同地点的局部比例尺随着经、纬度的变动而改变。

② 等积投影（Equal Area Projection）：指保持地球上的面积与地图上所对应的面积成恒定比例的一种投影方法。该投影方法保持等积就不能同时保持等角。

③ 任意投影（Orthographic Projection）：既不是等角投影，又不是等积投影，是根据某种特殊需要或为了解决某种特定问题而制作的一种地图投影方法，如大圆海图。

（2）按构制地图图网的方法分类

① 平面投影（Plane Projection）：又称方位投影，是将地球表面的经、纬线投影到与球面相切或相割的平面上去的投影方法。平面投影大都是透视投影，即以某一点为视点，将球面上的图像直接投影到投影面上去，其性质为投影中心到任何一点的方位角均保持与实地相等。根据视点的位置不同可将平面投影分为外射投影、极射投影和心射投影。外射投影即视点在地球外；极射投影即等角方位投影，视点在球面，如半球星图；心射投影，又叫日晷投影，视点在球心。根据投影平面与地球表面相切的切点位置的不同，可分为极切投影、赤道切投影和任意切投影。

② 圆锥投影（Conical Projection）：用一个圆锥面相切或相割于地面的纬度圈，圆锥轴与地轴重合，然后以球心为视点，将地面上的经、纬线投影到圆锥面上，再沿圆锥母线切开展成平面。该投影方法地图上的纬线为同心圆弧，经线为相交于地极的直线。圆锥投影可分为单圆锥投影与多圆锥投影。

③ 圆柱投影（Cylindrical Projection）：是用一圆柱筒套在地球上，圆柱轴通过球心并与地球表面相切或相割，将地面上的经线、纬线均匀地投影到圆柱筒上，然后沿着圆柱母线切开展平，即成为圆柱投影图网。根据圆柱筒与地球的相对位置不同可分为：

（a）正圆柱投影：圆柱筒轴与地轴重合，墨卡托投影属于此种投影图网。

（b）横圆柱投影：圆柱筒轴与地球赤道重合，即成为横圆柱投影图网，高斯投影图属于此种投影图网。

（c）斜圆柱投影：圆柱筒轴不与地轴、赤道重合，但其轴通过地心即成为斜圆柱投影图网。

④ 条件投影:凡是不属于上述三种投影方法,但也是按一定的数学关系绘制成的图网。

8.6.3.2 海图的投影方法

海图的投影一般可以分为以下四类:

(1) 墨卡托投影

船上海图中95%以上属于墨卡托海图,采用墨卡托投影方式。

(2) 高斯投影

即等角横圆柱投影,航海上用高斯投影绘制大比例尺港泊图。

(3) 心射投影

即心射方位投影方法,用于设计大圆航线。由于它在切点附近无角度变形,因此航海上用它来绘制切点附近的大比例尺港泊图。

(4) 平面图

按平面测量绘制海图,图区内比例尺不变,可以认为没有变形存在。航海上采用这种方法绘制大比例尺港泊图。

8.6.3.3 墨卡托海图投影

航用海图必须具备的条件包括:① 海图上的恒向线是直线;② 海图的投影性质是等角的。如果船舶始终按恒定的航向航行时,它的航迹在球面上是一条曲线,该曲线称为恒向线或等角航线(Rhumb Line)。在地球表面上,恒向线一般表现为一条与所有子午线相交呈恒定角度的、具有双重曲率的球面螺旋线,趋向地极,但不能到达地极。

(1) 墨卡托海图投影原理

① 采用正圆柱投影满足恒向线是直线的要求。这种投影图中,所有经线成为与赤道垂直、间距相等的平行线;纬线成为与赤道平行与经线垂直的直线。由于经线互相平行,与所有经线交角相等即航向相等的直线为恒向线。

② 采用数学计算法则解决变形问题来满足等角投影性质。如果要保持等角投影,必须使经线方向和纬线方向的局部比例尺相等。地球表面上纬圈长度投影到图上向东西方向拉长,则向南北(经线)方向也要作相应的扩大伸长,其伸长倍数正好等于纬线伸长的倍数。

(2) 墨卡托海图投影特点

① 经线为南北向互相平行的直线,其上有量取纬度的纬度图尺;纬线为东西向互相平行的直线,其上有量取经度的经度图尺,且经线与纬线互相垂直。

② 恒向线在图上为直线。

③ 存在纬度渐长现象,图上纬度1′即1海里的长度是随着纬度升高而增长的。图上经度1′的长度均相等。纬度渐长率(Meridianal Parts)是指在墨卡托海图上,任一纬线到赤道的距离与图上1赤道里(Equatorial Mile,Geographical Mile)即图上1分经度长度之比值。

④ 具有等角的性质,真实地反映了地面上的向位关系,即在图上量取物标的方位角与地面对应角相等。

使用墨卡托海图时应注意由于存在纬度渐长现象,在海图上量取两点间距离或航程时,须在同纬度附近的纬度图尺上量取。

(3) 空白海图

空白海图(Plotting Sheet)即采用墨卡托投影的海图,其用途是在大洋航行时,为了提高推算和定位的准确度,可选用适当比例尺的空白海图进行海图作业。

空白海图的特点及使用注意事项:① 图上只有经、纬线及其图尺,只在纬度线上标有正、倒两个纬度的度数,南、北半球通用。② 根据航行海区的纬度选用,不受地理经度的限制。③ 向位圈分内外两圈,都标有向位读数。在北半球时,使用其外圈;在南半球时,使用其内圈。④ 东西航向较长时,可以在同一张空白图上重复使用;当船舶接近大陆时,或接近岛屿或危险障碍物时,航线不允许画出限定的海区。⑤ 经常对照该海区的航用海图,并将早、中、晚的观测船位或推算船位移到航用海图上去,以便及时了解船舶周围海区的情况。

8.6.3.4　大圆海图投影

大圆海图采用心射平面透视投影,即视点在球心,投影面为一与地面某点相切的平面,从球心将地球上的子午线和纬度圈投影到投影面上。大圆海图主要用于拟定大圆航线(Great Circle Route)、混合航线(Composite Route),绘制极区地图和大比例尺港泊图。

(1)大圆海图的特点

① 在大圆海图上,大圆弧为直线。

② 经线为由极点向外辐射的直线,极点可在图内,也可不在图内。当切点位于赤道上时,经线为南北向相互平行的直线。

③ 纬线为凸向赤道的圆锥曲线,当切点位于两极时,纬线为以极点为圆心的同心圆。

④ 赤道在图上是垂直于切点经线的直线。

⑤ 大圆海图的投影仅在切点处没有变形,随着与切点距离的增加,变形将越来越大。

(2)使用大圆海图的注意事项

① 不可在大圆海图上直接量取航向或方位,可量取坐标点的经、纬度。

② 不可在大圆海图上直接量取距离,不能用它进行推算和定位。

(3)墨卡托海图与大圆海图的比较

墨卡托海图与大圆海图的区别如表 8-2 所示。

表 8-2　墨卡托海图与大圆海图区别表

	墨卡托海图	大圆海图
投影方法	等角正圆柱投影	平面心射透视投影
变形	随纬度的升高,变形增大	随离切点距离的增大,变形增大
子午线	垂直于赤道、彼此平行、间距相等的直线	由极点向外辐射的直线
等纬圈	垂直于子午线、相互平行、间距随纬度增高而渐长的直线	除赤道外,呈凹离近极的圆锥曲线
恒向线	直线	凹离近极的圆锥曲线
大圆弧	凸向近极曲线	直线
图上直线	恒向线	大圆弧
用途	航用海图	画大圆航线、混合航线

8.6.3.5　高斯海图投影

高斯投影又称高斯-克吕格投影(Gauss-Krger Projection),其性质为等角横圆柱投影,主要用于我国沿海及港口有些大比例尺海图或航道的兰图的投影。

高斯投影方法如下:

① 将一圆柱筒横套在地球外面，圆柱的轴位于赤道平面上，与地轴相互垂直。

② 轴子午线或中央经线与圆柱面相切于地球某一子午圈，在其线或附近与地面形状保持相似，不但等角且等距。

③ 所有垂直于轴子午线的大圆，在图上都像墨卡托图网中的子午线一样，被等间隔地画成与轴子午线相互垂直的直线；而平行于轴子午线的小圆，也都像墨卡托图网中的纬线一样，被画成与轴子午线相互平行的直线。它与轴子午线之间的间距与纬度渐长率一样，随着离开轴子午线的距离越远，则其放大和变形也就越大。

为了使投影是等角的以及坐标网是平面直角坐标网的形式，使得投影图具有固定的比例尺，达到实用和计算方便的目的，高斯投影采取了缩小投影范围的分带办法，即把全球分为 60 个投影带，每个带的经差为 6°的范围。在每个带里取其中间的那条经线作为轴子午经线(X 轴)，和赤道(Y 轴)各自独立建立 XOY 高斯公里网。全球 60 个带自西向东按序给予带号，如我国长江口南水道的兰图为高斯投影图，在第 20 带，它的轴子午线为 123°E。全球分成 60 个投影带后，以轴子午线为基准，将左右经差 3°的范围(在赤道上的宽度约 300 km)投影到平面上，每个投影带从轴子午线到边缘，最大长度变形为 1/750，在中纬度地区变形要小。

高斯投影图的特点包括：① 具有等角正形投影的性质；② 轴子午线附近长度变形很小，因此它适宜描绘经差小而纬差大的狭长地带；③ 图上极区的变形也较小，因此它适宜描绘高纬度地区；④ 图上有经纬线与公里线两种图网，公里线图网主要用在测量和军事上；⑤ 我国采用高斯投影的海图，仅仅是 1：10 000 的大比例尺港泊图，只画出经、纬线图网，隐去了公里线图网。由于港泊图比例尺大，图区范围小，在中纬度以下地区经、纬线的弯曲甚微，把它们都看成直线。这种海图也可以当作墨卡托海图使用，它实际上是具有固定比例尺的平面图。

英版大比例尺港泊图(Harbor Plan)基本上都采用平面图(Plan Chart)，其特点是：将地面小范围内作为平面进行测量而绘制成图；图区范围内各点局部比例尺都相等，可认为整个地图没有变形。

8.6.4　海图制图符号的设计

海图符号又称为海图语言，由点、线、几何图形和注记组成，是制图者和用图者通过海图进行信息传输和交流的载体、工具和桥梁，是连接符号学与海图制图学的有机知识整体。

8.6.4.1　海图的符号及特点

(1) 海图符号的特点

海图符号是人类进行海洋空间认知的媒介，也是传输海洋空间信息的载体。海图符号是一种易为人们了解和便于记忆的形式，将制图对象的抽象概念呈现在海图上，从而使人们对所表示的海洋地理环境产生认识。

海图符号都具有图形、尺寸和颜色三个基本特征。

① 图形是区别制图物体的主要标志，它反映了制图要素或现象的类型差异，具有象形或会意的特点。

② 尺寸主要反映制图要素的数量差异和主次、等级关系，符号的大小与其所对应的实际物体的大小与重要程度有直接关系。

③ 颜色既能提高海图的艺术表现力,又能简化图形差别和减少符号的数量。

（2）海图符号的分类

海图符号按符号的集合表现特征可分为点状符号、线状符号、面状符号和体积符号。

① 点状符号:表达空间中点位的符号,具有定位特征,且大小与海图比例尺大小无关。

② 线状符号:表达的是位于空间中的线或呈带状分布的现象,且在一定方向上延伸,具有定位意义,而不考虑其宽度。

③ 面状符号:表达的概念可认为是位于空间中具有二维特征的面,形状与其代表的对象的实际形状相似,以面定位,在海图上表现为一个图斑。

④ 体积符号:表达空间中具有三维特征现象的符号,即从某一基准面上下延伸的空间体,具有定位特征并与比例尺大小相关。

按符号与海图比例尺的关系,海图符号分为以下几类:

① 依比例尺符号:真形或轮廓符号,它能保持空间地物的实际平面轮廓形状。

② 不依比例尺符号:一般为点状符号、独立符号或记号形符号,常用于表示在实地占面积很小且独立的重要事物,不能保持地物本身的平面轮廓形状。

③ 半依比例尺符号:用于表示呈狭长分布的线状地物,即只能表达地物平面轮廓的长度,而不能表现其宽度的符号。

按图形特征,海图符号分为以下几类:

① 正形符号:符号图形与地面形状一致或相似,以正射投影为基础,保持地物的正比例关系。

② 侧形符号:符号图形与地物的侧面或正面形状一致或相似,以透视投影为基础,常用于表示较小的独立地物。

③ 象征符号:即用会形或会意性符号象征性地表示地物特征或现象。

以外,按照表示的地理尺度,可将海图符号分为定性符号、等级符号和定量符号。

8.6.4.2　动态符号库的设计

（1）符号库的设计原则和依据

① 必须符合现行的国家标准和海图图式规定的符号尺寸、样式和表现形式,以利于海图的生产和发行。

② 方便作业人员进行操作和使用,符号要具有直观精确的特点,便于各工序作业人员进行图形关系处理。

③ 便于符号的查询、修改、增删,也就是增强符号库的开放性,有利于进行系统的管理和维护。

④ 考虑不同的用途,如根据图形显示、拷贝数字化编辑样图、输出地图胶片等不同特点制作各自的符号库。

（2）动态海图符号及其表达

传统海图符号主要描述一个时间节点的空间地理要素和现象的空间分布,以及它们之间的相互关系、质量和数量特征。传统海图符号依据几个视觉变量——形状、尺寸、方向、明度、密度、结构、颜色和位置来设计描述地理实体在不同方面的静态性质和特征,对于表达事物和现象的动态特征,传统的符号体系具有一定的局限。

动态海图符号通过选择变量选项——用于决定要进行动态变化的常规变量(包括符号

颜色、符号大小、符号的明暗度以及符号方向等),来描述地图要素的演进状况,因此可以通过动态符号设置来实现动态符号的应用以及地图的时间变化过程上的功能表达,使地图具有推演能力。动态符号可以描述空间地理实体的变化特征:

① 空间位置的变化:在这种变化中,属性不变,仅仅发生元素的变化。如城市改造过程中地下管线的迁移,此类变化属于线状要素的改变,需要通过移动地理要素符号的空间位置实现变化。

② 属性的变化:在这种变化中,空间位置不变,仅仅发生属性的变化。如城市地下管线权属的改变,需要对符号的属性信息进行修改。

③ 空间和属性的同时变化:这是一种综合变化,一方面可以通过要素属性随时间轴发生的变化来实现,另一方面又可以通过表达要素符号的位置改变来完成。如城市排水管线迁移后的功能改变,即由雨水管线转变为污水管线,这就需要对管线的空间和属性信息同时进行改变。

(3)动态符号库的设计过程

海图符号可以抽象为点状、线状、面状等三种几何类型,虽然它们各自有不同的特点和用途,但从符号构成上却存在着千丝万缕的联系。比如多数线状符号中都包含着点状符号,而面状符号通常也是由一组线状符号和点状符号组成。

1)点状符号库的制作

点状符号库的制作可以利用 ArcGIS 的符号管理器对部分与海图图式相似的点状符号进行大小缩放、位置移动、角度旋转等简单的操作。对于绝大部分的点状符号,还是无法只靠单纯的修改实现,而必须按照海图图式进行操作。按照国家标准关于海图图式尺寸的要求,利用 AutoCAD 绘制符号库中所需要的各种点状符号图形,分别转化为 bmp 文件。在字体编辑软件中新建字体文件,将先前制作好的 bmp 符号图形文件导入字体文件的字体模板中,并对其位置、范围进行适当的调整。设定字体文件名,生成字体文件并安装到相应的目录下。在 ArcMap 中,点击菜单打开符号管理器对话框,创建符号库并根据符号特点用途给符号库命名。

2)线状符号库的制作

线状符号的特点是无论多么复杂的线状符号都有一条有形或无形的定位线。因此,一条复杂的线状符号从纵向分析可以把它看成是若干基本线条的组合和折叠,从横向分析可以看作是点状符号沿着线前进方向的周期性重复。线状符号的制作可以通过简单线状和点状符号的拼合完成。线状符号字库提供了五种线型,包括简单线、细切线、制图线、点状符号或图片构成的线,基本可以满足制作各种形式线型的需要。

线状符号的创建主要分两步:打开符号管理器系统界面,选中符号样式库,新建线状符号,并打开符号属性编辑对话框;选择创建线状符号的类型,复杂线状符号需要多层线型叠加,在图层选项卡下添加、调整图层顺序,最后设置属性参数,完成线状符号的制作。

3)面状符号的制作

面状符号是用于二维平面上表示面状分布的物体或地理现象的符号,其通常有一条封闭的轮廓线,多数符号通过在轮廓范围内配置不同的点状符号、绘阴影线或涂色等方法加以实现。对于面状符号的制作有五种方法,分别是单色填充法、渐变色填充法、制图线填充法、点状符号填充法和图片填充法。其设计步骤分两步完成:在符号系统管理界面中选中左边目录树中的面状符号样式库,在右边空白处选择新建面状符号,并打开符号属性编辑对话框;在符号属性编辑对话框的类型下拉列表框中选择合适的填充类型,并利用选项卡设置符号的大小、间隔、偏移量等参数,制作完成后给符号命名分类即可。

4）符号库的调整

海图点状符号种类多样,在符号校正时,如果逐一调整操作烦琐、费时费力。在制作点状符号库时,所有点状符号都是按同一缩放比例保存图形参数的。线状符号一般由线型符号和点状符号组成,参数的调整以一个循环单元为基准。面状符号主要有点、线符号填充和图片填充两种生成方式,对于点符号填充和制图线填充生成的符号,符号的纠正参照点符号的调整和线符号循环单元设置即可。

5）动态符号库的设计

设计符号库的目的是为 GIS 建立符号库,要使 GIS 能调用所设计的符号库,应提供一个空间实体符号化动态库。GIS 空间实体符号化的过程:首先为各类地物配置符号,然后根据空间实体的空间位置、符号描述信息等参数进行符号化,符号系统设计可以采用面向对象的方法,使其程序具有良好的封装性和重用性。动态符号库设计可充分利用原符号设计系统的源代码,且原符号设计系统中各对象类之间的关系保持不变,同时动态库应提供对符号库进行浏览、选择、绘制等接口功能。

6）动态符号化实现

基于 ArcGIS Engine 的动态符号化实现分三步:在 ArcMap 中,对加载的空间数据手工符号化并保存为 Mxd 格式,在 MapControl 中直接打开 Mxd 文档即可实现空间数据的形象表达和输出;在 ArcGIS 格式管理器中,建立本地需求的标准的地图符号库,提高空间数据符号的使用效率,降低符号编辑修改的工作量;在基于 AE 的应用系统中,设计地图数据的符号化模块,该模块可实现空间数据的动态符号化,且该模块的移植性很强,不需要用户加载 Mxd 文件。

针对以上叙述,总结地图符号化的过程,可分为以下步骤:

① 设计制作点状、线状、面状符号。

② 对制作好的符号进行分类与命名,并建立地图符号库。

③ 利用符号转换工具对符号文件进行格式转换。

④ 符号化模块功能的设计。

⑤ 编程实现空间数据的符号化。

8.6.4.3　海图的智能注记

海图注记是指海图上的各种文字和数字,海图注记的好坏直接影响海图信息的传递效果。海图注记也属于海图符号,它是海图内容的一个重要组成部分,也是制图者和用图者之间信息传递的重要方面。当查看海图时,首先引人注意的往往是注记,因此海图注记的恰当与否对海图的易读性和使用价值有密切关系,是评定海图质量的重要标志之一。

我国海图注记的字体多用宋体,字体的大小按照不同的级数而异。海图注记一般不另行设色,采用图上表示其他图形要素使用的颜色。航海图上的注记颜色一般有统一规定,但在设计其他海图时应把注记的颜色考虑在内。海图上注记的位置是否恰当,往往影响海图的使用及其外观,所以应该重视注记位置的选择,应采用适当的排列方法。海图上的注记排列要指示明确,不使读者产生疑问和误解;文字符号符合从左至右或从上而下的阅读习惯;

注记不出现倒置(字头向下)的现象;注记间隔适中,同组注记字的间隔应相等。

(1) 海图注记的种类

海图的注记主要是文字注记,包括以下几类:

① 地名注记:图名、海域、岛屿、礁石、岬角名称等。

② 专有地物注记:助航标志名称、障碍物名称、沉船名称。

③ 说明注记:为了进一步说明某些要素的性质特征。

④ 其他地物注记:标题的有关说明、资料采用情况说明、出版时间说明、出版机构。

数字注记主要包括图廓的经纬度注记、各种高度的注记及各种编号注记等,海图上有时还有罗马拼音注记及其他外文注记等。

(2) 海图注记的配置

目前采用系统自动与人机互动相结合的海图注记配置方式,即编绘人员手动设置字色、字级、字隔等参数并用鼠标将标记定位或拖动到合适的位置。

海图注记配置的排列原则如下:

① 指示明确,清晰易读,不使使用者产生疑惑和误解。

② 文字符合从左到右或从上而下的阅读习惯。

③ 不出现字头向下(倒置)的现象。

④ 间隔适中,同组注记字的间隔应相等。

⑤ 尽量不压缩或少压盖重要制图物体。

(3) 海图注记的自动实现

海图注记的自动化是公认的难题。海图注记需要满足特定的限制条件,这些条件包括冲突检测、压盖避免、密度控制、范围选择和注记的优先级控制等。海图注记的自动实现步骤包括以下几步:

① 对待注记的要素进行排序。

② 将海图的要素进行分类,将不可压盖的要素放入冲突检测集,将需要避免被压盖的要素放入压盖检测集。

③ 按照排序的次序依次对各个待注记的要素按如下步骤进行注记。

④ 对所述待注记的要素的候选位置依据冲突检测集和压盖检测集进行冲突检测和压盖检测,选择同时通过冲突检测和压盖检测的优先级最高的候选位置;如果没有同时通过冲突检测和压盖检测的候选位置,则选择通过冲突检测的优先级最高的候选位置;在所述选择的候选位置进行注记,将注记作为一个要素添加到冲突检测集中。

(4) 海图注记的排列

海图注记排列的方法应考虑所注要素的定位特点,对绝大多数注记来说应考虑以下四种情况:点状要素注记、线状要素注记、面状要素注记、其他注记(包括标题及图例注记等),对它们的排列方法要求如下:

① 点状要素注记的排列:一般情况下采用水平排列,不采用垂直排列。海岸线上的点状要素注记应配置在海域。配置在海域的陆上要素的注记有时可采用弧形排列。

② 线状要素注记的排列:江河、航道、航线等线状要素,其注记应考虑要素线状延伸的方向。当延伸方向与水平方向的交角小于45°时,一般沿延伸方向从左向右排列;当延伸方向与水平方向的交角大于45°时,一般沿延伸方向从上向下排列。字头保持北向的称雁行

排列,字头保持与地物轴线同向的称屈曲排列(也称弯曲排列)。线状要素的注记应配置在线状地物的主要部位,当线状符号延伸较长时,可分段重复注记。

③ 面状要素注记的排列:海图上面积较大的要素,如港湾、大岛等,其注记一般采用水平排列,配置在面状要素范围内;当面积较小时,可配置在要素旁。

④ 其他注记的排列与配置:航海图上的标题及其他说明注记等排列与配置方法有统一的规定,其他海图的标题、图例的注记等排列和配置应与海图总体设计相协调。

8.6.5　海图的设计和排版

8.6.5.1　海图编辑设计

海图编辑设计是海图生产的初级阶段,是制作高质量海图的基础。具体地说,编辑设计是指海图编辑所进行的各项技术工作,也称编辑准备,即根据海图用途要求确定海图的规格与内容,达到技术指标所需的资料,以及为此所进行的分析研究和技术准备工作。

(1)海图编辑设计的内容

海图编辑设计工作的内容,随制图任务性质、制图区域特点、制图资料及仪器设备的不同而有所差别,主要有以下几项:

① 海图总体设计时需确定海图的基本规格、内容及表示方法,包括海图图幅设计、确定海图的数学基础、构思海图的内容及表示方法。

② 制图资料工作包括对制图资料的搜集、分析和选择。对于选定作为编图的资料还要进一步确定出基本资料、补充资料、参考资料,确定对各种资料的使用程度、使用范围及使用方式。在此基础上,根据编图需要和设备条件进行复制及确定转绘的原则、方法及精度要求。海图制图编辑要最大限度地保障最新资料的使用。

③ 制图区域研究就是通过各种地图资料、文献资料、社会调查和实地勘察,对制图区域的海洋地理现象的空间分布、分类分级、一般和典型特征,从自然、人文、航海、军事等方面进行分析研究。

(2)海图编辑文件的基本内容

① 制图任务说明,包括海图的用途要求、使用范围等。

② 海图的基本规格、一般规定,包括海图的基本类型、数学基础、内容及表示等。

③ 制图区域的地理概况。

④ 制图资料的基本情况,分析评价结果及采用结论。

⑤ 编制作业方法、制图工艺方案及各种技术指标。

⑥ 达到的质量标准,包括各类制图精度标准、各类要素的制图综合指标、综合基本原则要求。

8.6.5.2　海图编辑设计的理论方法

地图传输论不仅揭示了地图学的规律性,而且也加强了地图学与其他自然科学和社会科学的联系。地图感受论和地图符号学是应用在编辑设计上的主要理论。地图感受论是研究地图视觉感受的基本过程和特点,分析用图者对图形、图像感受的心理要素和对地图感受的效果。

(1)海图编辑设计涉及的原理

① 海图的图幅设计,是按照标准的海图规格,根据比例尺、经纬线网和制图区域特点确

定海图的范围。当以经纬网作为内图轮廓线时,则求出图廓四角的经度值;当不以经纬线作为内图轮廓线时,则应大致确定其图幅范围。海图的图幅设计分为单幅海图的图幅设计、挂图及图集的图幅设计。海图的图幅设计的总原则是充分满足航海定位导航需要,保证航行安全和方便航海人员使用,保证地理单元的相对完整,海陆面积分布适当,同比例尺成套航海图之间应有一定的重叠,尽量减少图幅的数量。

② 航海图的投影一般选择墨卡托投影,由于舰船海上航行需要,必须具备两个基本条件:等角(图上角度与实地角度相等)、等角航线在图上是直线。

海图投影的选择需考虑的影响因素包括四个方面:

(a) 图的性质和用途的影响:不同用途的地图要求有不同的投影,军用和科研等用图需要在图上进行各种量算,因此需要选择变形小、精度高的投影。

(b) 制图区域的形状和地理位置的影响:在按经纬网分类的各类投影上,变形大小及分布差别很大,等变形线形状各不相同。因此,对不同位置和形状的制图区域,采用何种投影直接影响地图变形(即误差)的大小。最适宜的投影是在制图区域边界上能接近同一长度比的投影,即投影应使其等变形线与制图区域的轮廓近似。

(c) 制图区域面积大小及比例尺的影响:在图幅面积相同的情况下,比例尺越小,则所包含的制图区域越大。制图区域越小,投影选择越容易,其变形也越小。

(d) 使用对象和使用方式的影响:特殊要求和资料转绘技术的影响,不同地方要根据海图类型各有侧重。

(2) 海图编辑设计过程

海图的编辑设计大体分为以下四个阶段:

① 编辑设计准备阶段:这一阶段的工作与传统的制图过程基本相同,包括收集、分析、评价和确定编图资料,根据编图要求选定投影、比例尺、海图内容、表示方法等,并按自动制图的要求做好准备。如为了进行数字化,应对原始资料进一步处理,确定海图资料的数字化方法,进行数字化前的编辑处理,一般采用计算机直接处理原始资料。设计地图内容要素的数字编辑系统,研究程序设计的内容和要求,完成数字制图的编辑计划。

② 数字化阶段:对纸质资料进行矢量化,以矢量形式记录数据,建立数据库,以供调用。

③ 数据处理和编辑阶段:这是数字制图的核心工作。数字化信息输入计算机后要对信息本身进行功能检查、纠正,生成数字化文件,转换特征码,统一坐标,不同资料的数据合并归类等;另外还要进行数据处理,包括数字基础的建立、投影变换、对数据进行选取和概括等。无论以何种方式输入的数据都会出现误差,最常见的有多边形不闭合、相邻多边形出现重叠和裂口、相邻线段出现断头、相邻图幅边缘不匹配以及拓扑错误等,所以都应进行编辑检查,还要对要素分层进行检核。

④ 图形输出阶段:最终的数字产品不仅包括各种分层要素,还可能有各种图标,所以要进行存储或显示在屏幕上或打印在纸上。

8.6.5.3 海图的排版

排版是指将文字、图片、图形等可视化信息元素在版面布局上调整位置、大小,是使版面布局条理化的过程。排版布局是在虚拟页面上组织的地图元素的集合,旨在用于地图打印。常见的地图元素包括一个或多个数据框、比例尺、指北针、地图标题、描述性文本和图例,为提供地理参考,还可以添加格网或经纬网。海图页面布局可采用横向(宽)或纵向(高)两个方向,页面大小随输出规范而变化。布局中的所见内容即为将地图打印或导出为相同页面大小时能够看到的内容。

在地图文件与图像、文本混排时,地图文件一般是以 postscrip2 标准的 ps 文件、标准的封装 Eps 文件、标准的 CDR 文件等几种类型存在的。在排版软件环境中能够接受的文件格式是有标准的,只有符合不同的软件环境要求,才能使地图文件与图像、文本形成共同的语言标准,才能使最终的文件符合输出中心的要求,输出四色胶片。

印前行业中,常见的可结合地图文件的排版软件有:基于 Windows3.11 平台上的 wits、基于 Windows 98/95/2000/me 平台上的飞腾软件,以上两种为中国北大方正公司开发的软件平台;基于 Windows 平台上的 Freehand、PageMaker、Illustrator、QuarkXpress 等软件,它们是美国 Adobe 公司开发的平台;还有比较常见的就是 CorelDRAW 软件平台,它是一种被视为一体化的设计、制作、排版的软件,使用率比较高。比较上述常用软件,各有优缺点:国产软件在汉字处理上有相当的先进之处,而其在稳定性、显示精度、操作方便程度、速度等方面与其他软件却有相当差距;而 Adobe 开发的软件有各自的技术优势领域,在相互结合使用时非常方便,并且在兼容性、稳定性、运行速度、可控制精度等方面有相对的优势;用户在使用 CorelDRAW 软件平台过程中,只需按照自己的工作步骤一直做下去即可到达最后一个印前工序,因此它有相当的用户群,但是也有其固有的弱点,如速度慢等问题。

在排版过程中,通常把地图文件转化为 ps 文件或 Eps 文件,再调入排版软件中。此种方法是经过长期的工作实践积累起来的一种经验,但是有一个缺点,即在排版软件中只是看到一个方框,而看不到实际的地图文件。通常情况下,地图文件调入到排版平台后是一种无底状态,也就是说,白色的部分是透明的,在版式文件中为透底的,对图廓部分为非完全覆盖。在工作过程中,如果没有看到地图的实际图样,十分容易忽略它的非完全覆盖的特点,不及时处理此类问题,很容易产生制作上的失误。解决的方法如下:在 Illuastrator 软件中打开 Eps 的文件,生成可视化 Eps 同时,对地图文件中一些小的错误还可以进行修改。然后再调入版式文件中,这样一个可视化的地图文件便产生了。

① ps 文件在上述方法中是不可用的,因为 Illuastrator 在对文件解释中会出现错误,同时在解释完成后图形的符号、字体等会有很大的变化。所以,建议生成排版文件时,应采用封装的 Eps 文件。

② 不是所有的 Eps 文件都可以通过这种方法来实现可视化的地图文件,因为 Eps 有好几种类型,只有采用 postscrip2 标准的封装 Eps 文件,才能符合条件。

③ 这种方式适应的排版平台只适用 Adobe 公司的软件平台,对维思、飞腾等方正的排版软件没有效果。

④ 使用 CorelDRAW 软件过程中有栅格图像文件存在,则应该避免用此方法。

8.6.6　海图制图综合的方法

所谓海图制图综合,就是在满足海图主题与用途的前提下,在一定的海图比例尺的条件下,通过选取、化简等手段,将客观世界再现于地图介质上的一种理论和方法。制图综合是在制图过程中,通过对制图物体的选取和概括,将制图区域内的各个物体的主要特征和典型特点,客观地反映在海图上的一种制图方法。海图制图综合与海图要素的显示比例关系密切,在要求图面清晰、方便使用的前提下,比例尺越小,删减的要素就越多。将大比例尺图变成小比例尺图时,应尽量保留航行特征物,重要的特征物(如灯塔、航道碍航物等)应该在不影响图面美观的情况下保留下来。

海图制图综合是海图学的一种基本理论和方法,海图制图综合贯穿海图编制的全过程,如果没有科学的海图制图综合,就无法制作出高质量的海图。

8.6.6.1 制图综合的历史和现状

(1)制图综合的历史

① 1921 年,艾克尔特首次运用并叙述了制图综合的概念。他指出,制图综合的实质在于对制图对象取舍和概括,对其起主要作用的是地图的用途,强调了对制图对象进行深入研究的必要性。

② 1960 年,苏联的 M.K 保查罗夫出版了《制图作业中的数理统计方法》,较系统地研究了地理要素的分布规律和某些要素指标的确定。

③ 1962 年,德国的 F.Topfer 多次发表论文,提出了地物选取的方根规律公式。

④ 1972 年,F.Topfer 出版了《制图综合》专著,全面介绍了方根规律公式的应用。

⑤ 20 世纪 70 年代,计算机技术的迅猛发展和应用,对制图综合的研究和技术进步开辟了新的途径,制图综合的研究取得了丰富成果,解决了一些制图综合的算法问题。

(2)海图制图综合现状

海图制图综合是海图学的基本理论和方法之一,是海图编制的核心问题。随着科学技术的迅猛发展以及计算机科学、系统科学和信息科学等学科在测绘领域的渗透和应用,产生了地理信息论、地图模式论、地图感受论等一些新理论和方法以及计算机制图新技术。

制图综合的现状可以概括为以下几方面:

① 制图综合数学模型的研究尚未构成系统。目前大都是定额选取模型,如数理统计法、方根模型、图解计算模型、回归模型等。它们只是解决了选取多少的问题,而怎样选取的问题尚未能得到很好的解决。

② 制图综合作为一个完整过程,许多问题还没有或无法模型化。

③ 在实施制图综合的过程中,定量化的制图综合还不够系统、严密,制图综合的质量很大程度上取决于制图人员的经验和技能。

④ 现有的制图综合数学模型,在制图生产中应用较少。

基于地图、海图数据库的建立与应用,自动制图综合的研究也必将向高层次发展。

8.6.6.2 海图制图综合的依据

制图综合的重要思想包括选取与概括。

对制图物体的选取是处理海图负载量的适中性和清晰易读性的一种过程,其实质是为了解决和处理海图内容的数量问题。选取时,应该以制图资料为基础,以海图的用途为根据,以图的载负量和清晰易读性为条件,通过科学的思维,保留那些重要的和紧密联系的制图物体,从而构成具有实用价值的海图内容。

制图综合的另一重要思想就是概括,其实质是处理与解决海图的质量问题。概括的意思是精化,将经过选取而保留下来的制图物体和现象,通过科学的思维过程,揭示出制图物体间的共性和个性,从而把制图物体的重要特征和典型特点在海图上表示出来,使海图的内容既科学又具有正确性、完整性和明显性。

地理认知作为制图概括的主客依据,即对图上各种要素的认识贯穿制图概括的整个过程。具体来看,它表现在编图设计阶段,对制图概括的原则、内容、分类分级指标的"构思"上,以地理认知中所获取的关于地理环境的系统功能、层次结构、各要素的组合关系等知识为指导。在制图概括实施阶段,对海图要素的选取、数量和质量概括、图形简化等"构图"操作上,一方面在处理符合概括指标的要素或图形时能够进一步体会地理认知的控制和指导作用,做到心中有数,操作正确,不至于误解概括指标和规则;另一方面在遇到概括指标没有详细规定的要素或图形,或者某地物与多项指标均符合,难以决断时,就要根据自己对制图对象的理解来灵活处理。

海图编绘中概括指标(主客依据)主要取决于编绘规范、可视化原则、特殊要求。在制图概括中,图上的某些细节地物可能被剔除,地物的形状可能被简化,某些可能被合并,为了协调地物间的关系还有可能对某些地物实施移位处理,但地物的空间分布图形特征、距离和密度对比以及其相互间的拓扑关系必须保持。

海图制图综合考虑的因素有以下几个方面:

(1) 图形限制

图像限制包括:符号尺寸极限,图面分辨率,要素间距极限,信息负载限制。

(2) 地物地理特征的保持

地物地理特征的保持包括:保持地物的重要性,保持地物间的空间关系,保持地物的分级分类体系。

(3) 图或数据应用的要求

图或数据应用的要求包括:比例尺要求,内容结构要求,符号尺寸要求。

8.6.6.3　海图制图综合的原则

海图制图综合的原则涉及海图的使用对象,因为使用对象不同,对图纸的要求也将不同。船舶航行,关注的是海底最浅水深的精确度;而航道整治,不仅关注浅水深,也关注其他水深。

从航行角度考虑,海图制图综合的原则为:

① 内容完备性和清晰易读性统一。

② 几何精确性与地理适应性统一。

③ 保持景观特征。

④ 协调一致。

制图综合时,一般在保持总体图形的相似性和特征转折点的精确性及不同地段要素的密度对比情况下,对图形进行删除、夸大、合并和分割。

8.6.6.4　海图制图综合的方法

(1) 海岸线制图综合的方法

在海图上,规范规定中国大陆地区表示的海岸有以下 6 种:① 陡岸(不区分石质和土质);② 沙质岸;③ 岩石岸;④ 加固岸;⑤ 树木岸;⑥ 海堤(堤岸)。其他性质岸,如岩石岸、砾质岸、芦苇岸、丛草岸等,只表示岸线,不表示性质;我国港、澳、台及外国地区,海岸性质按原资料表示。

海岸线综合时一般遵循"扩大陆部,缩小海部"的原则,在小比例尺海图上应尽量保持岸线平面图形的类型和性质,可不表示较小海岸的海岸性质。

(2) 航行障碍物制图综合的方法

同样的物体或浅点,位于不同的深度其表示方法是不同的。一般来说,航行障碍物在任何比例尺的海图上都应进行标示。深度基准面以下的各种物体,航行用图上均应一个不漏地标示出来,在编绘时即使删去其他要素,也要尽量地保留这些特征点。而对于深度基准面以上的物体(如干出滩和岛屿),则可根据地形特点和比例尺情况进行适当的综合。

(3)海底地貌与水深注记制图综合的方法

海图上是以水深注记、等深线和海底地质注记表示海底地貌的。表示海底地貌的一般要求是:① 保证航行安全;② 正确显示航道;③ 充分反映海底地貌;④ 保持不同海图图幅之间海底地貌特点的一致性;⑤ 表示海底地貌要清晰、美观。

水深注记选取的原则和方法是:① 取浅舍深,保证航行安全;② 深浅兼顾,正确反映海底地貌形态;③ 选取能表示航道宽度和深度的水深,充分反映通航能力;④ 选取能表示各类地貌的深度、范围、走向等特征的水深注记。

(4)助航标志制图综合的方法

当进行小比例尺海图测绘时,考虑到图面的分辨率和清晰度,有些助航标志或注记需要进行删除省略。规范对不同比例尺区间的助航标志进行了详细说明。

在港口进出的航道两边,一般是成对布设助航灯浮标。由于航道一般仅有100多米,在小比例尺海图测绘时,如果成对灯浮标均表示可能会使图面不清晰,考虑到航行方便和安全,可将灯浮标保留成"之"字形结构。

8.6.6.5 海图制图综合的模型

制图综合由长期以来的定性描述逐渐发展为定量描述,即采用制图综合数学模型,以适应自动化制图的要求。目前,对制图综合数学模型的研究多限于物体选取模型,而且其中更多的是解决物体选取的数量问题。至于物体平面图形的化简问题,由于任何图形都可以看作是由基本线段单元组成的,平面图形结构也可看作是由内部结构单元组成的,因而形状问题转化为弯曲的取舍。这样,选取的数量模型也具有解决形状化简问题的功能。

(1)制图综合的回归模型

制图综合的回归模型是一种定额选取的模型,通过对已出版海图的研究,揭示出由资料图到新编图制图物体数量的变化规律,从而确定新编图上物体的选取数量指标。

(2)制图综合的方根规律模型

制图综合的方根规律揭示了新编图与资料图上制图物体的数量变化规律,这一规律以两种地图的比例尺分母为主要因子,因而称之为制图综合的方根规律。海图比例尺是影响制图综合的重要因素,它不仅决定海图上表示制图物体的容量,而且影响着对制图要素重要性的评价以及由此而决定的选取和舍弃。方根规律模型表明,在资料图和新编图的比例尺一定的情况下,只要获知资料图上制图物体的数量就可以方便地计算出新编图上应选取的物体的数量。方根模型对于制图综合的定量化、标准化有重要的意义。

(3)制图综合的等比数列模型

与回归模型或方根模型明显不同,等比数列模型属于结构选取模型一类,它可以直接确定制图物体是否选取,这是等比数列模型的显著特点。

(4)综合评价选取模型

综合评价选取模型,就是在全面分析物体选取的影响因素基础上,对物体的重要程度从各个方面加以综合评价,或者得到物体重要程度大小的等级序列。

8.6.6.6　海图制图综合的发展

（1）更新现代海图制图条件下制图综合的概念

在制图综合研究的不同时期,人们对制图综合的认识是不同的。随着现代数字海图的出现,传统的制图综合观念必将受到冲击,从而使人们不得不考虑在数字环境下的制图观念更新问题。

（2）加强规律性制图综合及其过程计量化、模型化和算法化研究

对制图综合规律性的认识,很久以来在制图界持有不同的观点。有人认为制图综合是主观过程,无客观规律可循,只取决于制图人员的技巧和经验。事实上,制图要素的空间分布及其相互联系有内在的规律性。

（3）加强海图数据库支持下的自动制图海图研究

自动制图综合一直是制约海图生产自动化进程的主要因素之一,是制图专家普遍关注的问题。现代制图技术的发展方向是"海图制图过程计算化、海图内容数据库化、海图制图过程自动化"。

（4）探索适应信息时代要求的制图综合新途径

世界正在进入信息时代,随着 GIS 技术、人工智能技术和各种新的科技理论与方法的不断出现、普及与完善,对海图制图的信息处理提出了新的挑战。

8.6.7　稀疏海岛制图综合的方法

8.6.7.1　变比例尺制图综合的原则

我国是海洋大国,岛屿众多,面积大于 500 m^2 的岛屿有 6 961 个(不包括台湾、香港、澳门诸岛),其中有居民海岛 433 个,无居民海岛 6 528 个,面积在 500 m^2 以下的海岛和岩礁近万个。这些岛屿具有显著的多尺度特征,其尺度变化范围从几十平方千米到几平方米不等,另外还存在众多难以确切统计的孤立礁石和暗礁。

针对我国岛礁的特点,本书提出"变比例尺"和"最小变点"的自动综合原则。海域和海岛的面积相差很大,为了在多尺度表达中突出显示岛礁信息,采用不同比例尺进行综合和表达海域和岛礁。根据全国海岛资源综合调查时的规定,在最高潮位露出海平面 500 m^2 的为岛,小于 500 m^2 的为礁,那么我国最小岛的面积为 500 m^2,根据极限圆原理,确定出海岛制图极限比例尺,在此基础上采用变比例尺制图综合原则进行海岛制图综合。

岛屿作为我国领土的重要组成部分,虽然在尺度上变化较大,但对于国防建设等方面具有同等的重要程度。根据不同的研究需要设定岛礁面积的最小阈值,小于阈值的岛屿综合简化为点对象,不再保留形状特征;大于阈值的岛屿按基于凸壳的制图综合方法进行制图综合,以保留它们的几何形状特征。

8.6.7.2　海岛定量选取原则的提出

海岛选取是制图综合的前提,本书在研究我国海岛分布特点的基础上提出海岛定量选取的四个原则:

① 按照海岛面积进行选取:面积小于 0.5 mm^2 时可以舍去。

② 按照形状选取:特殊形状不适于按面积进行选取的岛屿,例如狭长形,按走向直径进行选取,走向直径小于 1 mm 的岛屿可以舍去。

③ 按分布特征进行选取:对于密集分布的岛屿,为了在小尺度表达中能够清晰地再现

岛群的轮廓,按聚类方式进行选取。

④ 最小变点选取原则:对于有重要属性意义的岛屿,例如孤立的海岛或特殊地理位置的海岛,无论多小都要作为一个变点进行选取,并且根据需要放大或作为点对象进行显示。

8.6.7.3 带约束的制图综合方法

研究语义范畴自动综合方法,分析基于 Delaunay 三角网和 Voronoi 图的海岛自动制图综合方法的缺陷,基于计算几何的凸壳理论,提出带约束条件的岛礁制图综合方法,能较好地描述岛屿形状的明显凹点。约束条件分为方向条件约束和最长距离约束,在保证海岛走向特征的前提下,使用约束条件可以较好地描述海岛的形状特征。理论上,参数选择得越小,越能表达原图的形态,但阈值过小就起不到综合作用,所以参数的选择是关键。对不同表达尺度的角度和距离阈值进行测算,以确定最优阈值。

根据海岛的形态特征对海岛进行分类,在海岛分类的基础上,采用基于凸壳的海岛自动综合算法,进行海岛的形状综合。如图 8-26 和图 8-27 所示,根据海岛已知的有限点集 S 确定其 Convex Hull 算法为:

① 找出点集中纵坐标最小的点,若纵坐标最小的点不止一个,则选择其中横坐标最小的点,指定这个点为 P_1。

② 将 S 中任意点 P 按水平方向与射线 P_1P 的夹角排序。

③ 依次检验每个点,去掉非凸包点,即得到概括海岛外部基本形状的 Convex Hull。

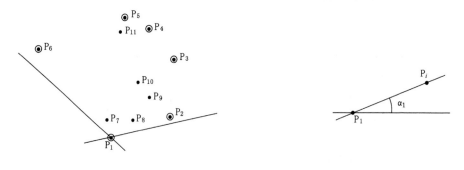

图 8-26　凸包点顺序图　　　　　　　　图 8-27　凸包点夹角图

为了保证对海岛上凹点的识别,在以上凸壳算法的基础上,增加方向和距离约束条件,以保证凹点的有效识别,其原理如图 8-28 所示。对于 MN 段的海岛边界线,按以上凸壳方法得到折线 MN,为了识别海岛边界上的凹点 A,采用该凹点和相邻凸壳点连线的夹角 δ 和 A 点到凸壳 MN 的距离 d 的约束条件进行判断。对于某一尺度的海岛制图综合,设角度阈值为 δ_{min},距离阈值为 d_{min},如果 $d>d_{min}$,则该点被作为凹点识别;如果 $d<d_{min}$,对 δ 进行判断,如果 $\delta>\delta_{min}$,则该点被作为凹点识别,否则该点被舍去。对于图中其他凹点 C、D、E、F 采用相同的约束条件进行识别。这样可以根据海岛表达尺度的需要,确定对某些凹点的取舍,以便在保证海岛基本轮廓的基础下,对细节进行综合。

8.6.7.4 海岛符号化表达和符号库的设计

制图综合方法和要素的符号化表达是密切相关的。根据视觉变量原理、知觉阈值和地理空间定位符原理,$Q=q(i,UP,m,j)|i\in I$,从符号结构、纹理、颜色、尺寸等多个不同角度,研究适于上述制图综合方法的海岛符号化表达方法,设计了稀疏海岛多尺度符号化表达的

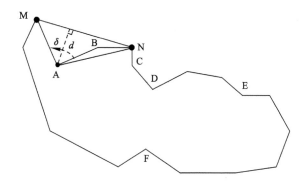

图 8-28　带约束条件的凸壳算法原理

有效方法,以便在比例尺缩放时仍能反映出海岛地理要素的基本特征。

关于海岛符号化的问题,在《中国海图图式》(GB 12319—1998)中仅有一节的内容进行了礁石的符号化规范定义,在《中国航海图编绘规范》(GB 12320—1998)中对岛屿岸线的表示、岛屿的综合原则进行了概述。根据岛礁地理要素的数据特点确定地理要素的类别划分,在此基础上,依据《中国海图图式》(GB 12319—1998)的规范要求,通过对岛礁特殊地理特征的研究,进行岛礁地理要素符号的扩充,并利用 GIS 制图软件实现岛礁地理要素专题符号库的构建,详细方法参照相关文献(柳林,2012;李万武,2011)。

本书基于 ArcGIS 数据库建立海岛数据库系统,利用实验数据进行海岛变比例尺制图综合和符号表达实现,如图 8-29 所示为对渤海湾内长岛岛屿群的制图综合实验效果图。

8.6.8　海图的识读与使用

8.6.8.1　海图的识读

（1）海图高程基准面与高程标记

海图基准面(Vertical Datum)包括海图的高程基准面和深度基准面。我国的高程基准面(Height Datum,HD)采用"1985 年国家高程基准面",也有采用当地平均海面作为起算面的。我国海图上标注的山头、岛屿及明礁等的高程起算面,都是以"1985 年国家高程基准面"为准。高程(Height)表示由高程基准面至物标顶端的海拔高度,表示方式为海图陆上所标数字以及水上带有括号的数字,单位是米。高度大于 10 m 的高程精确到米;高度小于 10 m 的高程精确到 0.1 m。高程点一般用黑色圆点来表示,并在其附近明确标有高程。

等高线为相等高程的各点在平均海面上垂直投影点的连线。细实线绘出的是基本等高线,每隔四条基本等高线画一条加粗等高线,等高线上的数字是该等高线的高程。凡用虚线描绘的等高线是草绘曲线,它表示并未经精确测量过;没有高程的等高线是山形线,在同一条曲线上不一定等高和封闭。等高线可以用来辨认山形。

灯塔(灯桩)的灯高(Elevation)是灯芯算至平均大潮高潮面的高度,单位是米。高度大于 10 m 的灯高精确到米,高度小于 10 m 的灯高精确到 0.1 m。

干出(Dries)高度是由海图深度基准面起算的、在大潮高潮面之下的物标高度。比高为物标本身的高度,是自地物、地貌基部地面至物标顶部的高度,表示方式是一般在物标旁括号内注有数字。

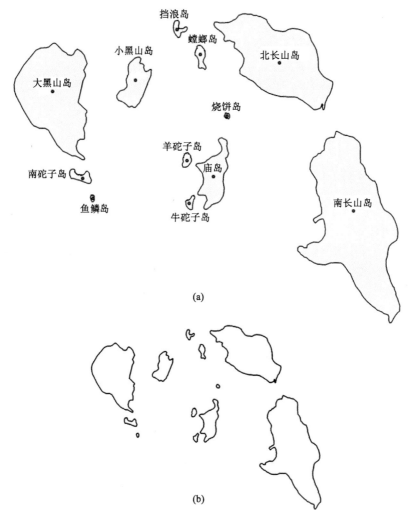

图 8-29　海岛制图综合效果图

(a) 制图综合前;(b) 制图综合后

架空电线(管道)净空高度(Charted Vertical Clearance)为自平均大潮高潮面或江河高水位至管线下垂最低点的垂直距离。

桥梁净空高度为自平均大潮高潮面或江河高水位(设计最高通航水位)至桥下净空宽度中下梁最低点的垂直距离,单位是米。高度大于 10 m 的桥梁净空高度精确到米;高度小于 10 m 的桥梁净空高度精确到 0.1 m。

(2)海图深度基准面及深度标注

我国海图的深度基准面为理论最低潮面或称理论深度基准面。水深即海图深度基准面至海底的深度。凡海图水面上的数字均表示深度基准面,但不包括带括号的和数字下有横线的,其中斜体字表示新测量的资料,正体字表示采用旧资料、深度不准确或来自小比例尺海图的资料;比例尺为 1∶500 000 或更小比例尺的海图上,水深一律采用斜体字。特殊水深表示未曾精测过或未曾改正潮高的水深或表示未测到底的水深,水深点的位置是在水深

数字整数字的中心,单位为米。水深浅于 21 m 的精确到 0.1 m;水深为 21～31 m 的精确到
0.5 m,小数 0.9、0.1、0.2、0.3 化至相近的整米数,小数 0.4～0.8 化至 0.5 m;水深大于 31
m 的精确到米。等深线是海图上水深相等的各点连线,一般用细实线描绘,10 m 以内诸等
深线分别用逐渐加深的颜色显示,用虚线描绘的等深线是根据稀少水深勾绘的,位置不
准确。

（3）海图图式

一张海图上不仅有经、纬线海图图网,而且还要把所用的航海资料按其各自的地理坐
标,用一定的图例、符号、缩写和注记绘画到图网上去,再经过制版和印刷而成为海图。这种
绘制海图所用的图例、符号、缩写和注记叫作海图图式。

（4）碍航物

碍航物(Obstruction)为航行障碍物,分为天然障碍物和人为障碍物。

天然碍航物主要包括明礁(Rock Uncovered)、干出礁(Drying Rock)、适淹礁(Rock A-
wash)和暗礁(Submerged Rock)等多种。

人为碍航物主要是沉船,包括部分露出深度基准面或沉船上水深分为 20 m 以内、20 m
及大于 20 m 等不同情况,分别用相应的图式来表示,并在其附近注记沉船年份和船名。碍
航物外加点线圈是提醒人们对危及水面航行的碍航物应予以特别注意,并非危险界限。

凡碍航物位置未被准确测定者,在图式旁加注“概位”或“PA(Position Approximate)”;
对位置有疑问者,应加注“疑位”或“PD(Position Doubtful)”;对碍航物是否存在尚有疑问
时,应加注“疑存”或“ED(Existence Doubtful)”;未经测量,据报的航行障碍物,同样也加注
“据报”或“Rep”。

（5）航标

航标的全称为助航标志(Navigational Aids)。海图上灯塔(Light-House)、灯桩(Light
Beacon)的位置在星形中心,立标(Beacon)、浮标(Buoy)和灯船(Light-Vessel)的位置在其
底边中心,无线电航标的位置在其圆心。

灯浮是以编号、形状、颜色、顶标及灯质来相互区别的。白天以灯浮的编号、形状、颜色、
顶标来识别,夜间以灯浮的灯质来识别。

灯塔、灯桩在大比例尺海图上按下列顺序给出以下内容:灯光节奏、灯光颜色、周期、灯
高、射程。

灯质(Light Character)是指灯光的性质,是以灯光节奏(Rhythm)和灯光的颜色组成
的。灯质的种类很多,最基本的有定光(Fixed)、闪光(Flashing)、明暗光(Occulting)和互光
(Alternating)四种,这四种灯质又可联合或组合成不同类型的灯质。

周期(Period)是灯光亮灭或颜色交替,自开始到以同样次序重复出现时,所需时间的
间隔。

雾号(Fog Signals)即雾警设备,是附设在航标上在雾天发出音响的设备,如低音雾号
(Diaphone)、雾笛(Siren)、雾钟(Bell)、雾锣(Gong)、莫尔斯雾号(Morse)等。

光弧(Sector)是船舶自海上看灯塔(灯桩)能够看到灯光的方向范围。光弧界限依顺时
针方向记载,方位系指由海上视灯光的真方位。光弧中有不同颜色者,均应分别注明。

（6）图注和说明

海图标题栏(Title Legend)为该海图的说明栏,一般制图和用图的重要说明均印在此栏

内，主要内容有出版单位的徽志以及该图所属的地区、国家、海区和图名；绘图资料来源、投影性质、比例尺及其基准纬度、深度和高程的单位与起算面、有关图式的说明、地磁资料、国界和地理坐标的可信赖程度等。另外，标题栏内还可能有图区范围内的重要注意事项或警告(Note and Caution)，如禁区、雷区、禁止抛锚区或有关航标的重要说明等；有时在海图标题栏附近还附有图区内的潮信表、潮流表、对景图、换算表和重要物标的地理坐标等。在使用航用海图时，应首先阅读海图标题栏内的有关重要说明，特别是其中用洋红色印刷的重要图注。

图廓注记(Marginal Notes)包括：

① 海图图号(Chart Number)：我国的海图图号是按海图所属区域编号的，印在海图图廓的四个角上。专用海图的图号在普通海图图号前加英文字母前缀"L(XX)"表示。

② 图幅尺寸(Dimensions)：是指海图内廓的尺寸，根据图幅可以检查海图图纸是否伸缩变形，图幅尺寸一般印在图廓外右下角处；括号内给出以毫米为单位的图幅尺寸，拓制海图单位为英寸。

③ 小改正(Small Correction)：是海图根据航海通告的改正，均须登记该通告的年份和号码，以备核查本图是否改正至最新通告。小改正一般印在图廓外左下角处。

④ 出版和发行情况(Publication Note)：要给出新图(New Chart)的出版和发行单位以及日期，在它的右面同时还印有该图新版(New Edition)和改版(Large Correction)日期，从新版、改版日期可以判断图载资料的可信赖程度。出版和发行情况印在图廓外下边中部。

⑤ 邻接图号：给出与本图相邻海图的图号，以便换图时参考。邻接图号印在图廓外。

⑥ 对数图尺(Logarithmical)：用来速算航程、航速和航行时间之间的关系。对数尺寸印在外廓图框的左上方和右下方。

8.6.8.2 海图的使用

(1) 海图的可靠程度评价

使用海图时需要通过以下几个方面进行评价：

① 海图的适用性。将海图或海图卡片上注明的出版、新版或改版日期与最新版的《航海图书总目录》所载明的该海图相应的出版日期进行查对，最新版海图要检查是否已改正到使用日期(Corrected up to Date)。

② 海图的测量时间和资料的来源。

③ 测深的详尽程度。

④ 海图的比例尺大小。

⑤ 地貌的精度与航标位置。

(2) 使用海图的注意事项

使用海图时应注意以下事项：

① 开航前应按航次需要抽取航线上所需要的海图，并逐张检查是否已及时改正和擦除。海图作业应保留到航次结束后方可擦去，并整理归还原处。如发生海事时，应及时封存海图，并保留到海事处理结束。

② 在拟定航线和进行海图作业时，应尽量选用现行版较大比例尺的海图。用图时，应对图上航线附近的物标、地形、底质、危险物、航标以及海图标题栏中的重要说明和注意事项等都必须仔细地进行研究。

③ 要善于鉴别一张海图的可信赖程度。凡经过详细测量过的海图,图上的水深点应该是较密集的,而且是有规律排列的,在水面上不应该存有很多的空白处。凡根据精测资料绘制的海图,其等深线、等高线和岸线都应该是用实线来描绘的,而不应该用虚线画出。凡新出版的海图,其测量日期、出版日期以及再版日期都应该是近期的,而不应该是过时的。海图水面没有水深的空白处,并不表示在该处海中不存在航海危险物,而仅仅说明该处没有经过详细测量,航行时应该把它作为航行危险区避开。

④ 海图也可能存在误差和不准确处,特别是资料陈旧的旧版海图,不应盲目相信。

⑤ 海图作业时应按相关规定用软质铅笔轻画轻写,不用的线条和字迹应用软质橡皮擦净,擦净后的图上应不留痕迹。

第9章　海洋GIS软件工程

9.1　海洋GIS需求分析

本章内容为海洋GIS软件工程,为避免论述抽象空洞,以笔者自行研发的《青岛绿潮信息监测与评估系统》为例进行软件工程需求分析、系统设计、软件评价等相关内容的讲解。

9.1.1　需求分析概述

任何软件工程在进行系统设计和研发前都需要进行系统需求分析。需求分析主要是和客户及领域专家沟通,进行需求的收集和分析,然后通过标准的文书准确地表达出来,并形成需求规格说明书等文档,交由设计人员进行后续的系统设计工作。

9.1.1.1　功能需求分析

系统功能需求分析就是通过与用户的多次沟通,进行详细的需求分析,确定系统的主要功能。例如《海洋灾害案例库综合管理系统》软件,通过与用户交流进行功能需求分析,确定系统的主要功能,包括案例的上传、编辑、审核、推理、检索和删除等。此外,用户要求在系统中加入电子地图功能,将其作为案例检索系统的辅助功能,使其能够与案例检索功能进行交互。因此,基于GIS的《海洋灾害案例库综合管理系统》将由用户管理子系统、案例管理子系统、系统管理子系统三部分组成。

9.1.1.2　性能需求分析

为了使系统能够稳定运行,系统的可扩展性、可靠性和易使用性是性能需求分析的关键因素。

(1)可扩展性

可扩展性是指系统能满足不断变化的复杂用户需求和业务要求,以添加新功能或修改完善现有功能来考虑软件的未来成长。可扩展性是软件拓展系统的能力,可扩展性可以通过软件框架来实现,包括动态加载的插件、顶端有抽象接口的类层次结构、有用的回调函数构造以及功能具有逻辑性并且可塑性很强的代码结构。

(2)可靠性

在所需的响应时间内提供服务是体现系统质量的一个重要方面,系统必须保证能提供用户所需的可靠有效的信息,系统的设计必须确保与系统稳定运行的硬件和软件环境所协调。

(3)易使用性

用户界面友好,使用简单,操作方便,发布的系统应该允许合法用户通过互联网在任何地方访问。

9.1.1.3　数据需求分析

系统数据需求分析是需求分析的重要组成部分,用于说明系统的输入、输出数据以及系统内部存储数据的要求。数据库是系统的最重要部分,主要用于数据的维护和数据的各种显示,其中数据模型说明了系统所要存储的数据以及数据之间的关系。

9.1.1.4　质量需求分析

系统质量需求分析是确定系统执行功能的好坏程度,许多质量需求分析不仅仅是对软件进行需求分析,而是对整个系统进行需求分析,下面分别进行说明。

① 界面风格需求:稳重、严肃,主色调倾向于蓝色、白色、黑色。

② 可用性需求:系统界面友好、简洁清晰,以便于用户能快速地掌握并使用;系统访问速度快,避免等待;系统应使用通俗的语言、被用户所熟悉的词汇,避免出现有歧义的词汇。

③ 环境需求:需要分享数据,应该遵循通用的软件开发技术。

④ 可维护性需求:系统应该具有延展性并且可维护。

⑤ 安全性需求:用户的信息能够得到保护,不能被随意篡改;系统确保安全,尽量不受到黑客的攻击。

9.1.1.5　系统的其他需求

除了系统的功能需求和性能需求外,还有如用户接口、设计约束等需求,概述如下:

（1）用户界面简洁

系统用户界面一定要尽量简洁明了,实用性强,信息量大;用户界面必须符合主题,具备一定风格。

（2）用户操作方便

海洋 GIS 作为一个海洋数据管理和分析系统,应该能够在用户尽量少的操作步骤内让用户得到其想要的信息,尽量减少冗余操作。

9.1.2　需求分析方法

软件系统需求分析的方法很多,包括原型化方法、结构化方法、动态分析法等,其中最常用的是原型化方法。原型就是软件的一个早期可运行的版本,它实现了目标系统的某些或全部功能。原型化方法就是尽可能快地建造一个粗糙的系统,这个系统实现了目标系统的某些或全部功能,但是这个系统可能在可靠性、界面的友好性或其他方面存在缺陷。建造这样一个系统的目的是考察某一方面的可行性,如算法的可行性、技术的可行性或考察是否满足用户的需求等。例如,为了考察是否满足用户的要求,可以用某些软件工具快速地建造一个原型系统,这个系统只是一个界面,然后听取用户的意见,改进这个原型,以后的目标系统就在这个原型系统的基础上进行改进和开发。

原型系统主要有三种类型,即探索型、实验型、进化型。

① 探索型原型系统:目的是要弄清楚对目标系统的要求,确定所希望的特性,并探讨多种方案的可行性。

② 实验型原型系统:用于大规模开发和实现前,考核方案是否合适、规格说明是否可靠。

③ 进化型原型系统:目的不在于改进规格说明,而是将系统建造得易于变化,在改进原型的过程中,逐步将原型进化成最终系统。

在使用原型化方法时有两种不同的策略,即废弃策略、追加策略。

(1) 废弃策略

废弃策略是先建造一个功能简单而且质量要求不高的模型系统,针对这个系统反复进行修改,形成比较好的思想,据此设计出较完整、准确、一致、可靠的最终系统。系统构造完成后,原来的模型系统就被废弃。探索型原型系统和实验型原型系统属于这种策略。

(2) 追加策略

追加策略是先构造一个功能简单而且质量要求不高的模型系统,作为最终系统的核心,然后通过不断地扩充修改,逐步追加新要求,发展成为最终系统。进化型原型系统属于这种策略。

9.1.3 需求分析实例

下面以《青岛绿潮信息监测与评估系统》为示例进行海洋 GIS 软件系统需求分析。

(1) 浒苔及绿潮灾害

浒苔是绿藻门石莼科的一种,藻体呈草绿色,管状膜质、丛生,主枝明显,分枝细长,高可达 1 m。由于全球气候变化、水体富营养化等原因,造成海洋大型海藻浒苔绿潮暴发。大量浒苔漂浮聚集到岸边,阻塞航道,同时破坏海洋生态系统,严重威胁沿海渔业、旅游业发展。青岛海域最早于 2007 年出现浒苔,至今已经连续出现多年,每年 7~8 月登陆青岛,大片浒苔漂浮在海面上,有的呈长条状,长达上百米。

(2) 绿潮对环境、经济的影响

近年来,浒苔灾害已在我国多处发生,尤其是 2008 年大量浒苔从黄海中部海域漂移至青岛附近海域,使得青岛近海海域及沿岸遭遇了突如其来、历史罕见的自然灾害。青岛作为 2008 年夏季奥运会帆船比赛场地,浒苔曾一度对帆船运动员海上训练造成影响。为了消除浒苔对奥运会的影响,青岛市政府动用了大量的人力、物力,累计清除浒苔 100 多万吨,浒苔的污染也引起了人们的格外关注。

然而,浒苔处理问题不同于一般的固态垃圾处理,它的生成没有固定地点,其繁殖与漂移也受各种因素的影响,目前的处理方式未能达到对现有资源的优化配置。鉴于此,采用更为高效的 GIS 空间分析与建模技术,综合分析各种影响因素,以实现对浒苔污染范围的动态预测和制订相应的处理方案。

青岛作为全国知名的旅游城市,"红瓦,绿树,碧海,蓝天"是青岛的旅游特色,浒苔一旦登陆海岸,将对青岛海岸旅游资源造成很大的破坏,对青岛市的旅游业造成负面影响。因此,迫切需要应用 GIS 相关技术以高效处理浒苔造成的一系列环境问题。

(3) 功能需求分析

基于高效处理浒苔灾害的迫切需要,需开发一个对绿潮灾害进行管理、分析、预测和处理的软件系统,其应具有的功能包括:

① 对绿潮灾害影响因素(包括水温、盐度、地形、含氧量等空间信息和属性信息)进行采集、处理和管理。

② 实现地图的基本操作,例如放大、缩小、量算等。

③ 根据成长条件分析出浒苔的出现范围以及短期内的分布状况变化。

④ 快速准确地生成预定时间内浒苔的分布情况,并采用适当方式进行可视化。

⑤ 根据输入条件对绿潮分布和漂移进行预测。

⑥ 具有对已有浒苔进行相应处理的预警方案。

⑦ 分析得到浒苔的最佳处理位置及人员调配方案并图形化表达分析结果。

⑧ 规划浒苔垃圾的运送方案和路径,为管理决策者提供辅助决策信息。

⑨ 对相关信息和分析结果进行查询。

（4）用户定位

软件系统用户定位于行业主管部门,为环保局、海洋局对绿潮灾害管理和综合治理提供数据、分析工具和辅助决策支持。利用此系统可帮助主管部门快速分析出浒苔污染范围并得出相应的解决方案,提高环保相关部门的办事效率,节省人力、物力耗费。

（5）数据需求分析

软件系统主要涉及青岛周边海域的绿潮灾害的管理和分析,提供的数据包括青岛周边海洋地图、青岛周边海域历年绿潮分布图、青岛海域气象数据、青岛海域水文数据等。

（6）性能需求分析

软件一期研发完成后,用户同步访问承载量 5 000 个,查询检索请求反应速度为 10 s 之内。

（7）其他需求分析

当软件或硬件出现故障时,系统能够自动备份数据库中的数据;软件兼容性好、运行稳定、有一定的安全保障;软件的维护文档齐全,便于维护。良好的人工操作界面,便于工程技术人员操作系统;用户的各种操作(包括错误操作),系统能给出相应提示。

9.2　海洋 GIS 功能设计

本节以笔者团队研发的《青岛绿潮信息监测与评估系统》为例,进行系统功能设计。

9.2.1　系统功能架构设计

为了尽快确定绿潮的分布范围以及影响区域,获取绿潮影响的详细信息,使环保和海洋部门更高效地展开工作,减轻绿潮对旅游业的影响,减少经济损失,进行《绿潮信息监测与评估系统》功能设计。系统设计思路从如下几个方面展开,设计思路图如图 9-1 所示。

① 多源、多时态数据管理机制,可以将海监船、时态盐度分布变化、时态绿潮厚度分布变化等信息进行统一管理,可以控制数据在地图上的显示状态,查看不同时刻、不同类型的数据。

② 在二维、三维场景下对绿潮影响区域变化进行动态模拟,可以直观地再现绿潮的扩散过程,获得任意时刻绿潮的分布状态,并通过浮标轨迹模拟显示浮标的运动状况和洋流场的变化分布,为主管部门决策提供依据。

③ 通过损失评估模型和打捞路线的可视化,可将近期绿潮对旅游业、环境等方面的影响更清楚地表现出来,并且预测未来浒苔的走势以及浒苔的污染等级和有关方面的影响状况,向有关部门及时发出不同等级预警提示,为评估提供决策支持。

④ 信息发布,系统可将分析的结果以多种形式对外进行发布和共享,包括通过飞信通信、邮件通信、发布到网站等,方便工作人员及时交流和有关信息的共享,及时了解浒苔

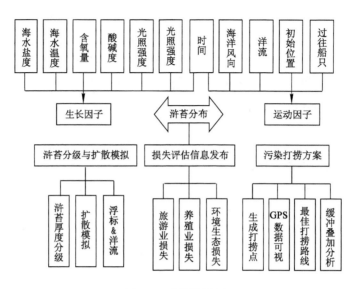

图 9-1　功能设计图

灾情。

⑤ Socket 移动终端机制，利用 Socket 通信技术，结合 WP7 开发的手机移动端程序，能实现用户在手机上对绿潮信息的最新动态进行可视化查询和操作；移动巡监人员和打捞作业人员可通过移动终端与系统进行信息实时交互。

最终系统功能设计为 6 个模块和一个后台数据管理模块，6 个功能模块分别为信息查询、扩散模拟、预警分析、生态评估、信息发布、系统设置。另外，还实现了数据的处理、管理及地图基本操作功能。系统架构设计如图 9-2 所示。

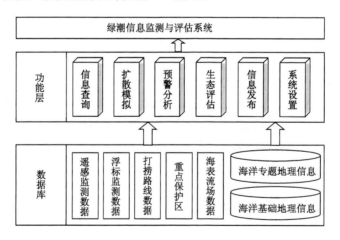

图 9-2　系统架构图

9.2.2　移动端功能设计

手机移动终端主要实现二维地图浏览、浒苔信息查询、浒苔分布查看、Socket 实时通信等功能。

9.2.3　系统研发环境设计

（1）系统开发环境

《青岛绿潮信息监测与评估系统》的开发环境如下。

① 操作系统：Microsoft Windows 7/8 系统。

② 开发语言：VS2010(SP1)。

③ 数据库：Microsoft SQL Server 2008 R2 版本。

④ SDK：WP7 SDK。

（2）系统运行环境

软件环境：Microsoft Windows 7/8、C♯. NET Framework 4. 0、ArcInfo 10. 0、ArcEngine 10. 0。

硬件环境：1 GB 以上内存并且含有 2 GB 以上剩余硬盘空间。

数据库平台：Geodatabase 数据库、SQLSever2008。

9.2.4　系统设计亮点

（1）二维与三维动态模拟分析

在二维与三维的场景下，利用计算机图形学算法（C♯ ＋ ArcEngine ＋ OpenGL）实现对洋流、浮标与绿潮分布及扩散的模拟分析，以充分体现海洋 GIS 的动态可视化效果。

（2）手机模块 Socket 实时信息交互

手机模块借助 Socket 通信技术和 GPS 实时定位技术，实现移动终端的实时信息交互。对于及时应对突发性事件有着极大的帮助，实现实时信息服务功能。例如，打捞网的断裂，对一些珍贵资源或者养殖区的影响及应急抢救方案等，需要实时通信等技术。

（3）多视图联动分析

实现多视图联动分析，包括卫星视图、矢量地图、三维视图和海图等的联合分析。基于四种视图的分析各有优点，可以满足不同客户的各种需求。例如在海图上的分析，可以更直观地查看绿潮对相关海域的航道和港口的影响情况。

（4）最佳打捞路线规划和生成

利用手机的 GPS 定位功能，实时了解打捞船的打捞状况，监测打捞船体的分布，规划打捞路径，对打捞船只进行调遣，达到资源利用的最大化以及效率的提高。根据浒苔移动的趋势，分析出影响区域，对一些重点区域实施优先打捞拦截，并且对打捞船只的路线、数量做出精确定位和规划，以减少对著名旅游景点的影响，加强对重点养殖区的保护。

（5）绿潮模型动态模拟

根据绿潮扩散数据以及海域气象、水文条件，真实再现绿潮的移动状况，预测以后绿潮的分布，对于主管部门了解绿潮的影响因素、绿潮的发展状况有着重要帮助，有利于主管部门制定绿潮的防治方案。

（6）信息的发布

绿潮信息通过飞信、邮件、网页等方式发布。对于需要公众了解的绿潮相关信息可以通过网页发布，有利于公众对浒苔灾害的及时了解；对于决策相关信息可以通过邮件发送，保密性较高；对于打捞人员的派遣、打捞路线导引等实时消息的传送，可以选择实时通信、飞信等方式,快捷实时。设计时需考虑不同人群的信息发布方式的差异。

9.3 海洋 GIS 数据管理设计

9.3.1 空间数据库的设计

ArcSDE,即数据通路,是 ArcGIS 的空间数据引擎(Spatial Database Engine,SDE),它是在关系数据库管理系统(Relational Database Management System,RDBMS)中存储和管理多用户空间数据库的通路。在 RDBMS 中融入空间数据后,ArcSDE 作为一个连续的空间数据模型,可以提供空间和属性数据进行高效率操作的数据库服务。ArcSDE 采用 Client/Server体系结构,因此允许多用户同时并发访问和操作同一数据。ArcSDE 还提供了应用程序编程接口(Application Programming Interface,API),开发人员可将空间数据检索功能和分析功能依据自己的需要集成到自己的应用系统中去。

ArcSDE 服务是服务器端和客户端进行交流的基础。首先,用户根据 ArcSDE 的服务器名或服务器 IP、端口号、ArcSDE 的登录用户名和登录密码连接 ArcSDE,如果连接信息错误,再次输入连接信息重新连接。然后,看服务器端的 ArcSDE 是否拥有使用权限,如果没有权限或权限过期,则必须安装新的许可文件,直至连接成功。ArcSDE 技术可以充分实现视图与空间数据的无缝集成。

《青岛绿潮信息监测与评估系统》的空间数据库采用 ArcSDE 来管理,根据 ArcSDE 对空间数据存储方案,将空间数据利用地理数据库(Geographical Database,GDB)存储为相应的点状图层、线状图层和面状图层。

① 点状图层:如居民点、水深点、高程点、出船码头、观测站点等。

② 线状图层:如水系线、标注线、等深线、海底管线、海岸线、油轮交通运输线等。

③ 面状图层:如海洋陆地面、水系面、人工养殖区面、自然保护区面和自然生物分布区面等。

(1) 基于 ArcSDE 对矢量数据的存储与管理

一般情况下,ArcSDE 使用压缩的二进制格式来存储要素的几何图形,一个压缩的二进制要素类由商业表(Business Table)、特征表(Feature Table)和空间索引表(Spatial Index Table)组成。

ArcSDE 主要通过商业表进行属性数据和空间数据之间的连接,通过图层表(Layer Table)、特征表和空间索引表存储和管理空间数据,它们之间主要依靠要素进行关联。特征表和空间索引表对用户而言是不可见的,它们通过对图层表和商业表的读写操作,实现对空间数据的存储和管理。

(2) 基于 Geodatabase 数据库的数据管理

Geodatabase 是一种采用标准关系数据库技术来表现地理信息的数据模型。Geodatabase 支持在标准的数据库管理系统(Database Management System,DBMS)表中存储和管理地理信息。Geodatabase 支持多种 DBMS 结构和多用户访问,且大小可伸缩。从基于 Microsoft Jet Engine 的小型单用户数据库到工作组、部门和企业级的多用户数据库,Geodatabase 都支持。

目前有两种 Geodatabase 结构：个人 Geodatabase 和多用户 Geodatabase（Multiuser Geodatabase）。个人 Geodatabase 对于 ArcGIS 用户是免费的，它使用 Microsoft Jet Engine 数据文件结构，将 GIS 数据存储在小型数据库中。个人 Geodatabase 更像基于文件的工作空间，数据库存储量最大为 2 GB。个人 Geodatabase 使用微软的 Access 数据库来存储属性表。

对于小型的 GIS 项目和工作组来说，个人 Geodatabase 是非常理想的工具。通常，GIS 用户采用多用户 Geodatabase 来存储和并发访问数据。个人 Geodatabase 支持单用户编辑，不支持版本管理。

多用户 Geodatabase 通过 ArcSDE 支持多种数据库平台，包括 IBM DB2、Informix、Oracle（有或没有 Oracle Spatial 都可以）和 SQL Server。多用户 Geodatabase 使用范围很广，主要用于工作组、部门和企业，利用底层 DBMS 结构的优点实现以下功能：

① 支持海量连续的 GIS 数据库。

② 多用户的并发访问。

③ 长事务和版本管理的工作流。

基于数据库的 Geodatabase 可以支持海量数据以及多用户并发。在众多的 Geodatabase 实现中，空间地理数据一般存放在大型的 Binary Object 中，对于大对象的插入和取出操作，关系数据库是非常高效的。

9.3.2　属性数据库的设计

海洋相关的属性数据库是对浒苔信息存储、分析、统计、查询、更新等的核心工具，通过数据库来管理区域属性数据。对于海洋数据来说，根据浒苔打捞情况的实际需求，在数据库中建立相应属性表，属性表中存储事件的 ID、名称、经度、纬度、突发时间、影响时间等相关的属性信息，在属性表中设置名称为外键，通过主键与空间数据库进行联结。

用户数据库主要是保存、管理使用者的相关信息，记录了 ID、用户注册名、用户昵称、登录密码、用户角色等相关信息。通过获取登录者的用户角色来判断其使用权限。管理者可以对数据库进行添加、删除、编辑和更新的操作，普通用户则只具有浏览、分析等功能。

9.4　海洋 GIS 界面设计

在 GIS 软件工程系统设计阶段，除了精心设计系统功能、实现算法、数据结构等内容外，一个很重要的部分就是界面的设计。对于成功的 GIS 软件，友好的界面是不可或缺的。系统界面是人机交互的接口，包括人如何命令系统以及系统如何向用户显示信息。用户界面的好坏，既影响系统的形象和直观水平，又决定了是否可被用户所接受，用户是否能够深入地使用系统功能。良好的用户界面设计是保证系统正常运行的一个重要因素，它影响用户对系统的应用态度，进而影响系统功能的开发。

9.4.1　界面设计的原则

《青岛绿潮信息监测与评估系统》的界面设计遵循界面设计的基本原则，自顶向下逐层分解，先设计出最高一级用户界面，即主界面所应包含的功能图标，每一图标实现一类功能；

然后针对每一类功能图标，分别设计其下一级界面，即二级界面上的功能，其上的每个图标实现该类功能的某一方面的操作；此后再设计下一级界面。由此类推，直到完成某一基本操作为止。系统的主界面如图 9-3 所示，用户可以很方便地使用系统的各个功能。

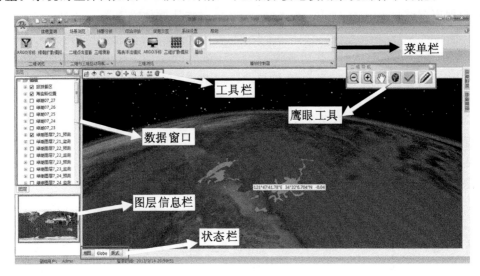

图 9-3　系统主界面

　　一个设计良好的用户界面使得用户更容易操作系统，从而增加系统的接受程度。本系统用户界面的设计具有以下几个特性：

　　① 相似性原则：程序内部的相似性和与同类型其他应用软件的相似性。前者指应用程序在响应用户的输入和输出时，对于同一类型问题的处理互相一致，采用一致的术语、一致的步骤和一致的活动。后者指同种类型的应用软件在响应用户的输入或输出时，使用相似的控制机制。

　　② 直观性原则：从用户的思维及视觉的角度去考虑软件界面设计，用户界面必须能及时提供当前任务的执行状态。即不"哑播放"——长时间的操作需要告诉用户进展的状况，提供清晰的帮助信息——用户在遇到问题时能及时得到帮助，为更多的高级特性提供联机参考信息。

　　③ 操作步骤少：敲击键盘和点击鼠标的次数减到最少。对于一些相对固定的数据，避免频频输入（特别是汉字），只需点击鼠标轻松选择。

　　④ 撤销功能：本系统具有支持或者至少部分地支持恢复原状的功能。

　　⑤ 减少人脑的记忆负担：不要求用户从一个窗口记忆或者写下一些信息，然后在另一个窗口中使用。

　　⑥ 细化命令层：本系统考虑了排列、整体与部分的组合、宽度与深度的对比、最小操作步骤等问题。一个层次太"深"的命令项会让用户难以发现，而太多命令项目则使用户难以掌握，本系统力求避免以上问题。

9.4.2　系统主界面的设计

　　《青岛绿潮信息监测与评估系统》主界面采用人性化的操作系统界面，友好美观，其设计与使用完全类似于 Windows 操作系统,因此对于熟悉 Windows 操作的用户来说,无须经过培训就可以使用本系统。第一次运行系统时,首先会进入系统欢迎界面,然后进入系统主界面。

系统主界面框架由以下几部分组成:菜单栏、工具栏、图层信息栏、鹰眼图、地图窗口、数据窗口、状态栏等。

① 菜单栏:位于软件的上方,根据功能性质将功能进行分类,同一类性质的操作放在同一菜单下面。

② 工具栏:位于菜单栏的下方,它是菜单栏中某些主要功能的快速调用方式,方便用户的操作。工具栏中的图标与菜单栏中的图标相对应。

③ 鹰眼图:其内部为地球当前可见视图范围,红色线框随地球的漫游、放大、缩小自动变化,更新其框选区域的大小和位置。单击鹰眼图的某一位置,红色线框随之变化,结果以鼠标点击点为中心,以地球当前可视范围为大小,同时地球旋转到鼠标点击点的地理坐标位置。鹰眼图可以实现鼠标中键缩放。

④ 地图窗口:位于"地图"标签的下侧,用来显示矢量数据和 Access 数据,并提供用户与软件进行交互的接口。图层显示以 ESRI 公司的 ArcGlobe 为开发对象。

⑤ 数据窗口:位于"数据"标签的下侧,用来显示 Access 数据,并提供用户与软件进行交互的接口。

⑥ 图层信息栏:位于视图的左侧,用来显示加载到 ArcGlobe 上的图层信息。随着地图比例尺的变化,显示的图层信息也随着变化。

⑦ 工具功能提示:鼠标放到某个工具上后,会显示相应的工具功能,为用户对工具的认识提供便利。在此提示下,用户不用查看帮助文档,就可以进行快速学习和使用。

⑧ 工具显示选择:对于显示在工具栏中的工具,用户可根据需求进行选择,将不需要的或者不感兴趣的工具去掉,只保留当前对自己有用的工具。

9.5 系统研发实现

《青岛绿潮信息监测与评估系统》是基于 VS 开发平台的 ArcGIS 二次开发。按照系统设计中的研发环境,进行软硬件资源的配置、研发环境设置、程序编写和调试,完成了《青岛绿潮信息监测与评估系统》的研发。点击绿潮信息监测与评估系统.msi 系统安装包,安装完成后,进行系统配置,主要包括"数据库加载"和"数据文件配置"两个步骤,具体操作如下。

(1)数据库加载

将"附加数据库文件"中的 db_GTIS 数据库文件附加至 Microsoft SQL Server 2008 R2 版本的本地用户(Local)下。

(2)数据文件配置

在安装完成后将以"数据文件"命名的文件夹拷贝至系统安装文件夹内。

在配置完成后,双击《青岛绿潮信息监测与评估系统》的图标,系统有管理员与一般用户两种登录方式。采用管理员用户登录后,点击左上角的打开图标加载.mxd 文件,路径为:"数据文件"下的 ArcMap 地图文件.mxd,即可在系统中成功显示地图文件。

《青岛绿潮信息监测与评估系统》实现了以下功能。

9.5.1 系统主体功能的实现

《青岛绿潮信息监测与评估系统》实现了六大功能模块。

（1）信息查询模块

信息查询模块主要实现了多地图的显示与查看，包括卫星地图、矢量地图、海图、三维地图。四种地图各有优点，能够满足不同用户的各种信息查询需求，其中海图上涵盖了黄海海域的所有航线、航道和港口信息，能很方便查看绿潮覆盖面对近海航道的影响，可及时更改航线，最大限度减少浒苔对海上运输的影响。海图的预览如图9-4所示，基本的地图浏览功能有放大、缩小、全图、漫游、自由缩放、空间量算、鹰眼等。

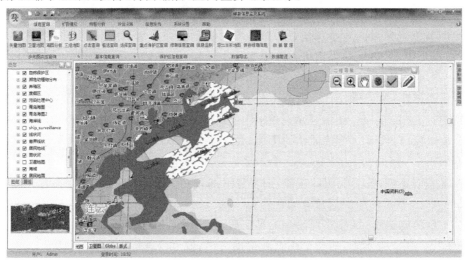

图 9-4　海图预览

信息查询功能包括基本信息的查询（如旅游景点、养殖区、重点保护区等）、绿潮信息查询（图9-5）、绿潮分布面积的查询以及导出当前地图和数据管理。

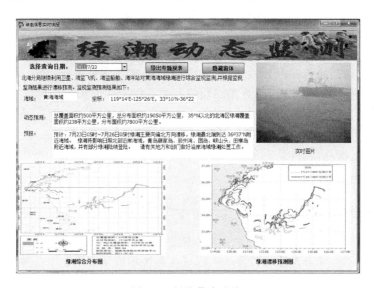

图 9-5　绿潮信息查询

其他查询还有：地域、海域查询；海域的温度、盐度、酸碱度、氮磷分布查询（图表查询）；地物查询（图 9-6）；洋流方向与分布查询；区域绿潮发生记录查询；某海水的成分含量查询；单位水中引起绿潮的浮游植物个数查询；光照强度查询；绿潮增长速率查询；等等。

图 9-6　地物查询

（2）扩散模拟模块

扩散模拟模块包括以下模拟和分析功能：

① 扩散路径动态模拟：基于时态 GIS，选择模拟分析海域、时间段，用时间滑块实现动态模拟，实现了多时刻查询。在二维、三维环境下通过对 ARGO 浮标的动态追踪和洋流场的动态分布变化，可以间接反映出绿潮的漂移扩散路径及路径的动态可视化。

② 二维模拟分析：包括浮标位置变化模拟、洋流动态模拟、扩散路径渐变模拟等。根据提取的空间信息及属性数据，如浒苔初始分布位置和数量、海水温度、风向风力、降水、海浪、海水盐分、海岸线地形、时间、过往船只等参数及其对浒苔生成影响程度，生成特定时间内浒苔在近海海域预期分布状况图。

③ 三维模拟分析：包括浮标位置变化模拟、洋流动态模拟、扩散路径渐变模拟等，实现了海水纵切面三维显示（海藻的厚度、分布情况、悬浮深度等）。三维模拟分析功能如图 9-7、图 9-8 所示。

（3）预警分析模块

预警分析模块是根据海域盐度、温度、酸碱度生成分级设色的预警模型，对高危海域实施一级监控。浒苔灾害不同于其他环境污染，它的生成没有固定地点，其繁殖与漂移也受到各种因素的影响，因此可以根据提取的空间信息及属性数据，对近海区域进行分析，得出生成浒苔的可能性大小预报图，并采用分级设色方法表示灾害严重程度。

预警分析模块的主要功能：生成盐度分布图、浒苔厚度分布图，浒苔厚度的三维查询，生成打捞模型、最佳打捞路径，打捞点安置，人员分配，设备选取示例方案等。图 9-9 为根据数据库中的海水表层盐度数据生成近海的表层盐度分布渲染图，图 9-10、图 9-11 为浒苔厚度三维查询和显示功能图。

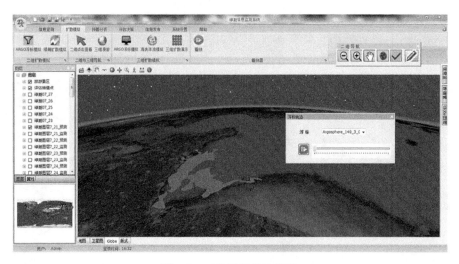

图 9-7　三维浮标轨迹模拟

图 9-8　洋流分布模拟

图 9-9　海水表层盐度分布图

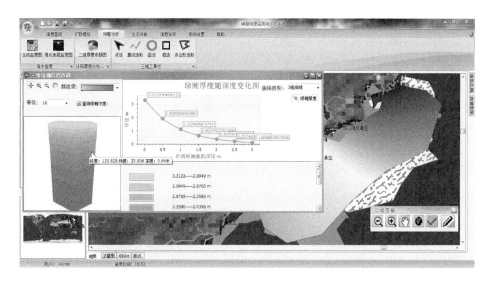

图 9-10　浒苔厚度三维折线图

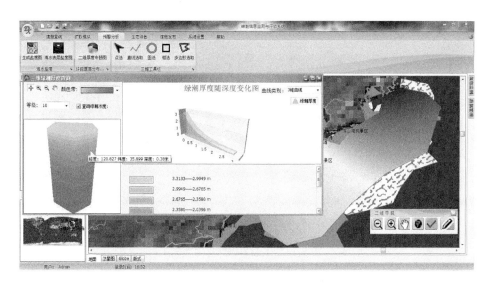

图 9-11　浒苔厚度三维可视化

（4）生态评估模块

① 评估模块包括生态健康评估、旅游损失评估、生物损失评估等。

生态健康评估的具体内容主要是环境污染，根据浒苔的分布面积、风场、温度以及当时的其他条件确定污染级别，给有关单位提出建议，如打捞船只的数量、拦截范围等。

旅游损失评估的具体内容是在往年客游量的基础上，参考旅游景点旅游指数、浒苔范围、污染级别等，根据专业计算公式计算而来，包括餐饮、运输、旅行社等损失的总和。

生物损失评估，由于养殖区与非养殖区的生物密度有很大差别，把它分开计算，并且成年鱼与幼鱼计算方法不同。

成年鱼损失计算公式为：

$$W = D \times R \times V \times M \tag{9-1}$$

式中，W 为成体损失量，t；D 为渔业资源密度（以重量计），t/km^2；R 为成体比例，%；V 为影响面积，km^2；M 为浒苔致死率，%。

幼鱼损失计算公式为：

$$W = D \times r \times V \times M \times N \times I \times 10^{-6} \tag{9-2}$$

式中，W 为成体损失量，t；D 为渔业资源密度（以尾数计），ind/km^2；r 为幼体比例，%；V 为影响面积，km^2；M 为浒苔致死率，%；N 为长成率，%；I 为渔获物每尾的质量，即尾重，g/ind。

海洋植物的损失计算公式为：

$$W = D \times V \times M \times W \tag{9-3}$$

式中，W 为植物损失量，t；D 为植物资源密度，t/km^2；V 为影响面积，km^2；M 为浒苔致死率，%。

② 生成风险评估报表，包括影响范围、直接经济损失、灾害等级等。

风险评估相关功能的实现如图 9-12～图 9-16 所示。

图 9-12　生态健康状况得分图

图 9-13　生态健康状况敏感性分析图

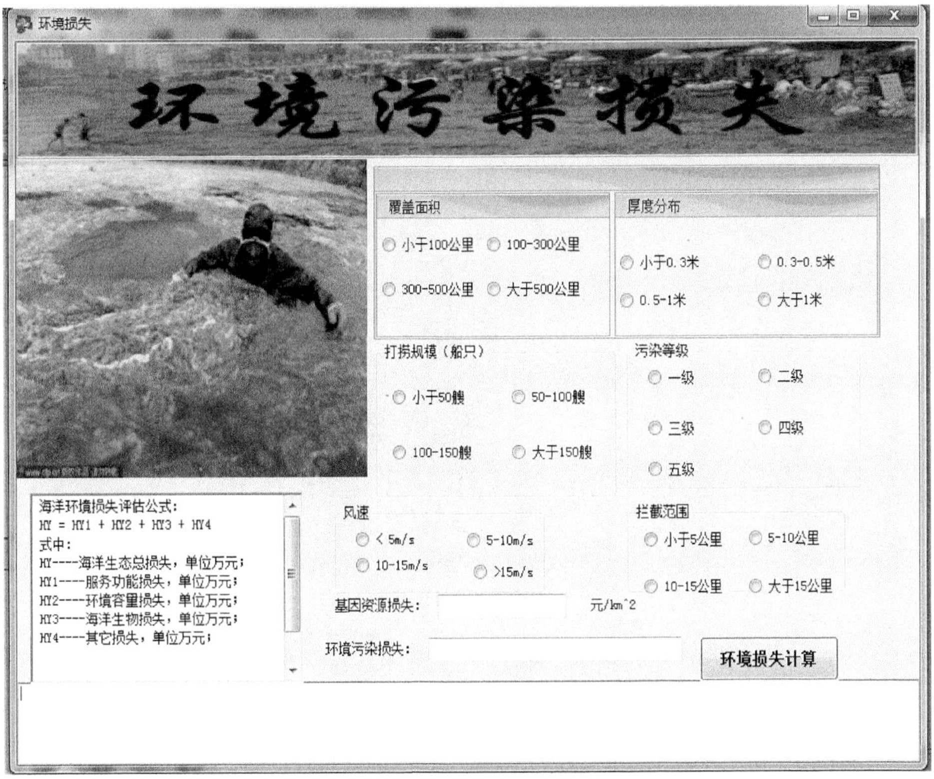

图 9-14　环境损失评估

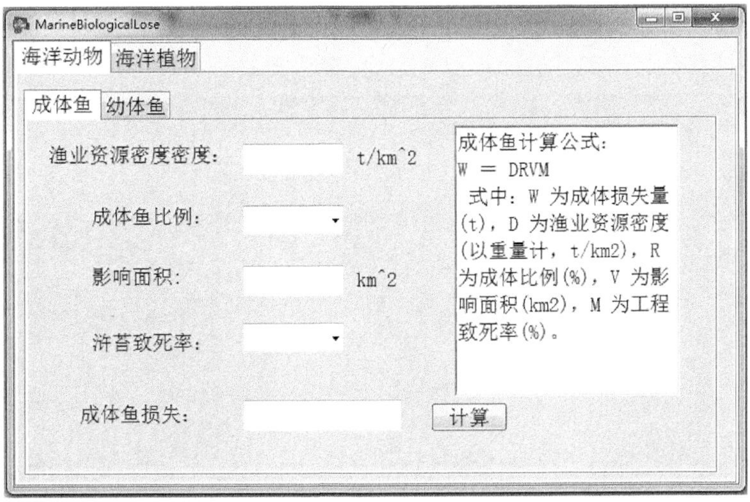

图 9-15　生物损失评估

图 9-16　旅游损失评估

（5）信息发布模块

信息发布模块包括飞信通信、邮件通信、网页信息发布和利用 Socket 通信技术与 WP7
结合开发的手机移动终端实时通信功能，信息发布功能如图 9-17、图 9-18 所示。

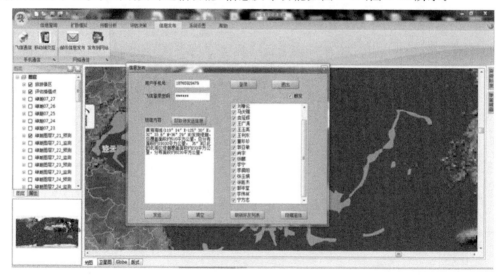

图 9-17　手机信息发布

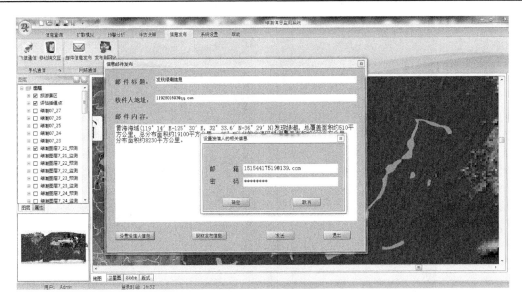

图 9-18　邮件信息发布

（6）系统设置模块

系统设置模块主要是针对系统管理员的，系统管理员可以通过系统设置模块对系统进行设置和管理，包括后台数据的管理、数据的上传和处理、用户权限设置等。

9.5.2　系统移动终端功能的实现

《青岛绿潮信息监测与评估系统》移动终端实现了如下功能。

（1）地图的显示与操作

系统默认显示底图为青岛周围海域的矢量图，可以实现对地图的放大、缩小和平移等基本操作。主页面右侧的列表显示了某段时间的青岛海面绿潮灾害的预测和监测状况，可以分别查看其中的内容。页面切换使用了超链接按钮，其中借助了统一资源定位符（Uniform Resource Locator，URL）的实现方式，点击主页面右侧的列表，可以分别查看一段时间内绿潮的监测或预测分布，如图 9-19 所示。

（2）信息收集与发布

信息收集与发布模块实现了跨平台的信息交互。点击主页面下方的信息页面，进入信息收集/发布页面。在该页面中可以分别输入绿潮灾害的发生时间、地点以及灾情描述。信息发布采用了 Socket 技术，移动端使用了 Server Socket 监听指定的端口；客户端使用 Socket 对网络上某一个端口发出连接请求，连接成功后自动打开对话框。点击发布链接按钮进入发布页面，可以分别查看已添加信息并实施发布。在主程序的控制台中可以看到已发布的灾情描述、发布是否成功等。该模块功能如图 9-20、图 9-21 所示。

（3）GPS 定位功能

点击主页面的 GPS 信息，进入 GPS 定位功能。利用手机内置 GPS 导航设备，获取卫星传输数据，因 GPS 受外界自然环境变化影响小，保证实现全球全天候连续的导航定位服务。以手机为移动端，方便携带、操作简单，大大提高了效率。在 GPS 页面点击显示按钮，将显示手机用户当前位置的地理经纬度，以及获取绿潮打捞船的当前航向和轨迹点编号。

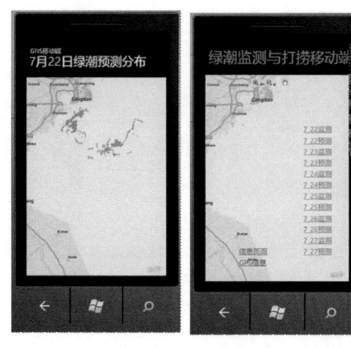

图 9-19　绿潮监测与打捞界面

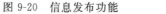

图 9-20　信息发布功能

图 9-21　信息收集功能

经纬度显示了手机用户当前所在位置，航向和轨迹点编号的获取实现了导航的功能。这两方面信息都可以通过 Socket 技术与主系统实现信息交互。点击下方的信息发送按钮，实现发布信息到移动端数据库或主程序处理中心。GPS 定位功能如图 9-22 所示。

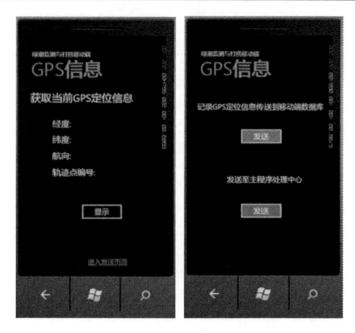

图 9-22　GPS 服务选择与定位

9.6　海洋 GIS 软件工程评价

海洋 GIS 软件工程评价主要包括以下几个方面。

9.6.1　系统技术评价

GIS 工程应用涉及的开发主要有两个层次：完全自主式开发和软硬件一同依赖式开发。前者所有对应的 GIS 产品是完全自主知识产权的底层软件，开发难度极大，技术要求极高，但对于原开发团队具有极大的技术优势；后者是 GIS 控件或开发工具类产品，其开发工作可以利用普遍的高级语言完成，或依赖与自身相关的 GIS 环境下才可以进行开发的 GIS 产品。

（1）系统开发的质量要求

质量不仅是指产品的质量，也可以是某项活动或过程的工作质量，还可以是质量管理体系运行的质量。作为计算机软硬件集成的产物，GIS 开发注重工程质量的要求，体现在软件的质量要求、软硬件集成成果的质量要求、GIS 工程的质量要求。

（2）软件开发与集成

① 传统 GIS 的功能构成：传统 GIS 的基本功能为数据采集与输入、数据编辑、空间数据管理、空间分析、地形分析、数据显示与输出等，其核心是数据，主要是对空间数据的操作。

② 程序编制的一般要求：程序编制的主要任务是将详细设计产生的每一模块用某种程序语言予以实现，并检查程序的正确性。

③ 开发语言的特征与选择：在 GIS 工程中，程序语言的选择应做如下考虑——考虑编程的效率及代码的可读性，一般应选择高级语言作为主要的编程工具；考虑要符合详细设计

思想,一般应选择结构化语言,结构化语言的特点是直接支持结构化的控制机构,具备完整的过程结构和数据结构。

9.6.2 系统测试

系统测试员将已经确认的软件、硬件、网络等其他元素结合在一起,进行信息系统的各种组装测试和确认测试。系统测试是针对整个产品系统进行的测试,目的是验证是否满足了需求规格的定义,找出与需求规格不符或与之有矛盾的地方,从而提出更加完善的方案。

(1)系统测试的目的与要求

GIS 测试是指对新建 GIS 进行从上到下的全面测试和检验,以检验系统是否符合需求分析所规定的功能要求,发现系统中的错误,保证 GIS 的可靠性。通常应当由系统分析员提供测试标准,制订测试计划,确定测试方法,然后和用户、系统设计员、程序设计员共同对系统进行测试。

(2)系统测试的类别

系统测试包括单元测试、集成测试和确认测试。

① 单元测试的对象是软件设计的最小单位,即模块。单元测试的依据是详细设计的描述。单元测试应对模块内所有重要的控制路径设计测试用例,以便发现模块内部的错误,单元测试多采用白盒测试技术,系统内多个模块可以并行地进行测试。

② 集成测试是单元测试的逻辑扩展。

③ 确认测试又称有效性测试,是在模拟的环境下,运用黑盒测试的方法,验证被测试软件是否满足规格说明书列出的需求。其任务是验证软件的功能和硬件性能及其他特性是否与用户要求一致。

(3)系统测试的过程

软件测试的过程主要包括文档审查、模拟运行测试、模拟开发测试。软件测试的方法有黑盒测试、白盒测试、ALAC(Act like a Customer)测试。

系统测试的步骤包括:在指定的系统运行环境下进行系统安装;选取足够的测试数据对系统进行检验,记录发生的错误;定位系统内错误的位置,通过研究系统模块找出故障原因,并改正错误。

(4)软件测试方法

① 黑盒测试也称功能测试,它是通过测试来检测每个功能是否都能正常使用。在测试中,把程序看作一个不能打开的黑盒子,在完全不考虑程序内部结构和内部特性的情况下,在程序接口进行测试,它只检查程序功能是否按照需求规格说明书的规定正常使用,程序是否能适当地接收输入数据而产生正确的输出信息。黑盒测试着眼于程序外部结构,不考虑内部逻辑结构,主要针对软件界面和软件功能进行测试。黑盒测试是以用户的角度,从输入数据与输出数据的对应关系出发进行测试。很明显,如果外部特性本身设计有问题或规格说明的规定有误,用黑盒测试方法是发现不了的。

② 白盒测试又称结构测试、透明盒测试、逻辑驱动测试或基于代码的测试。白盒测试是一种测试用例设计方法,盒子指的是被测试的软件,白盒指的是盒子是可视的,清楚盒子内部的东西以及里面是如何运作的。"白盒"法需全面了解程序内部逻辑结构,对所有逻辑路径进行测试。"白盒"法是穷举路径测试,在使用这一方案时,测试者必须检查程序的内部

结构,从检查程序的逻辑着手,得出测试数据。

③ ALAC 测试是一种基于客户使用产品的知识开发出来的测试方法,基于复杂的软件产品有许多错误的原则。ALAC 测试最大的受益者是用户,其缺陷查找和改正将针对那些客户最容易遇到的错误。

9.7　系统调试与维护

9.7.1　系统调试

（1）系统调试的目的

海洋 GIS 软件经过编码过程和软件测试后,虽然已经初具规模,但在具体的运行环境下,系统中可能包含着一定的错误,进一步诊断、改正系统中的错误是调试阶段的主要任务。

（2）系统调试的方法

系统调试的方法主要有硬件排错、归纳法排错、演绎法排错、跟踪法排错等。

9.7.2　系统运行与维护

海洋 GIS 软件运行中需要加强日常的维护管理。GIS 日常维护管理主要包括计算机资源管理、机房管理以及安全管理。其中,系统安全管理主要涉及两方面内容,即数据安全和系统安全。

海洋 GIS 维护是指在软件系统的整个运行过程中,为适应环境和其他因素的各种变化,保证系统正常工作而采取的一切活动。GIS 的维护主要包括纠错、数据更新、完善和适应性维护以及硬件设备维护等方面内容。

GIS 的可维护性评价一般从 4 个方面加以考虑,即系统运行环境、软硬件体系支撑结构、系统各项功能指标、系统综合性能指标。

9.8　海洋 GIS 应用案例

9.8.1　海洋溢油信息管理与预警系统

（1）系统模块设计

根据功能的需求,本系统设计了四大功能模块,即信息检索模块、溢油扩散模拟模块、溢油评估模块、数据管理模块,如图 9-23 所示。

（2）系统功能实现

如图 9-24 所示为系统界面图,顶部自从左到右依次为状态栏、地图切换工具、基本工具;左侧是系统的主要子模块,自上而下依次为实时天气、实用查询、溢油分析、溢油评估、数据管理;左下方为地图比例尺和指南针;右下方为鹰眼。

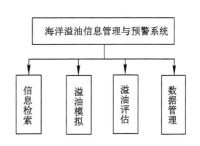

图 9-23　系统功能模块

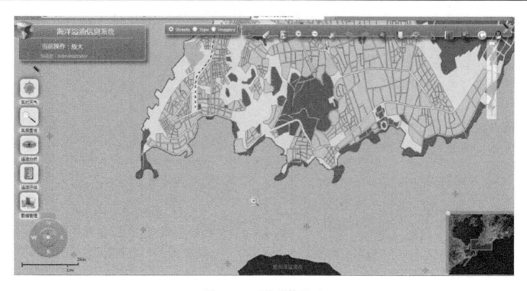

图 9-24　系统总体界面

系统主要实现了以下功能：

① 信息检索功能：系统可以同时对空间信息和属性数据进行快速、全面、准确的查询与定位。信息查询功能主要是针对基础地图和各种专题数据进行的，包括属性查询、空间查询、多条件查询等方式，如图 9-25 所示。

图 9-25　信息查询工具

② 溢油模拟功能：包括溢油分析、溢油扩散分析等。溢油分析包含图层添加、边界提取、扩散分析、厚度分析和厚度查询五个方面，如图 9-26 所示。溢油扩散分析主要是利用动态模拟模块生成的粒子的相关信息进行统计分析、数据转化和输出，生成相应的灰度图，并且添加到地图中，扩散结果模拟如图 9-27 所示。用户使用厚度查询工具，在地图上绘制所要查询的剖面线，完成线的绘制后将剖面线分段处理，结果显示在窗口中，如图 9-28 所示。

图 9-26　溢油分析工具

③ 溢油评估功能：溢油评估包含等级评估、出船方案、隔离预案、损失评估几个部分，如图 9-29 所示。

溢油等级评估，是通过结合特定的条件综合对海域进行危害程度的评价，并进行危害程度分等定级(图 9-30)。通过出船方案工具，可以生成最佳的行船方案(图 9-31)，得出最佳的隔离预案并显示在地图上。损失统计模块可得出相应的各项损失评估结果，生成直观的

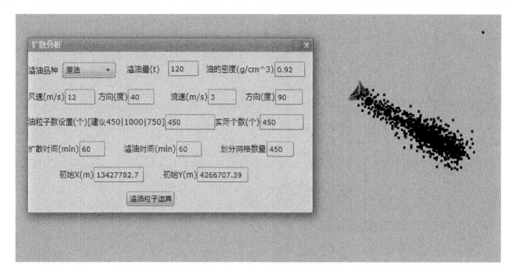

图 9-27　扩散结果模拟图

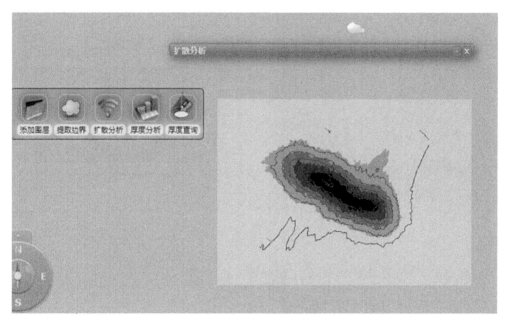

图 9-28　厚度分析结果

图 9-29　溢油评估工具

统计图(如图 9-32)。

　　④ 数据管理模功能:包括用户管理和空间数据管理。用户管理支持有关用户信息查询、添加、修改、删除、管理等。空间信息管理主要是对溢油遥感信息的存储、更新、删除等管

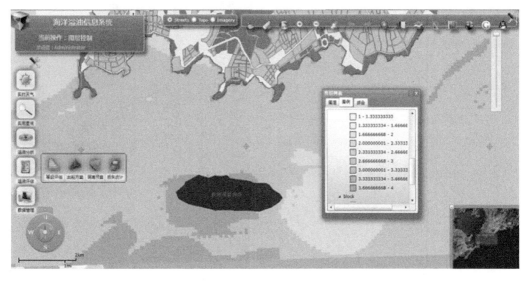

图 9-30　溢油等级评估结果

图 9-31　出船方案　　　　　　　　　图 9-32　溢油损失统计

理操作，其中数据类型分为栅格数据、潮流场数据和风场数据。

9.8.2　胶州湾海水养殖决策支持系统

（1）系统整体架构图

系统整体架构如图 9-33 所示。

（2）系统整体界面

系统整体界面如图 9-34 所示。

（3）系统功能实现

系统除有数据添加、放大、缩小、平移、全图显示、选择要素、清除所选要素、缩放至所选要素等基本功能外，还具有属性查询、空间查询、鹰眼窗口、图片导出、统计、面积计算等高级功能。

属性查询是对单个或者多个条件进行限定，对于符合查询条件的单个或者多个要素进行统计，将符合查询条件的选项筛选过滤，并且在地图要素窗口进行高亮显示。

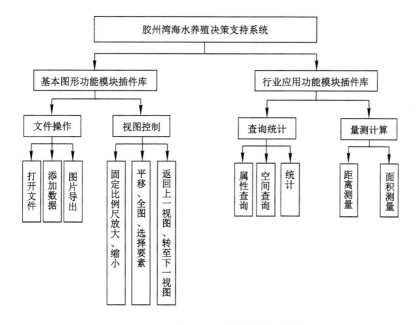

图 9-33　系统整体架构图

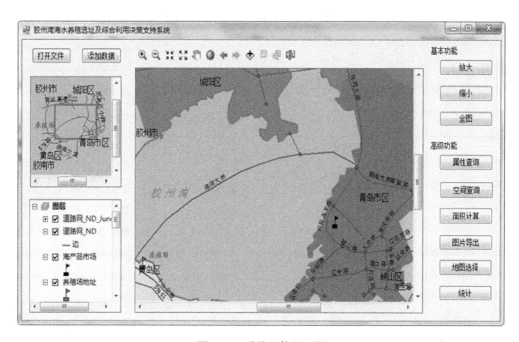

图 9-34　系统整体界面图

　　空间查询是整个系统的基础,其他相关功能也是在此基础上进行进一步扩展,实现更加具有针对性的功能。空间查询可以和属性查询联动使用,如图 9-35 所示,提高了系统的使用效率。

　　统计分析支持的类型包括统计结果的总个数、最大值、最小值、平均值、标准差和总和等六种统计量,选择集统计如图 9-36 所示。

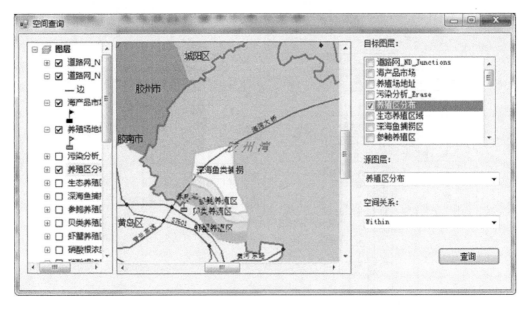

图 9-35 空间查询

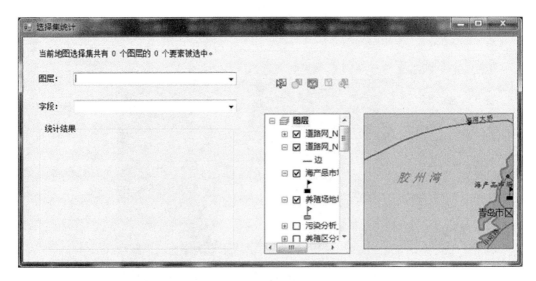

图 9-36 选择集统计

9.8.3 海洋洋流三维可视化系统

（1）系统总体框架

基于粒子系统的海洋洋流三维可视化系统的总体框架，由源数据平台、虚拟地形可视化渲染平台、三维可视化应用平台三部分组成，如图 9-37 所示。

（2）系统功能实现

海洋洋流三维可视化系统是以粒子系统方式实时动态准确展现洋流运动状态为核心、以洋流统计分析与查询为基础的旨在将动态洋流与三维场景应用结合而开发的三维可视化系统。系统主界面如图 9-38 所示，系统主要功能包括以下几方面。

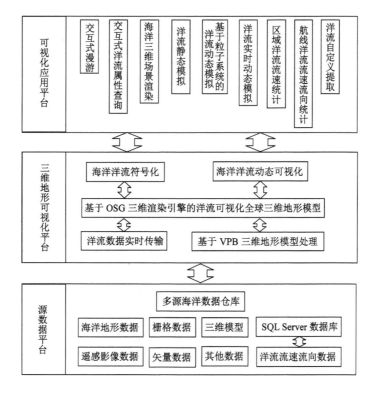

图 9-37   洋流三维可视化系统框架

图 9-38   洋流三维可视化系统主界面

① 静态洋流渲染与动态洋流渲染：通过静态洋流渲染功能，可以实现对需要渲染海域的坐标范围以及表示洋流方向的箭头风格、尺寸、颜色的设置，如图 9-39 所示。动态洋流渲染功能通过对表示洋流的粒子相关参数进行设置以实现动态渲染，如图 9-40 所示。

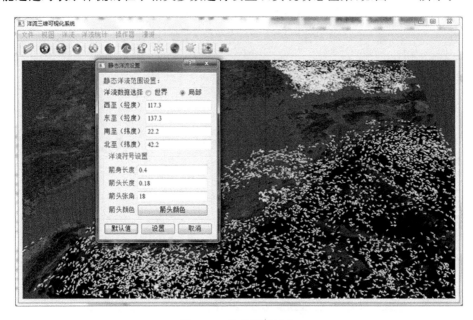

图 9-39　静态洋流渲染

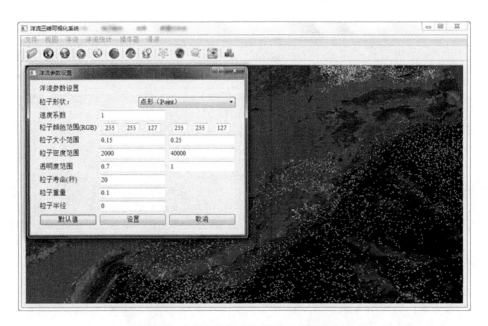

图 9-40　基于粒子系统的动态洋流渲染

② 洋流提取模块：左侧主窗口是三维渲染场景，用以显示洋流提取结果。右侧上方是简单世界缩略图，用以实时显示洋流选择范围，便于对所选洋流区域的整体把握。中间部分是所提取洋流的时间区域。具体效果如图 9-41 所示。

图 9-41　洋流提取功能模块

③ 航线洋流统计模块：通过设置窗口右下方时间段，系统可以统计出在该时间段内该航线上的洋流数据，并以统计图的形式在窗口上方予以展现，同时在窗口左下方的全球缩略图中对当前航线进行实时可视化，如图 9-42、图 9-43 所示。

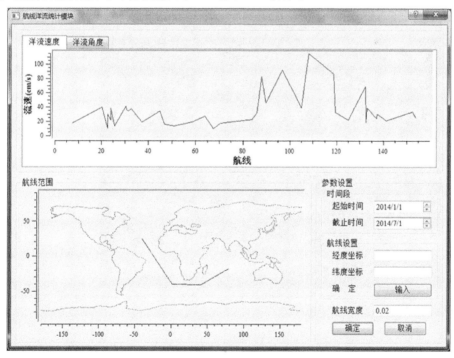

图 9-42　航线洋流速度统计

④ 洋流实时模拟模块：如图 9-44 所示，窗口左侧是三维渲染场景，用以实时展现洋流动态，在右侧上方的参数设置栏中，可以对需要实时模拟的洋流时间范围、空间范围、模拟过

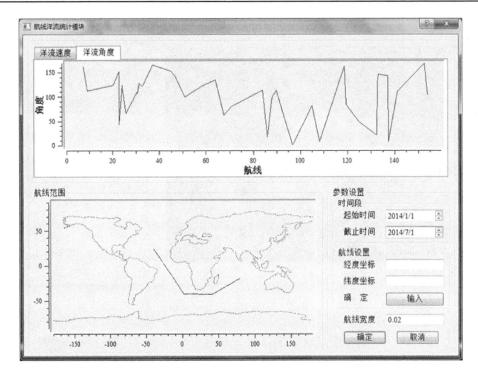

图 9-43　航线洋流角度统计

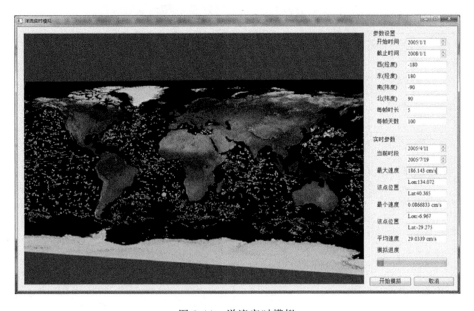

图 9-44　洋流实时模拟

程中的帧速以及每一帧所代表的时间段进行相应设置。

　　⑤ 其他辅助功能：为使系统更好地展现洋流信息，系统还实现了一些诸如背景色替换、自定义经纬网、三维场景截屏、更改场景操作器、自定义漫游等辅助功能，如图 9-45 所示。

图 9-45 交互式漫游设置

9.8.4 海洋数据发布展示系统

（1）系统总体框架

基于 Skyline 和 WebService 海洋数据发布展示系统包括三种访问权限,分别为普通用户、公众用户和管理员用户。

对于公众用户,展示的目的是了解海洋、认识海洋、利用海洋,因此,实现海洋陆地影像无缝集成显示、海洋新闻浏览、海洋科普知识普及、海洋资源查询、海洋预报和天气预报展示等功能。

对于注册用户,除了拥有普通公众用户的功能外,还包括用户标注功能。用户可以根据自己关心的地物、事件进行标注,并进行相关说明。

对于系统管理员用户,除了拥有以上所述功能外,还包括新闻上传、地标管理、信息管理等功能。

系统由三层框架组成,分别为客户端表现层、应用服务层、数据服务层,其总体框架如图 9-46 所示。

（2）系统功能实现

系统实现了 6 项功能,其功能结构图如 9-47 所示。图 9-48 为系统主界面,右侧是点缀图片和坐标显示区,左侧是系统的各个功能按钮,包括海洋科普、海洋资源、海洋军事等,用户可以点击相应按钮进入此功能。

① 时事新闻浏览模块:可以在地图中看到新闻窗口,使用新闻检索工具栏,可以方便地按标题或日期检索所感兴趣的新闻内容。

② 海洋科普模块:主要介绍海洋相关的科学知识,包括海洋之谜、海洋生物、海洋百科等。

③ 海洋资源模块:主要介绍了海洋生物、港口、石油资源、输油管道、钻井平台等海洋资源,如图 9-49 所示。

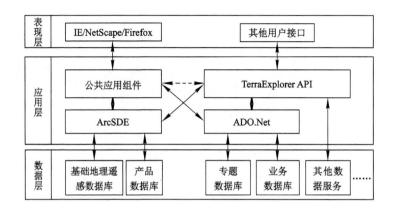

图 9-46　系统总体框架设计

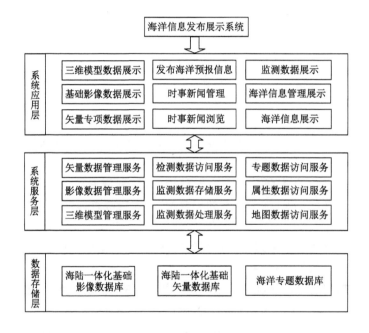

图 9-47　功能模块图

④ 海洋调查测绘模块:主要展示海洋调查的各种手段,包括空中观测网、海面观测网、海底观测网,如遥感卫星、航空遥感、调查船、浮标等。

⑤ 海洋环境模块:主要介绍与海洋环境相关的内容,包括海洋污染、海洋自然保护区、海洋温度、盐度等内容,如图 9-50、图 9-51 所示。

⑥ 新闻管理模块:在地图上选择需要设置信息的地物,然后点击"设置新闻"按钮,弹出新闻编辑窗体,可以添加视频、图片、链接、文本等内容。

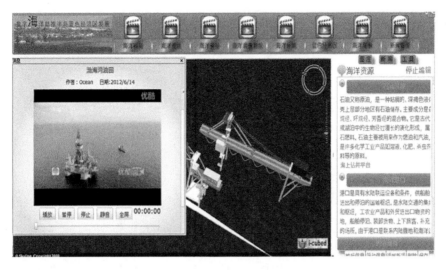

图 9-48　系统主界面

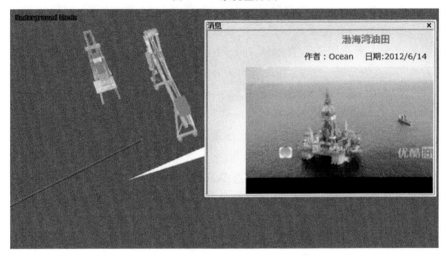

图 9-49　海上钻井平台及输油管道

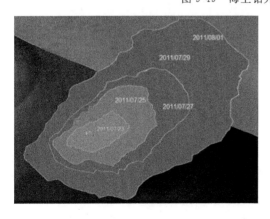

图 9-50　渤海湾溢油

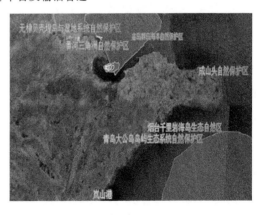

图 9-51　海洋保护区

第 10 章　海洋 GIS 教学资源平台

10.1　海洋 GIS 教学资源平台建设意义

地理信息系统,即 GIS(Geographic Information System),作为一门新兴的空间位置关系学科,正快速发展并开始广泛应用于人们的生活中。海洋 GIS 作为其中的一个分支学科,同样也越来越受到关注,它是以海底、水体、海表面、大气及海岸带人类活动为研究对象,通过开发利用 GIS 的空间海洋数据处理、GIS 和制图系统集成、三维数据结构、海洋数据模拟和动态显示等功能,为各种来源的数据提供协调坐标、存储和集成信息等工具,其在海洋科学上的使用可大大提高海洋数据的使用率和工作效率,并改善海洋数据的管理方式。随着该学科的发展,迫切需要培养相关方面的人才,而在人才培养过程中,如何更快更好地学习海洋 GIS 这门课程,成了需要研究的内容,一个高效且具有创新性的教学资源平台建设成了必要。

近年来,国内高校教育信息化基础设施建设日益完善,在数字图书馆、网络课程及精品课程等高等教育信息化工程项目的推动下,数字化教学资源的量与质都有了很大的提升,但在实际教学中的应用效果仍不尽人意。信息孤岛的普遍存在、缺乏与教学相适应的优质教学资源以及缺乏资源有效利用的支撑平台等是较为普遍的一些障碍。

针对数字化教学资源应用实效性的提升问题,研究者们从技术、管理及应用等多个角度进行了广泛探索。近年来,有学者从教育生态学的视角对教育信息系统进行了研究,其逐渐成了一个值得关注的方向。余胜泉等在分析信息生态系统内涵的基础上构建了学校教育信息生态模型;王佑镁等提出了基于开放生态系统的教育信息化系统模型及其实践路线图;祝智庭提出了教育信息化建设与发展的生态观以及构建数字化生态系统的框架。上述研究以教育信息化系统整体为着眼点,对教育信息化生态系统的结构和运行机制进行了较为系统的研究。具体到数字化教学资源层面,解利等构建了关注人、资源与环境的和谐可持续发展的学校信息化教学资源建设的理论模型;陈胜冰等从数字化教学资源再生利用的角度探讨了生态化教学资源建设模式。

传统海洋 GIS 学习方式,主要以学生课本学习以及教师课堂授课为主,但课本内容无法达到很全面,例如作品案例、视频等展示教学资源有限,且有教师课上讲解时间的限制,教学方法相对单一,没有适合基础地理教学的课件平台,因此学生学习该门课程的效果也会受到一定的限制。随着素质教育的深入改革,地理素质教育做出了不少探索和实践,积累了一定的经验,但是部分教师地理教育观念仍然受应试教育的影响,过于偏重知识传授,重理论轻应用,重分数轻能力,教学方法单一,忽视学生的个性发展,同时缺乏适合基础地理教学的课件平台。另外,目前很少有专门用于基础地理教学的 GIS 地图数据,利用教材相关地图进行数字化又需要耗费教师大量的时间和精力而很少有人去做,所以许多人在探讨 GIS 用于地理教学时,没有什么实际教学意义。因此,在此基础上研发了海洋 GIS 教学资源平台,目的在于为教师提供教学资源以及为学生提供课余时间学习的自主平台。

10.2 系统开发环境与平台配置

10.2.1 系统开发环境

(1) 硬件环境如表 10-1 所示。

表 10-1 硬件环境表

类别	最低配置名称
客户端	
硬件配置	CPU:1.4 GHz 以上;内存:1 GB 以上
操作系统及版本	Windows XP;Windows 7;Windows Server 2003
其他软件及版本	Microsoft Internet 6.0 及以上版本
服务器端	
硬件配置	CPU:2 GHz 以上;内存:4 GB 以上;硬盘:600 GB
操作系统及版本	Windows 7 64 bit
数据库系统及版本	SQL Server 2008 R2
其他软件及版本	IIS8

(2) 软件环境

开发语言:C♯、HTML 语言;

开发软件:Visual Studio 2012、Blend for Visual Studio 2012、Sliverlight 5;

操作系统:① 客户端,Windows 2000 以上;② 服务器端,Windows 7;

数据库软件:SQL Server 2008 R2。

10.2.2 因特网配置

对于可以连接到因特网的用户,通过在 IE 地址栏输入连接网址(http://kjds.sdust.edu.cn/hydlxx)即可打开网络平台,无须配置。为了达到更好地浏览效果及简化配置,建议安装 VS2010 和 IE8(或 IE9、IE10),否则可能会有小的布局变动。

10.2.3 本地配置

对于要在本地部署网络平台的用户,为简化配置,请按如下步骤操作:

(1) 安装 Microsoft Visual Studio 2010 sp1。

(2) 安装 SQL Server 2008 R2 express。

(3) 安装 IE。

(4) 将光盘根目录下\海洋地理信息系统网络平台(山东科技大学—柳林)文件夹下的

课程源代码文件夹下全部文件(夹)拷贝到本机上(如 D:\)。

(5) 附加数据库

打开 SQL server 右击数据库—附加,将 kjdsxx\App_Data 下的 jpkcwz. mdf、studyForum. mdf 两个数据库附加到数据库。

(6) 用 VS2010 打开 web(3). sln。

① 将网站根目录下 web. config 文件中的链接

<add name="constr" connectionString="Data Source=.;Initial Catalog=jpkc_hydlxx;Persist Security Info=True;User ID=jpkc_hydlxx;Password=sqlhydlxx" />

<add name="studyForumConnectionString" connectionString="Data Source=.;Initial Catalog=jpkc_hydlxx_forum;Persist Security Info=True;User ID=jpkc_hydlxx;Password=sqlhydlxx" />

中的登录用户密码改成本机的数据库登录密码。

② VS2010 菜单栏生成发布网站

打开发布页面目标位置:http://localhost/kjdsxx,下一步,直到完成(网站较大,需要等待一会儿)。

(7) 在 IE 地址栏输入 http://localhost/hydlxx ,即可打开网络平台。

(注"在线答疑"管理员、登录名密码均为 admin。)

10.3 平台建设关键技术

10.3.1 动画制作技术

Flash 动画制作成本非常低,使用 Flash 制作动画能够大大减少人力、物力资源的消耗,制作时间也会大大减少,因此 Flash 动画在社会上得到了广泛的应用,具有很好的发展前景。随着电子技术的发展,Flash 的发展也迎来了新的时机,从传统 Flash 应用领域来说,Flash 动画设计者利用传统动画技术与新技术相结合,Flash 应用设计与游戏开发、交互设计的结合,创造了大量的优秀作品,也诞生了大量的新兴职业,所以 Flash 设计者应掌握新技术并精通某一方向或某一领域,或者是艺术或者是技术(即边缘化和专业化)。在完成一个基于 Flash 构架的项目时,通常需要大量的艺术创作人才和技术开发人员通力合作、扬长避短,发挥各自专业上的特点,才能创造出更富创意和品质的作品。

传统动画的制作过程可以分为总体规划、设计制作、具体创作和拍摄制作四个阶段。而 Flash 动画可以用多种方式实现,可以采用逐帧动画和传统补间动画搭配使用,可以采用分镜头动画,也可以用骨骼动画来制作。例如,最基础最重要的动画——角色行走,设计者应该注意角色行走时整个身体的起伏,特别是一些细节方面的动画设计,如头发、衣服、裙子等附属物和手掌的摆动姿态,场景和行走的速度应匹配。

本平台动画采用 Flash 技术制作,利用 AdobeFlash CS3 Professional 软件将静态图片一帧一帧地在短时间内连接起来,更能充分体现出动态效果和抽象原理,适合于抽象教学内容为主的课程。图 10-1 所示为动画展示模块。

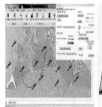

图 10-1　动画展示模块

10.3.2　在线交互技术

在线交互是指利用多媒体计算机技术和网络技术实现教师与学习者之间以及学习者群体之间交流互动的一种新兴教与学的方式。多媒体教学网络系统是基于 TCP/IP 及 Win32平台的网络应用系统。它利用一套软件,在计算机教室中把影视、图形、图像、声音、动画、文字等各种多媒体信息及控制实时动态地引入教学过程,是一种专用电脑网络平台,是利用计算机技术、网络技术、多媒体技术进行现代化教学活动的一个系统。通过在线广播、在线转播、在线考试等方式实现互动化教与学的相关活动。在线交互为信息技术教学中的多维评价提供了可能,通过实时监看可以了解学生完成任务的进度情况,通过在线测评可以实时了解学生相应知识的掌握情况,通过在线投票可以让生生评价成为可能。在线交互在信息技术教学评价中有如下特点:

① 评价的实时性:在线交互能够实时地查看学生的操作情况、学生对于所学知识的掌握情况,能够避免在传统环境下因查看时间有差异导致部分学生因改变操作机答题情况所带来的误差,这是在线交互在信息技术教学评价中的一大亮点。

② 评价的全面性:在线交互为生生互评提供了可能,通过在线转播查看其他同学的作品,每一个同学此时都可以对作品进行个人观点的阐述,通过在线投票系统,保证都能参与到评价中来,体现了新课程改革中全员参与的特点。

③ 评价的有效性:基于在线交互的实时性和全面性,在教师的积极引导下,保证能够针对遇到的问题进行及时的评价,这使得评价的数据能够真正为教学服务,使得信息技术课堂的评价更加有效。

“海洋 GIS 教学资源平台”的在线交互功能采用 Microsoft SQL Server 2008 管理试题库和在线答疑数据,通过 ADO(ActiveX Data Objects)技术实现用户与数据服务器的交互,实现题库的录入、管理、输出以及用户的注册、登录、管理员的管理等功能。

10.3.3　在线组题技术

题库系统的最关键部分属组卷策略部分,重点研究目标是使系统能够生成多份相互差异并能准确检查考生知识点掌握情况的高质量试卷。当前,自动组卷策略已经在我国计算机考试系统中迅速发展起来,并起着极其重要的作用。计算机辅助教学以及计算机考试系统有了一个新的发展方向——向自动组卷策略的方向展开进一步探讨研究。此研究方向使我国教学考试管理系统、题库管理系统向实现真正自动组题方向发展,已成为目前研究方向的必然趋势。组题功能也就是根据一定的组卷策略,从题库中抽取符合相应参数要求的题目,使之组合成一份符合要求的试卷。组卷通常情况下应遵循一定的步骤,如图 10-2 所示。

组卷问题就是按照用户给定的查询参数,抽出最符合要求的试题,组成能够实际使用的试卷的过程。组卷策略也就是定义某些参数,并对这些参数进行算法研究。因此,完整的组卷策略应该由三部分组成:组卷参数、试题属性、算法的说明。如前所述,考试系统按照相应的参数条件,从题库中自动抽取符合条件的试题组成符合考试要求的试卷,是组卷的最终目的。组卷策略力求真实有效地反映教学水平以及检测考生对相关知识的掌握程度,从而提高考试质量及达到考试目的。因此,组卷时要依据考核的需求,根据组卷目标,确定相应影响组卷问题的限定条件。

本平台的在线组题是利用异步回调技术,实现服务器与客户端的数据交互,完成对数据服务器的访问。根据题库的题量以及客户所需的题型、题量,采用随机算法生成满足限制

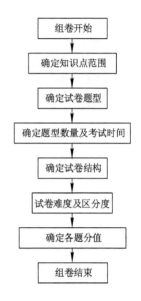

图 10-2 组卷步骤流程图

条件的试题,在客户访问页面显示。试题生成后,系统提供打印功能,通过特定算法实现网页页面格式到 Word 模式的转换,生成一个按标准试卷格式排版的 Word 文档,方便用户打印使用。图 10-3 为在线组题功能展示图。

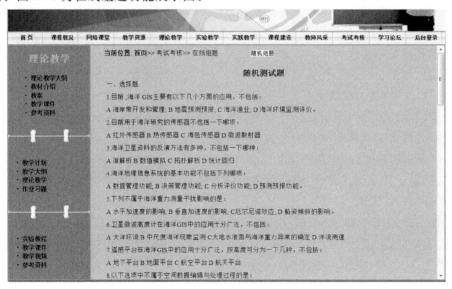

图 10-3 在线组题功能实现

10.3.4 ASP.NET 技术

动态服务器网页(Active Server Pages,ASP),用于开发运行在 Windows 服务器平台上的动态网页和网站。ASP 是一种开发动态网页的技术;它既不是一种编程语言,也不是一种开发工具软件,同样也不是一种应用程序,而是定义服务器端动态网页的开发模型。使用 ASP 可以组合 HTML 页、脚本命令和 ActiveX 组件,以创建交互的 Web 页和基于 Web 的

功能强大的应用程序。

ASP.NET 是一种面向对象的编程,是微软对 ASP 的升级,其将程序代码和 HTML 代码分开,从而使网页设计和程序编写独立出来,使得程序的编写更加清晰。同时 ASP.NET 支持 C♯、VB.net 等高级语言,并提供了大量的服务器控件,从而使程序的编写更加简单、灵活。任何 ASP.NET 应用程序都可以使用整个.Net Framework,开发人员可以方便地利用这些技术的优点,其中包括托管的公共语言运行库环境、类型安全和继承等。相对于过去的 ASP,ASP.NET 是一个革命性的突破。ASP.NET 提供了稳定的性能、优秀的升级功能、快速的开发过程、简便的管理以及全新的语言和网络服务。

10.4　系统整体设计

10.4.1　系统架构设计

平台系统架构设计为三部分,即用户层、逻辑层及数据层,如图 10-4 所示。

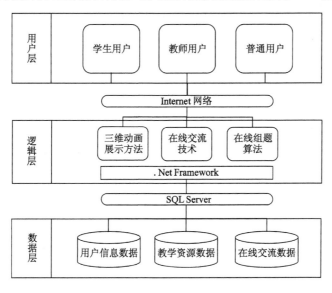

图 10-4　平台总体架构设计图

（1）数据层

数据层主要部署在服务器上,包括用户数据、课程讲解视频、习题文档、课程动画、在线交流数据等,用于海量数据的存储。它是系统业务数据的核心,为各个业务功能提供数据支持,同时也可以对外提供数据服务和数据上的支撑。

（2）用户层

用户层主要包括学生用户、教师用户和普通用户,用户通过管理权限可以实现对系统内数据的编辑。

（3）逻辑层

逻辑层主要包括三维动画展示方法、在线交流方法、在线组卷算法。系统通过逻辑层将数据和业务进行连接,通过 Net Framework 架构的应用环境,实现对接口的调用和开发。

海洋 GIS 教学资源平台是按照时下比较流行的 DIV＋CSS＋Ajax 建立网站的方法进行设计,整个网络平台的拓展和升级易于实现,配合应用于前台的 JavaScript 脚本语言,使得客户端的响应速度较快,也能够适应大部分运行平台。采用 VS2010 诸多新技术,通过 VS2010 开发视频网站。

平台基于 ASP. NET 技术按照严格的三层架构实现。在数据层,借助 ASP. NET 强大的数据访问功能实现用户信息、教学资源数据、在线交流数据的查询、存储等操作。在表现层,ASP. NET 灵活的服务器控件以及与 JavaScript 技术完美的结合,为不同角色用户提供不同的用户界面。平台部分代码如下:

```
public    classdalselections
{
SqlConnection conn = null;
public List<Selections1> getall1()
        {
stringconnstr = ConfigurationManager. ConnectionStrings["constr"]. ConnectionString;
conn = new SqlConnection(connstr);
SqlCommandcmd = new SqlCommand("", conn);
cmd. CommandText = "SELECT  *  FROM Table_Choice ";
try
        {
conn. Open();
SqlDataAdapterap = new SqlDataAdapter();
ap. SelectCommand = cmd;
DataSetst = new DataSet();
ap. Fill(st);
cmd. Parameters. Clear();
        List<Selections1> list = ConvertHelper<Selections1>. Convert
        ToList(st. Tables[0]);
return list;
        }
finally
        {
conn. Close();
        }
    }
}
```

10.4.2 系统功能设计

海洋 GIS 教学资源平台是以"现代远程教育规范"的指标体系为参照,以计算机网络技术和多媒体技术为手段,开发了以 Web 为表现形式的、互动式的、内容丰富的网络教学资源平台。该平台既可供教师在课堂教学中辅助教学,也可供海洋专业、测绘专业等本科生或研究生进行远程自学。

海洋 GIS 教学资源平台的主体包括 11 个主菜单、31 个子菜单,其中包括教学课件 13 个、教学视频 9 个、动静态专用教学图片 200 余个、课程实验 11 个、实验数据 100 余兆、模拟试题 3 套、单元测试 4 套、题型测试 150 套。网站数据量大,通过网络平台学到的内容相比于课堂教学更加丰富。

网络平台的主菜单分别为:课程概况、网络课堂、教学资源、理论教学、实验教学、实践教学、课程建设、教师风采、考试考核、学习论坛、后台登录。平台功能模块设计如图 10-5 所示。该网站为学生提供包含课本全部内容以及学生大赛作品、相关专业动静态图片、视频、实验、测试等学习资源,同时也为学生与老师之间的在线交流提供了网上互动平台。

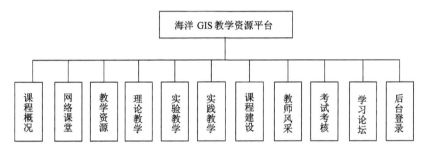

图 10-5　海洋 GIS 教学资源平台功能模块

10.5　系统功能实现

海洋 GIS 教学资源平台涵盖课程的全部内容,包括 11 个主菜单,内容丰富且重点突出。平台主界面如图 10-6 所示。

海洋 GIS 教学资源平台包括 11 个功能菜单,下面分别予以介绍。

10.5.1　课程概况菜单

课程概况菜单包括课程简介、主讲教师、教学大纲、培养计划四个子菜单。课程简介从定义、由来、特点、应用四个方面介绍了海洋 GIS;主讲教师展示了课程主讲教师的个人简历;教学大纲展示了"海洋地理信息系统"课程的教学大纲;培养计划介绍了培养目标和要求、课程安排以及其他计划安排。课程概况功能如图 10-7 所示。

10.5.2　网络课堂菜单

网络课堂菜单包含了电子教案、教学课件、教学视频三个子菜单。电子教案展示了"海洋地理信息系统"的课程教案;教学课件分为分章课件、精品课件,分别是以课程章节与课程重点内容制作的;教学视频给出了课程重点内容的教学录像、实验视频等资料。教学课件和教学视频如图 10-8、图 10-9 所示。

图 10-6　平台主界面图

| 网络课堂 | 教学资源 | 理论教学 | 实验教学 | 实践教学 | 课程建设 | 教师风采 | 考试考核 | 学习论坛 | 后台登录 |

当前位置:首页>> 课程概况>>课程简介

Part 1

定义: 地理信息系统(GIS)是海岸带资源和环境综合管理的强有力的技术手段。但它应用于海洋必须在数据结构、系统组成、软件功能等方面进行一系列改造,使之适应海洋的特点。经改造而适用于海洋的GIS,被称之为海洋地理信息系统(MGIS)或海岸带地理信息系统(CGIS)。

由来: 随着数字地球概念的提出,"数字海洋"也随"数字地球"理念应运而生,其中数字海洋应用了遥感(RS)、地理信息系统(GIS)和全球定位系统(GPS),即3S技术,其中以用于海洋的GIS技术,就被称为MGIS。

特点: MGIS 与 GIS比有以下三个特点:1具有多维数据处理能力 2具有多种数据源数据的集成能力和数据同化能力3具有模型化、智能化和多功能性等特征

图 10-7　课程概况

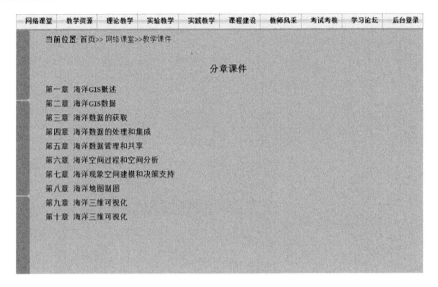

图 10-8 教学课件

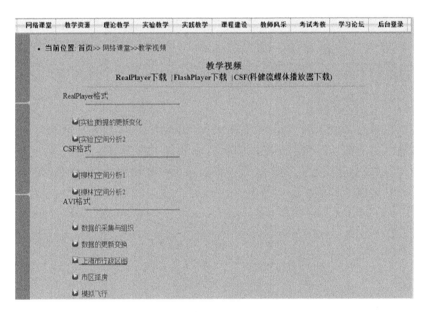

图 10-9 教学视频

10.5.3 教学资源菜单

教学资源菜单包括动画库和图片库两个子菜单。动画库包含了丰富的动态图片,其中大部分属于海洋信息动态变化等重点教学内容方面的;图片库展示了课程相关图片,包括理论教学、实验截图、科研项目成果等方面的图片。动画库功能如图 10-10 所示。

10.5.4 理论教学菜单

理论教学菜单包括教学大纲、教材介绍、参考资料三个子菜单。教学大纲介绍了"海洋

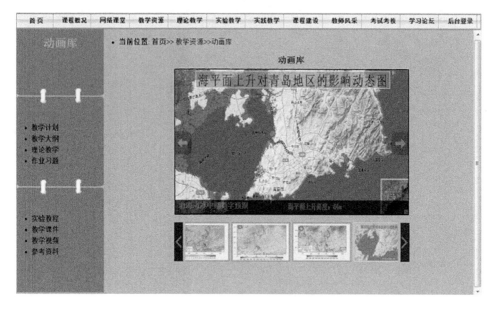

图 10-10　动画库功能

地理信息系统"的课程性质、目的、内容与要求等;教材介绍简单介绍了教材的特色和目录;参考资料中详细列出了本课程的参考资料。

10.5.5　实验教学菜单

实验教学菜单包括实验教学大纲、实验教程、实验数据、实验室常用表格下载四个子菜单。实验教学大纲介绍了海洋 GIS 教学资源平台中相关课程实验大纲;实验教程给出了课程实验的电子版教程;实验数据提供了课程实验的相关数据;实验室常用表格下载提供了实验室所需的常用表格。实验教程如图 10-11 所示。

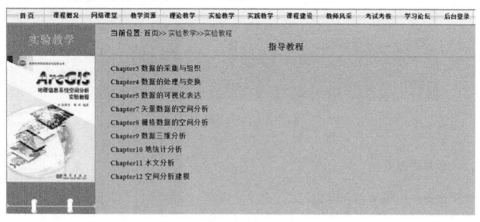

图 10-11　实验教程

10.5.6　实践教学菜单

实践教学菜单包括实践教学指导和学生作品两个子菜单。实践教学指导提供了课程相关的实习指导资料;学生作品展示了学生制作的地理信息系统相关作品,提供了作品精彩抓图、作品系统演示视频、使用说明书等方面的详细介绍。实践教学指导如图 10-12 所示。

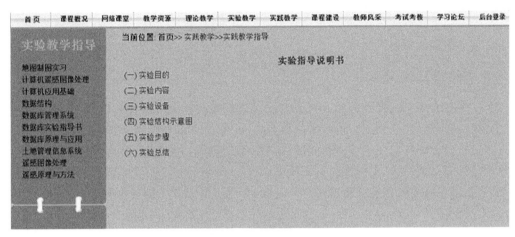

图 10-12　实践教学指导

10.5.7　课程建设菜单

课程建设菜单包括教师队伍、科研项目、成果展示三个子菜单。教师队伍介绍了团队的人员组成;科研项目介绍了团队所参与的主要科研项目;成果展示介绍了团队所参与的项目及获奖情况。成果展示如图 10-13 所示。

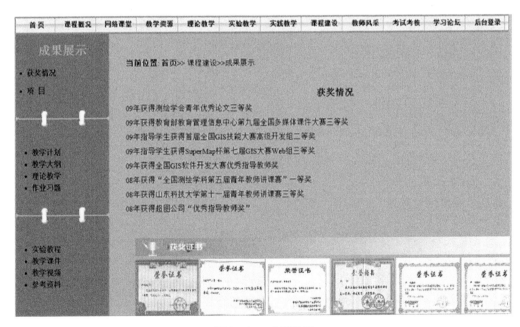

图 10-13　成果展示

10.5.8　教师风采菜单

教师风采菜单包括教师简介与教师事迹两个子菜单。教师简介给出了主讲教师的简单介绍及参与的主要科研项目;教师事迹从所获知识产权、获得奖项、发表论文三个方面介绍了主讲教师所取得的科研成果。

10.5.9　考试考核菜单

考试考核菜单包括考试办法、考试试卷、单元测试、题型测试、在线组题、在线测试等六个子菜单。考试办法介绍了参加考试的相关规则;考试试卷中有多套模拟试题并附有答案;单元测试针对课程的每个章节进行测试;题型测试将题库中的题目按学生所选题型列出以供学生进行针对性练习;在线组题可以根据试卷要求基于试题库进行随机组题;在线测试给出测试题,学生可在线回答并查看得分和答案,有利于学习效果的自测和评价。在线组卷如图 10-14 所示。

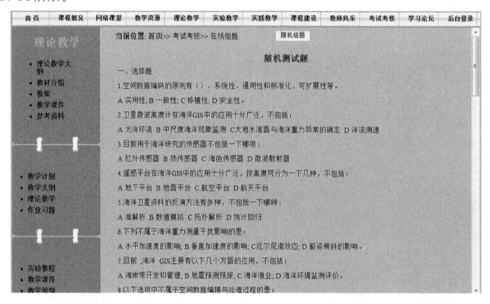

图 10-14　在线组卷功能界面

10.5.10　学习论坛菜单

学习论坛菜单包括在线答疑、考研导航两个子菜单。在线答疑是课程网站的特色菜单,方便师生进行互动,体现了网络平台的优势。学生或其他人可以以游客的身份提出问题、讨论或解答别人的问题;教师可以以管理员的身份登录,管理问题、答疑或参与讨论。考研导航就学生关心的考研问题建立到本专业热门学校的链接。学习论坛界面如图 10-15 所示。

10.5.11　后台登录菜单

后台登录菜单提供两种登录方式,即普通用户登录和管理员登录。管理员登录后通过后台管理菜单可进行网站平台日常信息维护与更新、新课件发布等工作。

图 10-15　学习论坛

10.6　平台功能特色及效果

海洋 GIS 教学资源平台与以往教学平台相比,具有以下功能及特色:

(1)海洋 GIS 教学资源平台涵盖范围广、内容丰富、体系完整、立体感较强。

课件涵盖课程体系的全部内容,包括 31 个子菜单。本网络课程从"空间分析"和"三维可视化"着眼,将重点内容寓于整个地理信息系统的大框架下,因而整个课程呈现的内容丰富且重点突出,同时给出了丰富的海洋 GIS 课程学习辅助资源。

(2)海洋 GIS 教学资源平台将重点知识内容寓于动画和视频中,直观形象、简单易懂。

课程中的动画和视频很好地帮助教师化解比较难以用语言讲述的原理和方法,这样就将地理信息系统专业比较注重图形表达的思想表达了出来。视频均配有解说,让学生知其然并知其所以然。动画效果流畅,视频选用主讲教师全国讲课赛等视频,具有很好的示范作用。如图 10-16 所示为平台教学视频展示图。

(3)海洋 GIS 教学资源平台提供了师生之间在线交流平台,互动性好、方便快捷。

借助本平台,师生可在网上进行学习交流、问题探讨。学生可以自由发表自己对知识点的疑惑或学习心得,教师可以解答问题并对学生的学习进行指导。

(4)海洋 GIS 教学资源平台实现了在线组题和在线测试功能。

根据试卷的题型要求编程实现了基于题库的在线随机组题功能;对每章的重点、难点给出在线测试题,学生在线回答并可以查看得分和答案,有利于学习效果的自测和评价,也有利于教师教学效果的反馈。

(5)海洋 GIS 教学资源平台增加了特色实验和项目演示等功能。

如图 10-17 所示,就重点实验及科研项目成果进行演示,演示效果生动流畅,体现了理论和实践相结合、教学和科研相结合的新理念,特别是基于手机的案例分析,体现了学科研究的前沿。

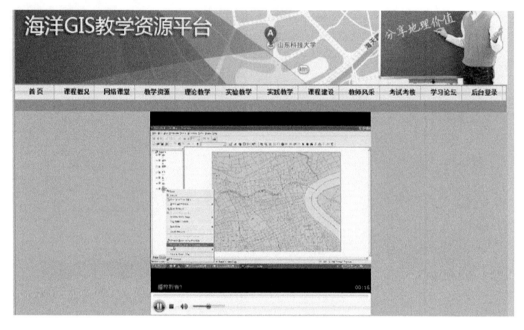

图 10-16　平台教学视频展示图

图 10-17　特色实验功能展示图

(6)海洋 GIS 教学资源平台主讲教师是资深的地理信息系统领域教师。

他们一直从事地理信息系统等相关领域的研究工作,并多次获得讲课赛一等奖,授课经验丰富,其他助教等也具有深厚的专业知识。主讲教师资料查看如图 10-18 所示。

(7)海洋 GIS 教学资源平台从理论教学设计、PPT 课件设计、讲课实况录像、实验指导

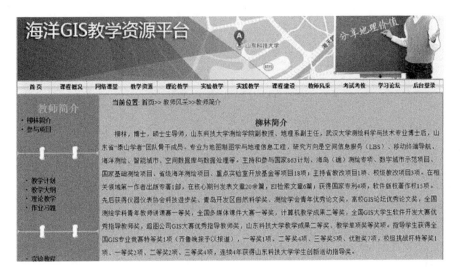

图 10-18　主讲教师资料查看图

视频、学生大赛案例分析、在线组题和测试、师生交互等方面对地理信息系统原理与应用展开教学活动,并提供相关下载。教学内容科学完整,教学设计新颖有创意,技术性、艺术性水平高,适合于日常教学或讲课比赛。

　　海洋 GIS 教学资源平台是一款教学资源性网站,与以往教学平台相比,其增加了相关课程的视频、动画库、特色实验、学生作品展示板、随机组题及在线测试等多种教学模块。该平台还实现了师生之间的远程在线互动以及论坛留言功能,更高效地辅助学生学习海洋 GIS 课程,具有较高的应用价值。

　　该平台获第十三届全国多媒体课件大赛一等奖,平台中"GIS 空间分析"教学视频获全国微课赛三等奖和最佳人气奖,以该平台为主体的教学成果获山东科技大学教学成果一等奖及山东省教学成果二等奖。今后,我们将不断完善平台内容,提供更多教学资源,使该平台成为海洋 GIS 课程的主导教学资源平台。

参 考 文 献

[1] CHANG KANG-TSUNG. 地理信息系统导论[M].陈健飞,张筱林,译.北京:科技出版社,2003.

[2] FISCHER M M,GETIS A. Handbook of applied spatial analysis[M]. Berlin,Heidelberg:Springer Berlin Heidelberg,2010.

[3] HANJ W,KAMBER M. 数据挖掘:概念与技术[M].2 版.范明,孟晓峰,译.北京:机械工业出版社,2007.

[4] LAKSHMI H,KANTHA. Numerical models of oceans and oceanic processes[M]. New York:Academic Press,2000.

[5] LIN H,CHEN M,LU G N,et al. Virtual geographic environments (VGEs):a new generation of geographic analysis tool[J]. Earth-Science Reviews,2013,126:74-84.

[6] PEI T,ZHOU C H,ZHU A,et al. Windowed nearest neighbour method for mining spatio-temporal clusters in the presence of noise[J]. International Journal of Geographical Information Science,2010,24(6):925-948.

[7] XUE C J,DONG Q,MA W X. Object-oriented spatial-temporal association rules mining on ocean remote sensing imagery[J]. IOP Conference Series:Earth and Environmental Science,2014,17:012-109.

[8] 艾自兴,龙毅.计算机地图制图[M].武汉:武汉大学出版社,2005.

[9] 毕硕本,张国建,侯荣涛,等.三维建模技术及实现方法对比研究[J].武汉理工大学学报,2010,32(16):26-30.

[10] 陈荣山,白卫国.专业排版软件中地图文件几种处理方法的探讨[J].现代测绘,2003,26(2):47-48.

[11] 陈胜兵,赵丽玲.论网上教学资源的生态化建设[J].广东广播电视大学学报,2009,18(2):10-14.

[12] 陈为,张嵩,鲁爱东.数据可视化的基本原理与方法[M].北京:科学出版社,2013.

[13] 程朋根,龚健雅,眭海刚.GIS 中地图符号设计系统的设计与实现[J].中国图象图形学报,2000,5:38-43.

[14] 崔伟宏,张显峰.时态地理信息系统研究[J].上海计量测试,2006,33(4):6-12.

[15] 戴特奇,刘毅.重力模型系数时间变化路径分析:以中国城际铁路旅客交流为例[J].地理科学进展,2008,27(4):110-116.

[16] 邓敏,刘启亮,王佳,等.时空聚类分析的普适性方法[J].中国科学:信息科学,2012,42(1):111-124.

[17] 丁绍洁.虚拟海洋环境生成及场景特效研究[D].哈尔滨:哈尔滨工程大学,2008.

[18] 董箭,彭认灿,陈惠荣,等.基于 ArcGIS 的海图符号库设计与实现[C]//《测绘通报》测绘科学前沿技术论坛论文集.南京,2008:1644-1647.

[19] 董林.时空关联规则挖掘研究[D].武汉:武汉大学,2014.

[20] 封志明,唐焰,杨艳昭,等.基于 GIS 的中国人居环境指数模型的建立与应用[J].地理学报,2008,63(12):1327-1336.

[21] 傅云凤.基于 GIS 的城市空气质量数值预测及预报显示研究[D].西安:西安科技大学,2015.

[22] 高博,徐德民,张福斌,等.海流建模及其在路径规划中的应用[J].系统仿真学报,2010,22(4):957-961.

[23] 高锡章,冯杭建,李伟.基于 GIS 的海洋观测数据三维可视化仿真研究[J].系统仿真学报,2011,23(6):1186-1190.

[24] 葛利,印桂生.基于小波和过程神经网络的时序聚类分析[J].电机与控制学报,2011,15(12):78-82.

[25] 韩李涛,朱庆,侯澄宇.构建虚拟海洋环境若干问题探讨[J].海洋通报,2006,25(4):85-91.

[26] 何勇.GIS 过程建模与集成化研究[D].武汉:武汉大学,2004.

[27] 黄杰.海洋环境综合数据时空建模与可视化研究[D].杭州:浙江大学,2008.

[28] 贾民平,凌娟,许飞云,等.基于时序分析的经验模式分解法及其应用[J].机械工程学报,2004,40(9):54-57.

[29] 姜凤辉,李树军,王臻.现代海图符号研究[J].测绘工程,2010,19(4):16-18.

[30] 靳军,崔铁军,刘雁春,等.海图制图模型的研究与分析[J].测绘科学,2009,34(S1):169-170.

[31] 李爱华,柏延臣.基于贝叶斯最大熵的甘肃省多年平均降水空间化研究[J].中国沙漠,2012,32(5):1408-1416.

[32] 李嘉靖,刘鲁论,房云峰,等.Cartogram 图的制作与应用研究[J].科技创新导报,2014,11(2):94-95.

[33] 李晶晶.时空数据挖掘在环境保护中的应用研究[D].长沙:中南大学,2008.

[34] 李军.利用 OPENGL 构建海洋三维景观的方法研究[J].海洋测绘,2003,23(5):51-54.

[35] 李树军,殷晓冬.中国海图符号发展特点研究[J].测绘工程,2002,11(2):27-29.

[36] 李万武,柳林,卢秀山,等.GIS 三维动态符号库的研究与开发[J].测绘科学,2011,36(4):89-91.

[37] 李昭.虚拟海洋环境时空数据建模与可视化服务研究[D].杭州:浙江大学,2010.

[38] 凌勇.数字海图编辑设计的研究[D].郑州:中国人民解放军信息工程大学,2002.

[39] 柳林,李万武,仇海亮.稀疏海岛制图综合原则和方法研究[J].测绘科学,2012,37(4):117-119.

[40] 楼锡淳.海图分类的研究[J].测绘学报,1986,15(1):32-40.

[41] 卢晓亭,濮兴啸,李玉阳.我国周边海域典型海洋锋特征建模研究[J].海洋科学,2013,37(6):37-41.

[42] 孟梅.多准则决策模型在新疆优势矿产资源评价中的应用[D].乌鲁木齐:新疆农业大学,2005.

[43] 彭冰.数字海图的特点与制图技术研究[J].科技资讯,2014,12(20):228-229.

[44] 任美锷,包浩生.中国自然区域及开发整治[M].北京:科学出版社,1992.

[45] 邵宝民.海洋图像智能信息提取方法研究[D].青岛:中国海洋大学,2011.

[46] 苏奋振,周成虎,杨晓梅,等.海洋地理信息系统:原理、技术与应用[M].北京:海洋出版社,2005.

[47] 孙星亮,汪稔.自适应时序模型在地下工程位移预报中的应用[J].岩石力学与工程学报,2004,23(9):1465-1469.

[48] 王金华,严卫生,刘旭琳.一种简化虚拟海洋环境建模与渲染方法[J].系统仿真学报,2009,21(13):3985-3988.

[49] 王劲峰,葛咏,李连发,等.地理学时空数据分析方法[J].地理学报,2014,69(9):1326-1345.

[50] 王劲峰,李连发,葛咏,等.地理信息空间分析的理论体系探讨[J].地理学报,2000,55(1):92-103.

[51] 王劲峰.空间分析[M].北京:科学出版社,2006.

[52] 王景雷,康绍忠,孙景生,等.基于贝叶斯最大熵和多源数据的作物需水量空间预测[J].农业工程学报,2017,33(9):99-106.

[53] 王文敏.基于ArcGIS的地图符号库建立方法与动态符号化实现研究[D].西安:长安大学,2011.

[54] 王兴菊,卢岳,郝玉伟.基于GIS指数模型的山洪灾害防治区划方法研究[J].水电能源科学,2011,29(9):54-57.

[55] 王佑镁,吴永和,祝智庭.教育信息化开放生态系统模型建设策略[J].现代远程教育研究,2009(1):58-62.

[56] 吴华意,刘波,李大军,等.空间对象拓扑关系研究综述[J].武汉大学学报·信息科学版,2014,39(11):1269-1276.

[57] 席茂.矿山地面灾害监测数据可视化表达和实现技术[D].太原:太原理工大学,2015.

[58] 夏炎.基于分行的三维海浪、云和火焰建模算法研究与实现[D].沈阳:沈阳理工大学,2009.

[59] 解利,汪颖.学校信息化教学资源生态化建设与应用研究[J].中国电化教育,2011(2):73-76.

[60] 解智强,杜清运,陈厚元,等.论地图语言中的动态符号设计与表达[J].现代测绘,2012,35(4):25-29.

[61] 徐英,夏冰.综合BME和BNN法的农田土壤水分与养分分布空间插值[J].农业工程学报,2015,31(16):119-127.

[62] 徐智.基于最大熵原理的贝叶斯法在测量数据分析中的应用[J].内蒙古农业大学学报(自然科学版),2013,34(1):116-122.

[63] 鄢博.基于粒子系统的喷焰流场实时仿真研究[D].武汉:华中科技大学,2009.

[64] 杨勇,张楚天,贺立源.基于贝叶斯最大熵的多因子空间属性预测新方法[J].浙江大学学报(农业与生命科学版),2013,39(6):636-644.

[65] 杨勇,张若夸.贝叶斯最大熵地统计方法研究与应用进展[J].土壤,2014,46(3):402-406.

[66] 于家潭.基于 GIS 的海洋大气信息数据可视化关键技术的研究与实现[D].青岛:中国海洋大学,2010.

[67] 余海.基于 GIS 的地热资源潜力评价:以福建省为例[D].长春:吉林大学,2016.

[68] 余胜泉,陈莉.构建和谐"信息生态"突围教育信息化困境[J].中国远程教育,2006(5):19-24.

[69] 俞重也.基于 GIS 的海洋灾害案例库综合管理系统设计与实现[D].成都:电子科技大学,2013.

[70] 喻蔚然.基于最大熵原理的贝叶斯方法在水库渗漏预测上的应用[J].中国农村水利水电,2012(10):95-97.

[71] 曾文,徐世文.地理信息系统中的常规网络分析功能及相关算法[J].地球科学,1998,23:31-34.

[72] 詹朝明,高海鹏.海图符号库的设计与实现[J].海洋测绘,2001,21(1):33-37.

[73] 张贝,李卫东,杨勇,等.贝叶斯最大熵地统计学方法及其在土壤和环境科学上的应用[J].土壤学报,2011,48(4):831-839.

[74] 张楚天.贝叶斯最大熵方法时空预测关键问题研究与应用[D].武汉:华中农业大学,2016.

[75] 张道军.逻辑回归空间加权技术及其在矿产资源信息综合中的应用[D].武汉:中国地质大学,2015.

[76] 张凤烨,魏泽勋,王新怡,等.潮汐调和分析方法的探讨[J].海洋科学,2011,35(6):68-75.

[77] 张俊.时空关联性分析方法研究与应用[D].重庆:重庆邮电大学,2011.

[78] 张文艺.GIS 缓冲区和叠加分析[D].长沙:中南大学,2007.

[79] 张雪伍,苏奋振,石忆邵,等.空间关联规则挖掘研究进展[J].地理科学进展,2007,26(6):119-128.

[80] 张勇.基于 GIS 的长江口及邻近海域环境时空多维分析[D].青岛:中国海洋大学,2008.

[81] 郑义东.海图制图综合研究的历史、现状和发展趋势[J].海洋测绘,1998,18(4):12-15.

[82] 周成虎,苏奋振.海洋地理信息系统原理与实践[M].北京:科学出版社,2013.

[83] 周庆冲.基于航行需求的海图制图综合[J].测绘通报,2011(9):56-58.

[84] 周毅仪.谈在 GIS 环境下海图制图综合的实现理论和方法[C]//2001 年测绘学组学术研讨会论文集,2001:20-22.

[85] 朱鉴秋.中国古航海图的基本类型[J].国家航海,2014(4):166-180.

[86] 祝智庭.教育信息化建设与发展的生态观[J].中国教育信息化,2009(15):12.